河南省
地方畜禽品种志

《河南省地方畜禽品种志》编委会　编

中国农业出版社
农村设物出版社
北　京

图书在版编目（CIP）数据

河南省地方畜禽品种志/《河南省地方畜禽品种志》编委会编．—北京：中国农业出版社，2022.10
ISBN 978-7-109-30040-8

Ⅰ.①河… Ⅱ.①河… Ⅲ.①畜禽－种质资源－概况－河南 Ⅳ. ①S813.9

中国版本图书馆CIP数据核字（2022）第175085号

中国农业出版社出版
地址：北京市朝阳区麦子店街18号楼
邮编：100125
责任编辑：冯英华 刘 伟
版式设计：杨 婧 责任校对：吴丽婷 责任印制：王 宏
印刷：北京通州皇家印刷厂
版次：2022年10月第1版
印次：2022年10月北京第1次印刷
发行：新华书店北京发行所
开本：787mm × 1092mm 1/16
印张：13.5
字数：350千字
定价：198.00元

编委会名单

序言

河南省地处中原，地理环境优越，气候温暖湿润，是华夏农耕文明的重要发源地，畜禽品种资源丰富。劳动人民饲养家畜、家禽的历史悠久，多样化的地理、生态、气候下长期自然选育形成的地方畜禽品种具有耐粗饲、节粮、抗病力强、繁殖力强的优良特性。这些畜禽品种资源是祖先留下的宝贵财富，是生物多样性的重要组成部分，是培育畜禽新品种、培植畜牧优势产业、实现畜牧业可持续发展的重要战略性资源。保护和开发利用好这些优势资源对于引领河南省畜牧业持续健康发展，满足人民日益增长的多样化、优质化畜产品需求，促进现代畜牧产业“转方式、调结构”具有十分重要的意义。

长期以来，畜禽品种资源持续对食品和农业作出很大贡献，生产的肉、蛋、乳制品、毛（纤维）、工业原料、有机肥料等畜禽产品满足着社会的需求。特别是改革开放40多年来，随着人民生活水平的提高，畜产品市场需求不断变化，畜牧业发展方式和生产水平经历了质的飞跃，河南省畜禽遗传资源状况与全国一样，畜禽遗传资源的数量、分布及种质特征等处于变化和更新之中。但随着工业化和城镇化进程加快、气候环境变化以及畜牧业生产方式的转变，畜禽种质资源群体数量和区域分布发生了很大变化，地方品种消失的风险加剧，一旦消失灭绝，其蕴含的优异基因、承载的传统农耕文化也将随之消亡，生物多样性也将受到影响。随着科学技术的迅猛发展，带来畜禽遗传资源认识的不断深化，畜禽遗传资源研究领域的一些新发现和新成果急需收集、整理、归纳和总结。所以及时组织开展畜禽品种资源调查，全面查清河南省地方畜禽资源的分布数量、特性和开发利用情况，及时掌握归纳总结，为制定畜禽品种区划、合理开发利用好畜禽资源、培育高产优质的新品种提供了依据。

畜禽遗传资源是生物多样性的重要组成部分，是维护生态安全、农业安全的重要战略资源，是畜牧业可持续发展的物质基础。地方畜禽品种还是生物多样性的重要组成部分，能够满足多样化畜产品消费需要。本书较为系统全面地记载了河南省地方畜禽品种资源，是一部有一定学术水平的畜牧科学著作，为河南省畜牧业发展积累了大量遗传素材，对促进河南省畜禽资源的合理开发与利用具有重要的经济意义和现实意义。

编　者

2021年12月

目 录

01

总　论

一、河南省农牧业概况

（一）农业发展概况

河南省总面积16.7万千米^2，占全国总面积的1.73%。其中，耕地面积12 188.9万亩[①]，居全国第三位，人均耕地仅有1.14亩，低于全国人均耕地1.52亩，河南以占全国6.5%的耕地生产了占全国10.3%的粮食。全省主要土地分7类，其中耕地12 188.9万亩、园地347万亩、林地5 360万亩、草地1 020万亩、城镇村及工矿用地3 079万亩、交通运输用地644万亩、水域及水利设施用地1 581万亩，还有部分其他土地。截至2016年底，全省累计建成高标准粮田5 313万亩。全省多年平均水资源量403.5亿米^3，人均水资源量约383米^3，不足全国平均水平的1/5。

截至2017年，河南粮食生产连续12年超千亿斤[②]，粮食生产持续保持高位运行。粮食总产量由2007年的5 245万吨增至2015年的6 067万吨。2017年粮食产量5 973.4万吨。其中，夏粮产量3 554.2万吨，秋粮产量2 419.2万吨。小麦产量3 549.5万吨，玉米产量1 709.55万吨，棉花产量8.7万吨，油料产量678.32万吨，瓜果类农作物产量1 846.65万吨。

历史上，河南省的农业经济结构以种植业为主。1980年，河南省农业总产值110.79亿元。其中，种植业占70.1%，林业占1.7%，畜牧业占9.3%，农副业占18.7%，渔业占0.2%。改革开放以来，农业结构有了较大的调整，特别是畜牧业从占农业总产值比例不足10%提高到30%以上。2017年，河南省农林牧渔业总产值为7 913.49亿元，畜牧业产值2 425.84亿元，居全国第一位。

河南省农业的发展与畜牧业关系极大，除精饲料依靠粮食外，大量的农作物秸秆及农副产品都可用作饲料。据《河南省农作物秸秆饲料化发展规划（2014—2020年）》，2013年，河南省可饲用秸秆产量约8 600万吨，占全国秸秆总量的1/10，秸秆饲料化利用量2 320万吨，占全省可饲用秸秆总量的23.5%，秸秆饲用量居全国第一。其中小麦秸3 830万吨，占全省秸秆总量的44%；玉米秸2 360万吨，占27%；瓜菜秧1 040万吨，占12%；花生秧等油料作物秸秆570万吨，稻谷秸秆550万吨，豆类秸秆130万吨，红薯秧120万吨。到2020年，小麦秸秆饲用量预计达1 350万吨，占秸秆总量的34.4%；玉米秸秆达2 150万吨，占秸秆总量的70.5%；花生秧达600万吨，占秸秆总量的92.3%；其他秸秆350万吨，占秸秆总量的18.6%。

（二）畜牧业发展概况

畜牧业是国民经济的基础产业，发达的畜牧业是农业现代化的主要标志。大力发展畜牧业，对保障有效供给、增加农民收入、推进农业现代化具有十分重要的作用。河南畜牧业以深化改革为动力，坚持质量导向，实施集聚发展、集约经营、产业融合、高效安全，持续在调结构、提质量、育主体、增效益、破瓶颈、控风险方面下功夫，加快畜牧业发展方式转变，促进畜牧产业转型升级，持续强化重大动物疫病防控和畜产品质量

①亩为非法定计量单位，1亩≈667米^2。
②斤为非法定计量单位，1斤=0.5千克。

安全监管，全省畜牧业综合生产能力稳步提升，畜牧业产业化、生态化、品牌化发展成效明显，畜产品质量安全水平和竞争力不断提高，畜牧大省地位更加巩固，畜牧业现代化全国领先。

截至“十二五”末的2015年，河南省畜牧业产值已达到2 445.3亿元，占农业总产值的比重达32%，比全国平均水平高出4个百分点，稳居全国前列。全省肉、蛋、奶产量分别达到711万吨、410万吨、352.3万吨，分别居全国第二位、第二位、第四位。全省生猪饲养量为1.05亿头，居全国第二位；牛饲养量1 482万头，居全国第一位；家禽饲养量16亿只，居全国第二位；羊饲养量4 052万只，居全国第四位。畜牧业省级以上产业化龙头企业达229家，畜牧产业化集群达61个，生猪、家禽、肉牛年屠宰加工能力分别达9 000万头、11.1亿只、124万头，乳制品年加工能力达300万吨。全省已建成省、市、县三级兽医实验室144个，设立动物卫生监督分所1 080个、疫情监测网点6 180个；在全国率先实施了畜牧兽医综合执法体制改革，基本形成了省、市、县、乡三级四层执法体系；综合防控措施得到有效落实，畜产品质量安全形势日趋向好。

2017年河南省畜牧业产值2 425亿元，居全国第一位，畜牧业产值占农业总产值的比例达30.7%。肉类产量655.8万吨，居全国第二位；禽蛋产量401.2万吨，居全国第二位；奶类产量212.9万吨，居全国第五位。2017年末生猪存栏4 390万头，出栏6 220万头。

河南省畜牧业发展战略是稳定生猪、家禽生产，加快以肉牛、奶牛为主的草食畜牧业发展，形成生产布局优化、资源利用高效、生态环境良好的畜牧业发展新格局。在黄淮海平原、南阳盆地等传统畜牧主产区稳定产量，逐步淘汰小规模分散饲养，提高标准化、规模化养殖水平。调整划定禁养区、限养区和宜养区，引导畜牧业新增产能向自然条件好、环境容量大的大别山、伏牛山、太行山和黄河滩区布局。以豫西南、豫西地区为重点，大力发展母牛养殖，建立夏南牛等优质母牛良种繁育基地。在平原农区，大力发展肉牛标准化规模育肥，建设肉牛育肥基地，夯实肉牛产业发展基础。以沿黄地区和豫东、豫西南奶业优势区为重点，加快小区牧场化转型，推进养殖场与乳品加工企业融合，开发适销对路的大众化低温乳制品。巩固发展豫东肉羊传统优势产区，积极培育“三山一滩”（大别山、伏牛山、太行山和黄河滩区）肉羊新兴优势区。拓展林下养殖空间，建设特色畜产品生产基地。

在品种保护方面，支持建设和完善夏南牛、南阳牛、泌阳驴、豫南黑猪、槐山羊、卢氏鸡、固始白鹅、河南斗鸡等地方畜禽品种保种场、保护区和基因库，加强地方品种保护开发。2018年末，已经建立了5个国家级保种场和18个省级保种场。对南阳牛、郏县红牛等地方优良品种实施了胚胎、冻精保护。

在种业发展方面，支持畜禽育种企业选育、推广优良品种，鼓励开展生猪、奶牛、肉牛、家禽生产性能测定工作，支持有条件的企业开展场内测定，逐步完善种畜禽测定体系，加强种公畜站和人工授精网点建设，支持进口优质肉牛、奶牛胚胎和荷斯坦奶牛良种，加快皮南牛、德南牛等新品种培育推广和优质奶牛、种公牛培育步伐。至2016年，全省种畜禽场（站）486家。其中种猪场205家，年可提供种猪353.2万头；种禽场125家，年可提供种禽7亿只；种牛场14家，年可提供种牛近6 000头；种羊场67家，年可提供种羊17.4万只；种兔场4家，年可提供种兔27万只；种驴场1家。全省种公猪站66家，国家级种公牛站4家，共存栏种公畜约450头。奶牛、肉牛冻精生产能力分别达300万支、

500万支，年销售冻精760余万支，有力保障了全省乃至全国奶牛肉牛良种的供应。另外，河南省还建成了河南谊发牧业等6个国家级生猪核心育种场，河南鼎元公司等2个国家级肉牛核心育种场，河南花花牛畜牧科技有限公司1个国家级奶牛核心育种场。

二、河南省畜禽遗传资源现状与地域分布

（一）河南省畜禽遗传资源现状

河南省地处中原，地理环境优越，气候温暖湿润，是华夏农耕文明的重要发源地。畜禽品种资源丰富，全省现有畜禽品种资源32个，约占全国地方品种总数（545个）的5.7%，其中地方畜禽资源28个、自主培育品种4个；按畜种分，牛品种资源4个、猪品种资源4个、羊品种资源9个、家禽品种资源9个、驴品种资源3个、兔品种资源2个。河南省还是北方中蜂的中心产区之一。河南省的南阳牛、郏县红牛、泌阳驴、淮南猪、固始白鹅、大尾寒羊、小尾寒羊7个品种被列入国家级畜禽遗传资源保护名录；淮南猪、固始鸡、槐山羊、南阳牛等28个品种被列入省级畜禽遗传资源保护名录；三高青脚黄鸡3号等5个资源被列入省级畜禽遗传资源保护清单。

目前，有20个品种产区面积萎缩、种群数量减少，其中淮南猪、南阳黑猪、正阳三黄鸡、河南毛驴等7个品种有濒危倾向，而曾经是河南省畜牧生产重要品种的泛农花猪已经灭绝。

（二）河南省生态区与遗传资源地域分布

畜禽品种的形成、种类和数量及其分布与自然环境有密切关系。河南省复杂的地理环境和气候条件，对畜禽遗传多样性的形成具有深远的影响。

河南省地域辽阔，地区差异性较大。《河南省生态功能区划》（2006年）将河南省划分为5个生态区。由于各地自然条件和经济条件不同，经过长期自然选择和人工选择的作用，形成了许多不同类型的地方优良畜禽品种，地域分布存在着较明显的地域性规律。

1. 太行山山地生态区　位于河南省豫北地区的西部，北与山西省接壤，南临黄河，东部是黄沁河冲洪积平原区，区域面积11 972.6千米^2。行政区划组成有安阳市的林州市，新乡市的辉县市、卫辉市，焦作市的中站区、修武县、博爱县、沁阳市，以及济源市。基本以海拔200米等高线为划分界限。该区是山西高原上升和华北平原下降的边缘，位于我国二、三级大地形的陡坎上。区内山势雄伟、沟壑纵横，主体山系呈东西向展布，坡度多在30°以上，区内海拔在600～1 200米，鳌背山海拔1 929.6米。年均气温14.3℃，年均降水量695毫米，日照时数2 367.7小时，年均太阳辐射量4 900兆焦/米^2。土壤类型以棕壤、褐土为主，棕壤分布在海拔1 000米以上的中山区，以西部、北部为最多，现有天然次生林下的土壤多为棕壤。褐土广泛分布于区内，淋溶褐土分布在800～1 000米的低中山区，褐土性土分布在海拔300～800米的山前洪积冲积扇上。区内植物类群有163科，734属，1 689种。分布有太行山国家级猕猴自然保护区及森林公园等，深山区植被覆盖率大于95%。浅山区矿产开发、旅游开发、公路建设等导致基岩裸露、生境破碎，土壤稀薄、降水量少及植被覆盖率不高。

地方畜禽品种：太行裘皮羊、太行黑山羊。

2.豫西山地丘陵生态区 位于河南省的西部，包括黄河以南、京广线以西以及南阳盆地以北山丘区的大部地区。西与陕西接壤，北与山西隔河相望，西南部与湖北相邻，总面积约56 125.9千米^2。区内主要有小秦岭、崤山、万方山、伏牛山和嵩山，海拔一般在1 000 ～ 2 000米，部分山峰海拔超过2 000米，该区域是秦岭山脉西部的延伸。主要山脉分支之间有相对独立的水系分布，山脉与水系相间排列，较大河流与一些山间盆地相连。例如卢氏盆地、洛阳盆地等，形成了谷地和盆地相连、低洼开阔地带与山脉相间分布的独特地貌类型。该区自北向南递增的气候条件是，年均气温13.1 ～ 15.8℃，降水量500 ～ 1 100毫米；自南向北递增的气候条件是，年均蒸发量1 000 ～ 2 346毫米，日照时数1 495 ～ 2 217小时，太阳年均辐射量4 800兆焦/米^2。

我国暖温带和北亚热带的分界线秦岭位于该区的南部。因此，区域内植被类群丰富，广泛分布有南北过渡带物种。区域内分布的植被类型有以栎类为主的落叶阔叶林、针叶林植被针阔混交林、灌丛植被、草甸、竹林以及人工栽培植被等。

地方畜禽品种：确山黑猪、郏县红牛、卢氏鸡、伏牛白山羊、河南奶山羊、豫西脂尾羊、河南大尾寒羊、尧山白山羊。

3.南阳盆地农业生态功能区 位于河南省西南部，南连湖北，西邻陕西，北部与伏牛山区交错，东接桐柏山区，包括南阳市的南部，如邓州市、新野县、唐河县、社旗县、宛城区，以及镇平县的南部、方城县，还有驻马店市的泌阳县西部等。面积9 258.7千米^2。该区域属于北亚热带向暖温带过渡的南阳盆地农业生态系统，年降水量800毫米以上。热量和水分条件较好，适宜各种作物生长，是南阳市的粮仓和主要经济作物的分布区，主要粮食作物有小麦、玉米、大豆、绿豆、花生、芝麻、大米和烟叶。拥有植物资源1 500多种，森林野生动物50多种。

地方畜禽品种：南阳牛、泌阳驴、南阳黑猪、淅川乌骨鸡、伏牛白山羊。

4.桐柏山大别山山地丘陵生态区 位于河南省南部，秦岭淮河以南地区，属于大别山北坡，南部与湖北省相邻。行政区划组成包括南阳市的桐柏县和信阳市的罗山县、新县、商城县、固始县以及光山县、淮滨县、息县等，区域面积23 916.9千米^2。地貌类型复杂，包括中山、丘陵、湖泊、岗地及平原。气候属于北亚热带湿润季风气候，阳光充足，年均日照时数1 990 ～ 2 173小时，年均气温15.1 ～ 15.5℃，相对湿度75%～ 80%，无霜期217 ～ 228天，年太阳辐射总量4 500兆焦/米^2，全年平均降水天数102 ～ 129天，降水量900 ～ 1 200毫米，降水量年变率14%～ 20%。年蒸发量1 355 ～ 1 650毫米。该区地带性土壤为黄棕壤，土壤类型有黄褐土、棕壤、紫色土、红黏土、石质土、粗骨土、潮土、砂姜黑土、水稻土等，以水稻土分布最多。植被类型属于北亚热带常绿落叶阔叶混交林。

地方畜禽品种：信阳水牛、淮南猪、固始鸡、淮南麻鸭和固始白鹅等。

5.黄淮海平原农业生态区 指淮河以北，基本上是京广铁路线以东包括豫北、豫东、豫南和豫中平原的河南广大平原地区。面积657 587千米^2，占河南省总面积的40%，人口占河南省的53%，是河南省人口稠密的重要农业区。该区以淮河为界，南部是亚热带气候区，北部是暖温带气候区。地势平坦，农业用地多，耕地面积大。全区除20%为河流、城镇、居民点及工业交通用地外，其余80%均为农用地，土壤类型有潮土、砂姜黑土、黄褐土、褐土、风沙土、沙质潮土。该区垦殖历史悠久，加之历朝的中原之争和黄河泛滥改道，使得平原地区天然植被荡然无存，取而代之的是较为发达的农业生态系统。农作物基本以小麦、玉米、花生、豆类、棉花、芝麻、油菜等为主，在黄河和淮河沿岸分布有水稻。

地方畜禽品种：南阳牛、河南毛驴、槐山羊、小尾寒羊、正阳三黄鸡、河南斗鸡等。

三、河南省畜禽遗传资源形成历史和原因

（一）形成历史

河南省畜牧业历史悠久，早在新石器时代就有了原始的牧猎业。伏羲是中国原始畜牧业的创始人，据记载，伏羲生于成纪（今甘肃天水一带），定都于宛丘（今河南淮阳）。他对人类有许多功绩，如结网罟、养牺牲、定姓氏、制嫁娶、画八卦、作甲历、刻书契等。夏统一中国后，把天下分为九州。据《周礼·夏官·职方氏》载：“河南曰豫州，其畜宜六扰”（六扰为马、牛、羊、豕、犬、鸡）。

到了商代，已有牛耕。南阳是最早实行牛耕的地区。牛作为动力投入农业生产后，再加上铁器使用，使农业生产发生重大变化。据《艺文类聚》卷八十五载：“牛乃耕农之本，百姓所仰，为用最大，国家之为强弱也。”到了周朝之后，南阳人已有了较丰富的饲养经验。据《南阳府志》，被秦穆公授以国政的百里奚，就曾在南阳喂过牛。他赶着牛车载运着盐到了秦，秦穆公问他：“任重道远，途中险阻，牛何以肥也？”百里奚曰：“臣食之以时，使之不暴，心与牛而为一，是以肥也。”

西汉石刻壁画上有黄牛阉割图，说明两千多年以前当地已掌握肥牛去势的技术。淅川县出土的文物中，有西汉时期形态逼真的陶猪和设计别致的猪圈模型。

中原一带的驴来自西域（新疆和中亚一带），据顾炎武《日知录》载：“自秦以上，传记无言驴者，意其虽有，而非人家所常畜也。”到了西汉，才有大批驴沿着丝绸之路进入中原。南北朝以后，内地的老百姓才逐渐掌握饲养、繁殖驴和骡的方法。唐宋以后，驴的饲养更加普遍，并在小农经济需要畜力的情况下和精细的饲养条件下，培育出了河南毛驴、泌阳驴。

河南省的马属蒙古马系，饲养历史悠久。1981年在周口地区淮阳县大连乡大吕村发现一座大型楚国车马坑，目前已清出葬车23辆，构件齐全，种类繁多，其中镶铜甲板的军事指挥车和漆绘施耳棚车，为考古上的首次发现。车马坑还随葬有成排直立的泥塑马20多匹。马高一米许，外涂红、白二色。

关于寒羊的来源，众说纷纭，但有很大可能来源于古代中亚近东以及新疆一带的脂尾羊。中国农业科学院兰州畜牧研究所单乃铨在《寒羊来源初探》一文中考证：“寒羊是经由伊斯兰教徒之手带到中原内地来的……可远溯到宋代。它正式作为中国家畜的一个成员，至少在公元十世纪前后，亦即距今的1 000年左右。经过元、明、清三代的继续发展，终于形成今天的寒羊。”

槐山羊的形成时间亦甚悠久。据《陈州府志》载，周秦以来就有饲养；又据《项城县志》载：“宋，羊农家所畜。率不过三、五只，无十百成群者，且皆山羊”，说明古陈州一带农民在宋朝前已有养山羊的习惯。

家禽在河南驯养的历史很早。《尔雅》记载："舒雁，鹅，舒凫，鹜。"说明鹅、鸭已由大雁、野鸭驯养而来。《史记》《前汉书》《后汉书》有多处记载有关"斗鸡走狗"之事。公元前516年（春秋时代），奴隶主玩斗鸡已颇盛行。

（二）形成原因

畜禽品种是在人类进行畜禽生产的过程中逐步形成的。在人类迁移和畜禽饲养实践过程中，饲养的畜禽数量随着饲养技术的改善而逐渐增多，分布也越来越广。由于各地社会经济和自然生态条件的差异以及交通不便等因素造成地理位置上的隔离，使得向各地迁移的畜禽小群体在一定时间后出现体型外貌和适应性等方面的差异。这些差异既有基因漂变造成的差异，也有自然选择和人工选择造成的差异。这就开始出现了畜禽原始品种的雏形，人类以不同的名称称呼这些不同产地的各具特色的畜禽群体，以示区分，这就是最初的畜禽品种，一般称为原始品种、地方品种或土种。若对这些品种进行选择，向某一特定生产方向选育，就形成了经济价值更高、生产性能专一的培育品种。可见，每一个畜禽品种都是人类劳动生产的产物，都打上了一定的社会经济和自然生态条件的烙印，都有其发生、发展和变化的历史。

我们常常发现，一个畜禽品种并不是一成不变的，会随着人工选择方向的变化而发生不同的变化，而且不同时代的同一品种无论在体型外貌还是在生产性能上都会有较大的差别。这是由于畜禽品种在形成与发展过程中，虽然是人类的生产劳动起决定性作用，但同时还受到社会经济条件和自然生态条件的制约。这些正是地方品种形成和演进的原因。

1. 社会经济的需要 家畜品种的形成是诸多因素综合影响的结果，除了遗传因素起决定性作用外，社会经济需要是先决条件。南阳及毗邻地区人类活动早，农业生产发达，耕地面积大，土质黏重，土壤为砂姜黑土、黄棕壤，劳役重。因而农业耕作需要牛体大力强，肩峰高耸，前躯发达，四肢高长，步行较快，膘肥肉满，以适应农业动力和肉食的社会经济需要，故而逐步形成了役肉兼用的南阳牛。

2. 生态环境的作用 河南省生态环境的特点是大部分地区海拔较低，地势平坦；气候温和，无霜期长，水源丰富，雨量适中；土质沙黏适中，土壤肥沃。故河南省的畜禽大多数属平原生态类型。下面就畜禽遗传资源形成过程中的主因素加以论述。

地方良种的形成必须有较优越的饲养条件，这是品种形成原因中十分重要的因素。河南省在历史上气候温暖，出土文物证实几十万年以前有大象出没，属亚热带气候，无霜期长，雨量适中，土壤肥沃，森林覆盖率高。2 000多年前的黄土高原，有范围很大的塬，故有"千里沃野"之称，黄土高原上到处山清水秀、鸟语花香。东汉张衡的《南都赋》中描述了当时南阳一带的自然景观："杳蔼蓊郁于谷底，森蓴蓴而刺天。"同时，中原一带农业发达，粮食作物产量高，种类繁多，农副产品多。当地素有种植苜蓿、大麦、豌豆、黑豆的习惯。据《南阳府志》记载，豌豆在南阳的种植面积很大，"多饲以牛马"，黑豆"乃畜之上料"。因而饲料中蛋白质含量高，且饲养管理精心，饲料讲究"花草"搭配、筛净、水淘，豆料磨成浆，拌草喂牛等。

调查河南省畜禽遗传资源产区的自然条件，可以看到产区往往有众多河流。如唐河、白河流域有南阳牛，汝河、沙河流域有郏县红牛，汉江水系北部有南阳黑猪，淮河流域有信阳水牛、淮南猪、淮南麻鸭、固始鸡、槐山羊等。这些河流流经之处，在历史上曾是森林繁茂、水源充足、气候湿润、土壤肥沃的地区，构成了一个气候、土壤、植被互相协调平衡的生态环境，因而为畜禽良种的形成提供了有利的自然生态条件。

一个地方品种往往在很长一段时期内曾是一个闭锁繁育的群体，受外界影响较小。在没有或很少有外来畜种渗入的情况下，遗传基因达到纯合，这就可能形成与产区以外的畜禽有着明显差别的一个比较闭锁的群体。但是，优良地方品种具有较强的扩展性，交通的改善、经济社会交流的加强促使地方品种向周边或适宜地区扩散。如南阳黄牛原产于南阳盆地，逐渐扩展到豫中、豫东区域；槐山羊核心产区为淮阳、沈丘、郸城、项城，扩展范围包括黄淮海平原的豫东、豫中、豫北、苏北、皖西南等地区。

四、引入品种概况及对河南省畜禽品种的影响

（一）引入品种概况

1949年前，河南省较大范围引入品种与当地原始品种杂交的较少，仅1918年从美国引进荷兰牛，1919年由基督教会从美国引进了瑞士萨能奶山羊。

1949年后，特别是改革开放以来，河南省先后从苏联、美国、德国、奥地利、英国、荷兰、丹麦、比利时、澳大利亚、加拿大、南非等及国内许多省引入了各种畜禽品种，主要品种如下。

牛：秦川牛、鲁西牛、蒙古牛、荷斯坦奶牛、娟姗牛、夏洛来牛、利木赞牛、西门塔尔牛、皮埃蒙特牛、比利时白蓝牛、德国黄牛、摩拉水牛等。

马：蒙古马、哈萨克马、伊犁马、河曲马、建昌马、贵州马、苏高血马、顿河马、托里马、俄罗斯重挽马、阿尔登马、富拉基米尔马等。

驴：关中驴、德州驴、新疆驴、凉州驴、夏县驴等。

绵羊：新疆细毛羊、美利奴羊、高加索羊、考力代羊、斯塔夫洛甫羊、沙力斯羊、罗姆尼羊、萨福克羊、夏洛来羊、杜泊羊、澳洲白羊、无角陶赛特羊、东佛里生羊、湖羊等。

山羊：波尔山羊、西农萨能奶山羊、马头山羊、波尔山羊、努比山羊等。

猪：巴克夏猪、大白猪、克米洛夫猪、汉普夏猪、新金猪、内江猪、宁乡猪、哈白猪、荣昌猪、皮特兰猪 、台系杜洛克猪 、加系杜洛克猪 、美系杜洛克猪 、杜洛克猪、长白猪 、斯格配套系猪、PIC配套系猪等。

鸡：来航鸡、新汉夏鸡、洛岛红鸡、芦花鸡、白洛克鸡、澳洲黑鸡、康尼什鸡、红玉鸡、狼山鸡、丝毛鸡、星杂288、卢兹鸡、星布罗鸡、尼克鸡；罗曼鸡 、宝万斯鸡、海赛克斯鸡、伊莎鸡、海兰鸡、华都鸡、AA肉鸡、隐性白肉鸡、海波罗-PN肉鸡、哈伯德宽胸肉鸡、罗斯-308肉鸡等。

鸭：北京鸭、麻鸭、樱桃谷鸭、康贝尔鸭。

鹅：四川白鹅、朗德鹅。

兔：安哥拉兔 、比利时兔、青紫蓝兔、日本大耳兔、加利福尼亚兔、伊拉肉兔配套系、伊普吕肉兔、新西兰白兔、獭兔等。

（二）引入品种对河南省畜禽品种的影响

1. 培育新品种方面　引入品种与本地畜禽经过长期杂交后，引入品种血缘在杂交后代中已占有相当比例。然后通过一定的育种措施，形成了基本上保留引入品种的特征和特性，又经过长期的风土驯化，适应了河南省的生态条件和饲养条件的品种。开始是几个引入品种与当地品种进行多品种复杂杂交，达到一定杂交代数，基本符合育种指标后，进行横交固定，自群繁育，逐渐形成了具有一定经济性状的新品种或品种群。

河南奶山羊的育种工作是1919年从美国运进萨能母羊和公羊开始的。20世纪20年代又引进了少量吐根堡奶山羊，20世纪50年代从西北农学院引进西农萨能种羊，对当地羊进行杂交改良。通过长期的风土驯化和有计划的选种工作，在郑州、开封、洛阳一带逐渐形成了保留萨能奶山羊主要外貌特征且具有较高生产性能的河南奶山羊。

夏南牛是以法国夏洛来牛为父本、南阳牛为母本，采用杂交创新、横交固定和自群繁育三阶段，以及开放式的育种方法培育而成的肉用牛新品种。夏南牛含夏洛来牛血37.5%、南阳牛血62.5%，育成于河南省泌阳县，是中国第一个具有自主知识产权的肉用牛品种。夏南牛培育历时21年。2007年6月29日农业部发布了第878号公告，宣布中国第一个肉牛品种——夏南牛诞生。夏南牛耐粗饲、抗逆性强、性情温顺、易管理。既适合农村散养，也适宜集约化饲养；既适应粗放、低水平饲养，也适应高营养水平的饲养条件，在高营养水平条件下更能发挥其生产潜能。由于夏南牛具有生长发育快、肉用性能好、耐粗饲、适应性强等特点，已被广大农户和育肥场所接受。

黄淮肉羊以杜泊羊为父本，以小尾寒羊和小尾寒羊杂交羊为母本，经历了2003—2018年的创新研究和实践，在2016—2020年的材料整理申报过程中又历经“黄淮肉羊”中试试验、河南省畜禽遗传资源委员会审定、农业农村部检测鉴定、国家畜禽遗传资源委员会羊业委员会材料审定和现场审定等程序。2020年12月31日，农业农村部发布第381号公告，宣布黄淮地区首个多胎肉羊新品种“黄淮肉羊”诞生。该品种具有繁殖率高、生长速度快、耐粗饲、肉质好等特点，是河南省培育的第一个适合规模化养殖的肉羊新品种。

皮南牛（暂定名）是南阳市正在培育的品种，自从1987年开始利用皮埃蒙特牛改良南阳黄牛，已培育出皮南牛种群，18个月龄就能出栏，出栏时间比南阳黄牛提前了半年左右，出栏体重可达600千克左右。南阳市新野县为皮南牛育种核心区，现存栏皮南牛横交阶段个体4万多头，4代以上横交理想个体达1.5万头以上。

目前，波槐山羊、杜寒羊等杂交育种工作也都取得了阶段性成果。

2. 杂交改良方面　从20世纪50年代开始，河南省从国内外引进许多畜禽品种进行了不同程度的杂交改良，特别是人工授精技术推广以后，畜禽的改良速度大大加快。

从20世纪70年代中期起，在河南省范围内推行了公猪外来良种化、母猪本地良种化、商品猪杂交化的二元杂交模式，开始改变过去杂交的无计划状态。河南省猪的品种资源丰富，而且与引进品种比较具有多产性、肉质好、抗应激、适应性强、耐粗饲等优良遗传特性。因此，在母本的选择上应着眼于优良地方猪种和培育品种或品系。在杂交组合中引入河南省地方猪种，将会带来更明显的杂种优势，并且能更好地利用遗传互补性。另外，根据基因型与环境互作的原理，引进猪种一般是在高营养水平和较优的环境控制条件下选择出来的，在中等营养水平条件下其表现并不一定是最好的；相反，由于河南省猪种具有适应性强和耐粗饲等特点，生产性能可以得到较好的表现。试验表明，在河南省条件下三元杂交效果优于二元杂交，除屠宰率外，其他各性状指标值均高出5%。以长白 × 确山黑猪组合的母猪作为三元杂交的母本，分别与杜洛克猪、大白种公猪进行三元杂交试验。杜 × 长 × 确组育肥132天，平均日增重598克，料重比3.29 ： 1；约 × 长 × 确组育肥92天，平均日增重668克，料重比3.10 ： 1。

河南省利用夏洛来牛、皮埃蒙特牛、德国黄牛改良南阳牛，其杂交后代在生长速度、屠宰率、净肉率、优质肉率、肉质等方面都表现出明显的杂交优势，对中高档牛肉生产具有不可代替的作用。实践证明，南阳牛是中高档牛肉生产的优秀母本。南阳牛在东北严寒地区和南方湿热地区均可正常生长繁殖，适应性能良好。在我国五大良种黄牛品种中，南阳牛是分布区域最南的品种，肩峰隆起，含有瘤牛型基因成分，因此抗热性能好。据黑龙江、辽宁、云南、湖南和湖北等省的调查，当地黄牛经南阳牛改良之后，杂种牛体格较大，结构紧凑，生长发育快，采食力强，适应当地生态环境，鬐甲较高，四肢较长，毛色以黄色为多，具有父本的明显特征。据对31头杂种牛测定，成年体高、体重比当地牛显著提高，其中体高增加3 ~ 7.4厘米，体斜长增加8.6 ~ 11.9厘米，胸围增加16.6 ~ 19.1厘米，体重增加68.9 ~ 172.6千克，杂种犊牛初生重比当地犊牛提高3 ~ 3.4千克（岁丰军，2013）。

夏南牛与南阳牛的杂交后代生长发育速度较快，适应农村粗放的饲养管理条件，试验组18月龄公牛体重均比南阳牛提高50%以上（王之保，2008）。

以东佛里生羊和杜泊羊为父本，分别与小尾寒羊进行经济杂交，统计分析羔羊初生重、3月龄断奶重，比较不同杂交组合与小尾寒羊纯繁的效果。结果表明，东寒羔羊、杜寒羔羊与小尾寒羊纯繁羔羊初生重分别为（3.67±0.16）千克、（3.22±0.12）千克、（3.03±0.42）千克，断奶重分别为（19.48±0.51）千克、（17.83±0.56）千克、（15.66±0.46）千克。东寒羔羊比小尾寒羊纯繁羔羊初生重、断奶重分别高21.12%、24.39%；杜寒羔羊比小尾寒羊纯繁羔羊初生重、断奶重分别高6.27%、13.86%；东寒羔羊比杜寒羔羊初生重、断奶重分别高13.98%、9.25%（王赛赛，2015）。

三高青脚黄鸡3号配套系杂交效果：经农业农村部家禽品质监督检验测试中心（扬州）测定，父母代66周龄饲养日母鸡产蛋数和入舍鸡产蛋数分别为188.6枚和187.8枚，种蛋平均合格率97.1%，受精率98.7%。66周龄只耗料总量为31.42千克，产蛋期只耗料总量为25.45千克；商品代肉鸡公鸡16周龄平均体重为1 862.8克，母鸡平均体重为1 421.6克，公母平均饲料转化比为3.34 ： 1，0 ~ 16周龄成活率为95.4%。

豫粉1号蛋鸡配套系杂交效果：经农业农村部家禽品质监督检验测试中心（北京）测定，种蛋受精率、受精蛋孵化率、入孵蛋孵化率和健雏率分别达93.4%、91.1%、85.1%和98.7%；商品代母鸡开产体重为1 157克，开产日龄为152天，20 ~ 72周饲养日产蛋数和入舍鸡产蛋数分别达237枚和229枚，产蛋期饲料转化率（料蛋比）为2.49 ： 1，43周龄测定其蛋壳强度、蛋黄色泽、哈氏单位等蛋品质指标均优良。

五、河南省畜禽品种遗传资源的保护和利用

（一）畜禽遗传资源保护的价值

“畜牧发展，良种为先”。长期以来，畜禽品种资源对食品和农业作出了很大贡献，

满足了肉、蛋、乳制品、毛（纤维）、工业原料、有机肥料等社会需求。畜禽良种对畜牧业发展的贡献率超过40%，畜牧业的核心竞争力很大程度体现在畜禽良种上。

从20世纪60～70年代开始，在追求养殖效益的背景下，地方品种因生产性能低下、养殖周期长、产品率低等原因，逐渐被杂交改良。我国大量引进国外奶牛、肉牛、细毛羊、肉羊、瘦肉型猪、蛋鸡、肉鸡等品种，这些品种对我国的畜禽品种改良起到了一定作用，快大型、瘦肉型品种成为新宠，一统市场。多年来“重引进改良，轻保种选育”已经带来了严重不良后果。地方品种的丧失意味着独特基因或基因组合的丧失，而每种基因都是在特定的时间、空间、机遇下形成的，这种条件是不会重复的。因此，某种基因一旦消失，不可再生。

一方水土养育一方生灵，每个地方品种都是独一无二的稀缺资源，也是特色畜牧产业的核心资源和可持续发展的基础。河南省地方品种具有很好的抗逆性、抗病性及其他特殊品性，当发生传染病或灾荒时，可以增强畜牧业抗御天灾人祸的能力。如果畜禽遗传资源枯竭，当面临自然条件变化时，畜牧业将丧失自我调节和抗衡不良自然条件的能力。中国地方品种群体中遗传性有害性状的频率相对较低。欧美家畜群体中存在一些由致死、半致死或其他有害基因导致的性状以及具有遗传制约性的其他有害性状，这些性状在中国地方家畜群体中的频率相对较低或者完全没有。中国地方品种多具有耐粗饲、抗逆性强、高繁殖力的优良性状，曾为许多世界知名品种的培育作出过贡献。2 000年前罗马帝国就曾引进中国猪种，到19世纪初，英美国家引入广东的“番禺猪”，后又传到德、法等国，并参与育成大白猪、巴克夏猪、波中猪等品种。狼山鸡在19世纪70年代就被英国引入，该鸡种参与当地鸡的杂交育种而育成了当地著名的奥平顿鸡和澳洲黑鸡。北京鸭、丝羽乌骨鸡、狮头鹅、梅山猪、枫泾猪、金华猪、关中驴、南阳牛、鲁西牛、同羊等30余个畜禽品种输出到亚洲、欧洲、美洲及大洋洲的一些国家和地区。太湖猪品种中的梅山猪、枫泾猪被引入法国、美国及英国等国，同当地猪杂交改良，加快了这些国家猪繁殖力经济性状的遗传进展。因此，应充分重视我国地方良种。

特定的畜禽地方品种还是价值极高的经济资源，是开发名特优产品的潜在资源，也是地理标志产品的主要认证对象。如今，随着消费需求的多样化，经过培育的地方品种凭借良好的品质和较高的养殖效益迅速走红，并引领了当前市场上的高端消费热潮。地方品种肉质、风味、药用、文化等优良特性正在进一步被发掘，借以打造地方品牌或企业品牌。

（二）畜禽遗传资源保护工作取得的成效

河南省畜禽品种资源丰富，长期以来，畜禽品种资源对食品和农业作出了很大贡献，生产的畜禽产品满足了肉、蛋、乳制品、毛（纤维）、工业原料、有机肥料等社会需求。其中，畜禽良种对畜牧业发展的贡献率超过40%，畜牧业的核心竞争力很大程度体现在畜禽良种上。按照“依法保护、科学利用”的原则，全省各级畜牧兽医部门着力强化政策支持、不断完善保护制度、加强科技支撑、加大开发力度，畜禽遗传资源保护与利用工作扎实推进，取得了显著的成效。

1. 畜禽遗传资源保护体系和机制不断完善　2018年成立了河南省畜禽遗传资源委员会，对全省的地方畜禽遗传资源保护名录进行了修订，公布了涵盖28个地方品种的保护名录和5个地方资源的保护清单，为深入开展畜禽遗传资源保护和利用提供了有力支撑。根据品种特性与需要，制定了28个品种（配套系）标准、33个种畜禽场验收标准及相关技术规范。加强种畜禽场动物疫病净化，全省先后有14家种畜禽场被授予“国家动物疫病净化创建场/示范场”、72家种畜禽场被授予“河南省动物疫病净化创建场/示范场”。以企业和养殖场为主体的保种场建设逐渐完善。到2018年末，已有18个品种建有省级保种场，大部分地方品种划定了保护区或保种选育基地，占全省资源总量的1/2以上。逐渐形成了以保种场保种为主，以保护区和基因库为辅的保护体系。

2. 种质创新水平进一步提高 依托大型种畜禽企业，汇集高等院校、科研院所和技术推广部门等力量，建设畜禽遗传资源研发利用科研平台，积极实施一批地方资源的遗传品质分析、种质创新研究、保种理论研究等重大专项，全面提升资源研究科技水平。对21个被列入保护名录的地方品种资源开展种质评价和遗传分析，挖掘优良特性和优异基因，进行科学评估、鉴定，为资源利用和种质创新奠定理论基础。开展地方畜禽遗传资源保种理论和方法的研究，制定符合不同地区、不同畜种、不同品种的科学、有效、经济的资源保护方法。开展地方畜禽遗传资源开发利用方向和模式的研究，研究和推广相关配套技术。通过不断挖掘地方畜禽遗传资源特性，有计划、有组织地进行杂交育种，近年来共培育出了4个具有自主知识产权的畜禽新品种（配套系），2007年育成了我国第一个专门化肉牛品种夏南牛；2009年培育出了河南省第一个优质猪肉生产新品种豫南黑猪；2013年培育出了肉蛋兼用型三高青脚黄鸡3号新品种配套系；2015年培育出了豫粉1号蛋鸡新品种配套系。加大人才培养力度，全面提高从业人员的研究水平和管理水平。

3. 资源潜力进一步开发，地方品种资源保护和开发利用力度加大 以市场为导向，地方畜禽遗传资源开发利用步伐加快，满足了多元化的消费需求，逐步实现了资源优势向经济优势的转化。目前形成了以河南三高、南阳科尔沁、河南恒都等地方品种开发企业为龙头的家禽、猪、牛现代畜牧产业化集群。三高公司围绕固始鸡、淮南猪、豫南黑猪等地方品种，开展了固始鸡屠宰加工、固始鸡笨蛋生产、鸡肉和黑猪肉分割加工与速冻食品生产，注册了“固始鸡笨蛋”等品牌，目前年产值约4亿元。南阳科尔沁公司、河南恒都公司分别依托夏南牛和皮南牛建成了10万头、15万头规模的肉牛加工生产线，分别注册有“南阳黄牛”“十二黑”“夏南牛”等商标。平顶山瑞宝红牛公司以郏县红牛高档牛肉生产开发为主，产品在北京、天津等城市供不应求。牧原公司、永达集团等也进入了生猪、家禽等地方资源的开发领域，为进一步做大做强河南省特色产业提供了保障。郏县红牛、固始鸡等8个地方品种产品申请了国家地理标志认证，全省共打造地方资源产品品牌达到10余个。

4. 多元化投入的保种育种与产业开发机制不断完善 河南省现有的32个地方畜禽品种资源中，建成资源保种场18个，占资源总量的1/2以上。“十二五”以来，利用中央资金建设畜禽良种工程项目13个，总投资为1.49亿元（其中中央财政预算内投资7 863万元）。从2014年起，河南省财政专门把地方资源保护与开发利用项目列为专项预算，资金的扶持力度不断加大，从过去的100多万元增加到近几年的600万元，主要用于支持保种场建设、核心群组建及新品种培育等工作；各级政府部门、科研单位、企业等也加大在地方畜禽品种保护、研究、开发上的投入。例如，驻马店、洛阳等地方政府在夏南牛、确山黑猪、豫西黑猪等畜禽遗传资源的保护和利用上进行政策支持；河南省农业科学院、河南农业大学、河南牧业经济学院、信阳师范学院等院校建立了专门的地方畜禽遗传资源研究机构，为资源保护提供了技术支撑；牧原、正阳种猪场等大型农牧企业投资建设了南阳黑猪、正阳三黄鸡等品种的保种场。多元化、多方位的投入，使地方资源保护工作得到了有力的保障。

5. 政策法规体系进一步健全 近年来，河南省认真贯彻《畜牧法》等法律法规，进一步修订了《河南省种畜禽生产管理条例》《河南省种畜禽场验收标准》以及相关种畜禽的标准和规范33个，使种畜禽生产与管理逐步走上有法可依的轨道。种畜禽场守法意识增强，全省种畜禽场基本实现了凭许可证生产、按不同畜禽种类定期监督抽查和出售种畜禽附具“三证”(即种畜禽合格证、动物检疫合格证、家畜系谱证制度)，还成立了省、市、县、乡四级执法队伍，每年通过种畜禽专项执法检查，执法力度不断加大，杜绝了生产经营假劣种畜禽等违法行为。

(三) 畜禽品种遗传资源的保护形势与面临的问题

近年来，随着公众保护畜禽遗传资源的意识不断增强，社会资本投入不断增加，信息技术和生物技术加快应用，畜禽遗传资源保护与利用工作面临难得的发展机遇。但是，由于畜禽遗传资源面大量广，传统保种技术手段落后，投入不足，存在畜禽资源丧失风险加大、保护责任主体不清、开发利用不足等问题；加上近年来受到非洲猪瘟等疫情影响，原本较脆弱的保种体系面临着新的挑战。

1. 地方畜禽遗传资源保护难度加大 随着畜牧业集约化程度提高，散户大量退出畜禽养殖行业，畜禽养殖方式发生了很大变化，地方品种生存空间受到挤压，保护难度不断加大。目前，全省超过1/2的地方品种数量呈下降趋势，政府重视不够，地方畜禽品种保护利用专项资金少，保种场生存困难。受环境保护压力和土地利用制约，保种场生存空间受到挤压。地方畜禽品种养殖比较效益差，受无序杂交冲击严重，资源流失加快。省级畜禽遗传资源保种基因库尚未建立，畜禽遗传资源保护存在短板。

2. 资源保护支撑体系不健全 畜禽遗传资源保护政策支持力度小，专门化管理机构少，专业化人才队伍缺乏，保护理论不够系统、深入，技术研发和创新能力落后，制约了畜禽遗传资源的有效保护和利用。

3. 资源的优势研究不深 缺乏对地方畜禽遗传资源特性的深入挖掘，部分地方畜禽遗传资源的种质特色不能体现，地方资源产业化开发利用滞后，产品种类比较单一，市场竞争力弱，特色畜产品优质优价机制没有建立，特色畜禽遗传资源优势尚未充分发挥。

4. 政策资金支持不够 近年来，出台支持畜禽种业发展的相关政策甚少，在种质创新、畜禽育种、性能测定等方面没有专项经费投入。对大中型种业企业培育力度不够，企业育种创新积极性不高。对繁育技术推广体系投入不足，设施设备落后，不能适应现代畜禽种业发展需要。

5. 种质评价体系不健全 河南省肉牛、肉羊、家禽性能测定、评估体系尚未建立，无法实现种畜性能评价。种畜禽利用不充分，使得优良种畜禽无法实现优质优价。

02

各　论

第一部分　牛

南　阳　牛

一、一般情况

南阳牛属肉役兼用型地方黄牛品种。

中心产区在南阳市的宛城、卧龙、唐河、邓州、新野、镇平、社旗、方城，主要分布于南阳和驻马店、平顶山、周口、洛阳、许昌等周边地区。中心产区的南阳盆地多为平原，少山地丘陵，海拔48 ~ 2 400米。年平均温度15.5℃；历史上最高气温38.41℃，最低气温−10℃。年平均湿度74.5%，无霜期200 ~ 240天，年平均日照时间2 200小时，温热条件能够满足农作物一年两熟制的需要，雨季时间为25天，年降水量平均700 ~ 1 200毫米。冬季风向为东北风向，夏季虽然西南风活动频繁，但以东北风为主。属亚热带季风型大陆性气候，夏无酷暑，冬无严寒，四季分明，气候宜人。南阳境内水资源丰富，有唐河 、白河、湍河、丹江等主要河流，由此向南横贯全市注入汉水，丹江、鸭河两个大型水库及数百个中小型水库，涝能蓄水、旱能灌溉。土壤有黏土类、沙壤类和沙碎土。全市耕地面积1 375.7万亩，草场面积1 460万亩，林地面积980万亩。农作物主要有小麦、玉米、甘薯、高粱、豌豆、蚕豆、黑豆、黄豆、水稻、谷子、大麦等，年可提供饲料粮150万吨、饲用饼20万吨。优越的生态环境为南阳牛的形成奠定了物质基础。

二、品种来源与变化

1. 品种形成　据产区出土文物西汉石刻壁画——徒手阉牛图，说明2 000多年前，该地区养牛业已相当发达。南阳牛是在南阳盆地这一独特的自然生态条件下，由历代劳动人民辛勤培育而成的优良牛种。新中国成立之后，党和政府十分重视南阳牛保存发展与选育提高。1952年建立了南阳黄牛良种繁育场，1959年成立了南阳黄牛研究所，后合二为一，专门致力于南阳牛的保种、育种、繁育和推广。1975年成立了南阳牛选育协作组。1977年南阳牛选育研究被正式列入国家计划，1981年国家标准局颁布了国家标准《南阳牛》(GB/T 2415)。长期以来对南阳牛特征特性的深入研究和计划选育促进了南阳牛的发展和质量提高。尤其是20世纪80年代，通过本品种选育，培育出了4号（胸粗）和28号（体长）两个肉役兼用品系，使南阳牛生产性能得到突破性提升。在当前黄牛生产中，特别是杂交改良与品种创新的过程中，必须采取切实有效的措施，保存南阳牛这一珍贵的优良品种资源，以防止南阳牛优秀基因漂移和丢失。同时，加强本品种选育工作，保中有选，选中有保，进一步提高南阳牛生产性能，为河南省乃至全国畜牧业经济发展提供宝贵的物种资源。

2. 群体数量

（1）总头数。据南阳市2005年底统计，南阳牛群体总数约191.8万头，其中成年公牛29.3万头、母牛89.36万头，周岁以下公牛20.24万头、母牛40.25万头。

（2）成年种公牛和繁殖母牛数量及比例。成年公牛29.3万头，占全群比例为15.28%；繁殖母牛89.36万头，占全群比例为46.59%。全群用于种用的公牛15万头、母牛81万头，种用公母比例为1 ∶ 5.4。全群用于本交的母牛19.2万头，人工授精（全为冻精）的母牛70.16万头，分别占全群可繁母牛总数的21.5%和78.5%。全群公牛总数49.54头，母牛总数129.61万头，公母比例为1 ∶ 2.62。

3. 1986—2005年消长形势

（1）数量规模变化。1986—2005年，由于农业机械化程度提高，南阳牛的役用作用下降，以及外来肉牛品种改良的影响，南阳牛总体规模出现了下滑，详见表1-1。

表1-1 1986—2005年南阳牛数量变化情况（万头）

年份	1986	1987	1988	1989	1990	1991	1992	1993	1994	1995
数量	202	207	213	219	225	228	230	234	236	238
年份	1996	1997	1998	1999	2000	2001	2002	2003	2004	2005
数量	240	236	231	228	223	218	214	205	198	191.8

（2）品质变化大观。因南阳市黄牛良种繁育场对南阳牛系统选育、种公牛站全面推广优秀种牛冻精和饲养条件改善，南阳牛的斜尻、体窄等缺点逐步得到克服，胸部和后躯明显增宽，逐步实现了由役用向肉用方向转变。

（3）濒危程度。根据2006年版《畜禽遗传资源调查技术手册》的附录2“畜禽品种濒危程度的确定标准”，南阳牛濒危程度为无危险状态。

三、品种特征和性能

1. 体型外貌　南阳牛体躯高大，背腰平直，鬐甲较高，结构紧凑，皮薄毛细，体质结实。毛色有黄、红、草白三种颜色，以黄色居多，占93.15%，红色、草白色较少。面部、腹下和四肢毛色较淡，毛短而贴身，部分公牛前额有卷毛。鼻镜宽，为肉红色，其中部分带有黑点，黏膜多数为淡红色。眼睑颜色较淡。公牛头部雄壮方正，颈短厚稍呈弓形；母牛头清秀，较窄长。颈薄呈水平状，长短适中。耳壳较薄、耳端钝。南阳牛角型较多，按形状分为萝卜角、扁担角、丸角、平角和大角等。公牛角基较粗，以萝卜角为好，母牛角较细短。公牛肩峰大，隆起8 ～ 9厘米；母牛肩峰小。颈侧多皱纹，颈垂、胸垂较大；无脐垂。尻部较斜。尾短，较细，尾帚中等。蹄形圆大，多呈木碗状。蹄壳颜色有蜡黄色、琥珀色、黑色、褐色，有的带黑筋条纹。成年公牛、母牛体尺及体重：

对83头成年公牛和238头成年母牛的测定结果见表1-2。

表1-2 南阳牛体尺、体重

类别	数量（头）	体高（厘米）	体斜长（厘米）	胸围（厘米）	管围（厘米）	体重（千克）
成年公牛	83	139.0±7.99	148.0±11.31	181.3±4.21	19.3±1.5	491.8±104
成年母牛	238	130.9±7.33	141.7±8.34	172±10.66	17.6±1.59	420.2±72.5

资料来源：1998年南阳黄牛动态资源调查报告。

2. 生产性能

（1）产肉性能。对经过短期肥育的5头18月龄南阳牛公牛进行了屠宰测定，产肉性能测定结果见表1-3和表1-4。

表1-3 南阳牛屠宰测定主要指标

测定数量	屠体重（千克）	胴体重（千克）	屠宰率（%）	净肉重（千克）	净肉率（%）	骨肉比	眼肌面积（厘米^2）
5	435.27±16.86	240.18±7.20	55.29±2.25	197.8±6.51	44.73±2.39	1 ：(4.67±0.63)	92.60±2.55

注：2007年2月在唐河肉牛集团公司进行屠宰测定。

表1-4 南阳牛肌肉主要化学成分（%）

水分	粗蛋白	粗脂肪	粗灰分
65.5	17.6	15.72	1.18

资料来源：《南阳牛选育情况》，1998年《黄牛杂志》第3期。

（2）乳用性能。南阳牛的产奶性能测定结果如表1-5。

表1-5 南阳牛乳用性能

胎次	泌乳量（千克）	乳脂率（%）	乳蛋白率（%）
1～2胎	600	5.5	4.0
3胎以上	900	4.5	4.0

资料来源：1998年南阳黄牛动态资源调查报告。

（3）役用性能。南阳牛役用性能强，最大挽力占体重57%～77%，经常挽力占体重18%～25%，耕地速度0.6～0.9米/秒。一般1.5岁开始役用，日耕地成年公牛3亩以上，成年母牛2～3亩，成年阉牛最高可达4～6亩。随着商品经济的发展，南阳牛的生产方向发生了变化，逐渐由过去以役用为主向肉用方向转变。

3. 繁殖性能 南阳牛成年母牛四季发情，以秋季居多。母牛妊娠期286.5 ～ 289.8天。根据国家标准《南阳牛》（GB 2415）和南阳市黄牛繁育场历史资料，对南阳牛的繁殖性能汇集表1-6。

表1-6 南阳牛繁殖性能

性别	性成熟（月龄）	初配年龄（月龄）	繁殖季节	发情周期（天）
公	16±1.5	36±2.1	—	—
母	12±1.5	24±1.6	四季均有，夏秋居多	18 ～ 25

4. 犊牛生长性能 南阳牛抗病能力强，较少发生难产，育成率高。根据国家标准《南阳牛》（GB 2415）和南阳市黄牛良种繁育场的历史资料，将南阳牛犊牛生长性能汇集于表1-7。

表1-7 南阳牛犊牛生长性能

性别	犊牛初生重（千克）	犊牛断奶重（千克）	哺乳期日增重（千克/天）	犊牛成活率（%）	犊牛死亡率（%）
公	31.2±2.2	116.2±8.5	0.73±0.30	95	4.5
母	28.6±20	107.6±8.2	0.67±0.25	95	4.5

四、饲养管理

南阳牛耐粗饲，性情温顺，易管理。南阳牛的饲养方式多以舍饲为主，山丘地区4—10月实行放牧。养牛以粗饲料为主、精饲料为辅，育肥场使用青贮玉米。一般成年牛日喂粗料4 ～ 8千克，精料1 ～ 2千克。

五、品种保护与研究、利用情况

1. 保种场、保护区及基因库建设情况 南阳市黄牛良种繁育场，又名南阳市黄牛研究所（一个单位，两块牌子）。1952年建场，是以南阳牛保种、育种、供种为主，集科研生产及技术推广于一体的国家级重点种畜场。全场占地面积1.6万亩，其中耕地、饲草地1.2万亩。下属南阳牛育种中心、育肥场、7个分场等12个二级单位。

（1）建立总场保种核心群。在南阳牛育种中心建立了南阳牛20头种公牛、120头种母牛的保种核心群，严格选种选配，控制近交系数。

（2）建立分场保种群。在7个分场，采用总场所有、职工分散饲养方式，建立200头标准繁殖母牛规模的南阳牛保种群，总场统一配种、统一防疫、统一登记、统一饲养技术指导。

（3）建立社会保种区。在邓州市的构林、桑庄、刘集、龙堰、白牛、张村、十林、文渠等以及淅川县的厚坡、香花、九重等20个乡镇建立封闭保种区，开展本品种选育。重点选择后躯较发达、乳房发育良好、早熟且增重快的优秀母牛。通过市种公牛站和县、乡、村三级人工授精站，严格选种选配，计划供应冻精。在地方政府的干预下，保种区内严禁其他肉牛品种介入。

（4）建立冻精冻胚保种基因库。在南阳牛育种中心核心群体中，选择健康无病、生产力正常、3～6岁符合国家标准《南阳牛》（GB 2415）的特级种公牛5头，种母牛10头。种公牛按照《牛冷冻精液生产技术规程》（NY/T 1234—2018），采制冻精3 000份，冻精质量技术标准符合国家标准《牛冷冻精液》（GB 4143）。种母牛依照同期发情、超数排卵、人工授精、冲胚采集、检胚分级、冷冻保存等程序，采制Ⅰ级可用冻胚240枚，建立地方南阳牛冻胚基因库。

2.列入保种名录情况 南阳牛是我国五大地方良种黄牛之一，目前是著名的大型肉役兼用型品种，是我国畜禽品种资源中不可多得的珍贵财富，有着重要的保种价值。1998年，南阳牛首批被列入《国家级畜禽遗传资源保护名录》，已被列入了《中国畜禽遗传资源志 牛志》和《河南省地方优良畜禽品种志》。2002年，南阳牛进行了原产地标记注册。

3.制定的品种标准、饲养管理标准等情况 1981年颁布了国家标准《南阳牛》（GB 2415—1981），2003年根据农业部的要求，对原标准进行了修订。2002年国家质量监督检验检疫总局对南阳牛原产地标记进行注册，2005牛5月向国家工商总局申报了南阳牛的活牛及其产品的商标注册。

4.品种开发利用情况 据黑龙江、辽宁、云南、湖南和湖北五省调查反馈情况看，南阳牛改良当地黄牛，其杂交后代体格较大，结构紧凑，体质结实，生长发育快，采食力强，耐粗饲，适应当地生态环境，肩胛较高，四肢较长，行动迅速，毛色多数为黄色，具有父本的明显特征。成年杂种牛比当地成年牛体尺、体重显著提高，初生杂种犊牛比当地犊牛体重提高3～3.4千克。南阳牛改良其他黄牛不仅效果非同一般，而且在接受外来牛种改良方面也具有很好的配合力。南阳牛用利木赞、夏洛来、皮埃蒙特、德国黄牛等肉牛品种改良，杂交优势显著，肉用性能指标均有很好表现。

六、品种评价与展望

南阳牛作为全国著名的地方优良黄牛品种之一，是我国宝贵的畜禽遗传资源。先后被引入10多个国家和20多个省（自治区、直辖市），对养牛业的发展起到了极大的促进作用。经过广大科研人员的努力，培育出4号（胸粗）和28号（体长）两个品系，对南阳牛体尺、体重的提高起到一定的推动作用，在一定程度上改变了南阳牛前期增重慢、商品率低、产肉量少、肉用性能差等缺点。南阳牛开发和利用方面，在本品种选育基础上，可适当导入皮埃蒙特牛、德国黄牛等专门化肉用品种血统，向肉用方向发展。

七、照片

南阳牛公牛、母牛、群体照片见图1-1至图1-3。

图1-1　南阳牛公牛

图1-2　南阳牛母牛

图1-3　南阳牛群体

调查单位：

河南省畜牧总站　　南阳黄牛科技中心
南阳市黄牛繁育场　　唐河县畜牧兽医工作站
邓州市畜牧兽医工作站　　新野县畜牧兽医工作站
社旗县家畜改良站　　方城县家畜改良站

调查人员：

王冠立　刘长胜　王　鹏　宋海忠　郑应志　王建钦　茹宝瑞　吉进卿　朱红卫
谭书江　刘青山　王红艺　梁　爽　袁　虎　孙志和　冀立明　刘德奇　王海利
卫　国　于德浩　王文社　徐云钟　顾海波　郑志杰　张玉才　樊元晓　张　伟
陈凤川　冯海强　苏荣山　李万松　王明阁

郏县红牛

一、一般情况

郏县红牛属河南省肉役兼用型地方黄牛品种。中心产区位于河南省平顶山市的郏县、宝丰和鲁山三县。主要分布在郏县的安良镇、茨芭镇、薛店镇、黄道镇、渣园乡、堂街镇、姚庄回族乡，鲁山县的辛集乡、张官营镇、磙子营乡、马楼乡和宝丰县沿汝河两岸的乡镇，汝州市及许昌市的禹州市、襄城县等也有少量分布。

中心产区处于河南省中西部伏牛山东麓，地势西高东低，主要为浅山丘陵，海拔200～500米。境内河流纵横交错，汝河自西向东由汝州市流经郏县、宝丰县境内；沙河则流经鲁山县全境。汝河、沙河下游为平原农区，平原多为沙壤土及黏土；浅山、丘陵多砾质及黄黏土。产区属温带气候，年平均气温在14.8～15.2℃；极端最低气温为－11.3℃，极端最高气温为38.1℃。无霜期平均为226天。年平均降水量806毫米，70%的降水集中在6—9月。年平均日照时间为2 265.1小时。冬季以西北风为多，风力4～7级；夏季以西南、东南风为多，风力为3～6级。境内有大型河流4条、中型河流22条，灌溉条件较好，水质良好。土地以红壤土为主，分褐土、潮土、砂姜黑土三类，pH为7.6～8.2。平顶山市耕地32.97万公顷，人均0.069公顷，年产农作物秸秆230万吨，草山草坡14.09万公顷。饲草饲料资源丰富，有发展畜牧业的资源优势。耕作制度为一年两熟或两年三熟，农作物以小麦、玉米、花生和甘薯为主。

郏县红牛耐粗饲、抗病力强，对平原农区和浅山丘陵区均有良好的适应性。在平原地区以肉用为主；山区以役用为主，肉用为辅。

二、品种来源与变化

1.品种形成 郏县红牛属于中原型黄牛。据《郏县县志》记载，郏县红牛是在当地生态环境条件下经过农民世代选育而形成的优良地方品种。产区农民喜养红牛，牛肉加工始于唐、宋，历史悠久。郏县红牛作为特色农产品在1952年参加了在北京举办的第一届农产品展览会。1986年被列入《河南地方优良畜禽品种志》。

2.群体数量 2005年末，郏县红牛存栏27.16万头，成年种公牛80头，繁殖母牛13.85万头，繁殖母牛在全群中所占的比例为50.1%。2017年末，平顶山市共有郏县红牛31 862头。在抽样调查的4 439头中，公牛409头，其中，成年种公牛16头；母牛4 030头，其中，繁殖母牛2 591头，繁殖母牛在全群中所占的比例为58.37%。平顶山市犇牛畜禽良种繁育有限公司有郏县红牛种公牛16头，繁殖母牛108头。郏县红牛配种主要采用冷冻精液人工授精（占96%以上）。用于纯种繁殖的母牛占能繁母牛的20.5%。

3.1986—2006年消长形势

（1）数量规模变化。1986—1996年郏县红牛数量变化情况见表1-8。

表1-8　1986—2006年郏县红牛数量变化情况（万头）

年份	1986	1987	1988	1989	1990	1991	1992	1993	1994	1995	1996
数量	11.93	12.41	13.43	14.10	14.25	14.73	15.22	15.66	16.15	16.53	16.66
年份	1997	1998	1999	2000	2001	2002	2003	2004	2005	2006	
数量	17.15	17.58	18.24	20.7	23.65	24.7	25.9	29.45	27.16	26.85	

1986—2004年，郏县红牛饲养数量稳中有升，2004年到达最高数量（29.45万头）；2004年以后饲养数量出现下降，2006年郏县红牛存栏量26.85万头。由于养牛比较经济效益下降，导致产区饲养郏县红牛数量明显减少。至2017年，郏县红牛仅剩31 862头。

（2）品质变化大观。经过多年来对郏县红牛种公牛的鉴定和登记，建立核心群，进行选种选配，推广冷冻精液，加强饲养管理，使郏县红牛整体质量得到显著提高。

与1986年相比，2006年成年公牛的体高、体长、胸围、管围和体重分别提高了6.62%、23.76%、1.21%、7.71%、14.32%；成年母牛的体高、体长、胸围、管围和体重分别提高了4.52%、10.65%、5.94%、1.12%、6.31%。

2017年与2006年数据相比：成年公、母牛胸围分别提高了8.56%、1.10%；管围分别提高了4.18%、2.38%；成年公、母牛体高分别提高了1.67%、0.72%；成年公、母牛体长分别降低了10.26%、2.76%；成年公牛平均体重提高了6.84%、成年母牛体重降低了1.25%（表1-9）。

表1-9　不同年份郏县红牛成年牛体尺、体重

性别	年份	头数	体高（厘米）	体长（厘米）	胸围（厘米）	管围（厘米）	体重（千克）
公牛	1986	5	137.61	148.12	197.03	19.31	531.86
	2006	20	146.72	183.31	199.42	20.80	608.05
	2017	16	149.17	164.50	216.50	21.67	649.67
母牛	1986	173	125.73	143.56	176.56	18.71	432.73
	2006	120	131.42	158.85	187.05	18.92	460.04
	2017	79	132.37	154.47	189.10	19.37	454.30

（3）濒危程度。近年来，郏县红牛群体数量呈现减少趋势。制订并实施了保种计划，建立了保种场，正在开展郏县红牛的保种选育和扩群繁育工作。根据2006年版《畜禽遗传资源调查技术手册》附录2“畜禽品种濒危程度的确定标准”，目前郏县红牛濒危程度为维持状态。

三、品种特征和性能

1.体型外貌　郏县红牛毛色有红、浅红及紫红三种，红色占48.51%，浅红占24.26%，紫红占27.23%，红色及浅红色牛有暗红色背线及色泽较深的尾帚。鼻镜、眼睑和乳房呈粉色，部分牛的尾帚中夹有白毛。蹄角颜色为蜡色或黑褐色。被毛为贴身短毛。

头方正，短宽。耳平伸，耳壳厚度一般，耳端钝型。角呈“龙门角”。体型中等。肩峰较小，颈垂和胸垂较小；尻长圆；尾长达后管下端，尾帚较大，大部分牛的尾帚为红色，个别牛的尾帚中夹杂有白色。

2. 体尺和体重　2017年测定郏县红牛公牛38头、母牛151头，不同月龄郏县红牛的体尺、体重见表1-10。

表1-10　不同月龄郏县红牛体尺、体重

性别	月龄	数量（头）	体高（厘米）	体斜长（厘米）	胸围（厘米）	坐骨端宽（厘米）	管围（厘米）	体重（千克）
公	6 ~ 12	15	115.8	121.8	145.13	14	17	228.87
	13 ~ 18	7	121.42	133.14	157.14	15.14	18.86	308.86
	≥24	16	149.17	164.50	216.50	19.67	21.67	649.67
母	6 ~ 12	13	116.92	123.23	147.77	15.54	16.54	225.77
	13 ~ 18	19	121.53	130.77	160.42	16.95	17.63	280.26
	19 ~ 24	40	130	142.65	180.58	19.55	19.02	391.3
	≥24	79	132.37	154.47	189.10	21.30	19.37	454.30
	合计	189						

注：测定时间为2017年5月，测定地点为郏县姚庄乡。

24月龄以上成年郏县红牛的体尺和体重见表1-11。

表1-11　成年郏县红牛体尺、体重

项目	公牛（16头）				母牛（79头）			
	均值	标准差	变异系数（%）	范围	均值	标准差	变异系数（%）	范围
体高（厘米）	149.17	5.21	3.49	143 ~ 154	132.37	5.02	3.8	127 ~ 137
体长（厘米）	164.5	4.46	2.71	159 ~ 168	154.47	9.06	5.87	145 ~ 163
胸围（厘米）	216.5	14.35	6.63	212 ~ 231	189.1	13.3	7.03	176 ~ 202
管围（厘米）	21.67	0.94	4.35	20 ~ 22	19.37	1.52	7.85	17 ~ 20
体重（千克）	649.67	58.98	9.08	590 ~ 708	454.3	75.79	16.68	379 ~ 529

注：测定时间为2017年5月，测定地点为郏县姚庄乡。

3. 生产性能

（1）产肉性能。1986年鲁山县红牛场对2头经育肥的成年阉牛屠宰测定，其屠宰率为

56.89%，净肉率为47.02%，胴体产肉率为82.64%。2006年的屠宰试验表明，郏县红牛公牛未经育肥的平均屠宰率达到59.69%，净肉率为51.01%，胴体产肉率为85.44%。

2016年11月平顶山畜牧技术推广站选择24月龄的5头公牛进行100天育肥，屠宰试验结果显示，屠宰率为59.86%，净肉率为51.14%，眼肌面积为90.42厘米^2，牛肉剪切力值（3 861.34±345.13）克，平均高档肉块（60.25±3.22）千克，高档牛肉率（20.25±0.44）%，平均优质肉块（95.77±3.70）千克，优质肉块率（32.26±0.34）%。肌肉成分：蛋白质17.1%，总脂肪4.8%，游离脂肪2.1%，水分60.9%，肌苷酸0.26克/千克，胆固醇55.8毫克/100克。屠宰测定结果见表1-12。

表1-12 郏县红牛产肉性能

项目	均值	均值±标准差
宰前活重（千克）	488.33	580.60±18.832
胴体重（千克）	292.40	348.01±15.61
屠宰率（%）	59.69	59.86±1.01
净肉重（千克）	249.99	
净肉率（%）	51.01	51.14±1.03
皮厚（厘米）	1.04	0.53±0.50
腰部肌肉厚（厘米）	5.50	
大腿肌肉厚（厘米）	29	
腰部脂肪厚（厘米）	0.3	
背部脂肪厚（厘米）	0.4	
胴体脂肪覆盖率（%）		86±3.74
肉骨比	5.89	5.91±0.28
眼肌面积（厘米^2）	85.41	90.42±7.98
样本量	5	5
测定地点	郏县城关镇	国润牧业
测定时间	2007年1月	2016年11月

（2）泌乳性能。对不同胎次不同泌乳阶段的泌乳量进行测定，每日产乳4.5～7千克，泌乳期180～240天，泌乳期产乳量850千克以上。乳干物质含量16.58%，乳脂率5.21%，乳蛋白4.22%，乳糖6.35%，灰分0.8%。

（3）役用性能。郏县红牛体格中等，体躯长，骨骼粗壮，肌肉发达，役用性能强。据调查，现在基本无大龄阉牛。每头母牛每日可耕地2～3亩，耙地10～12亩，拉耧播种12～15亩。每头母牛在平坦的公路上拉胶轮车，可载重2 000千克，日行30～35千米；在山路可载重600～800千克，日行20～25千米。由于农村机械化水平提高，现役用较少。

（4）繁殖性能。郏县红牛公牛9 ~ 11月龄、母牛8 ~ 10月龄达到性成熟。公牛18 ~ 20月龄开始配种，母牛14 ~ 16月龄开始配种。母牛四季均有发情，秋季9—11月发情母牛较多，占55%。春季次之，夏冬较少。发情周期为18 ~ 20天，持续2 ~ 3天。母牛妊娠期为285天左右（表1-13）。

表1-13　郏县红牛繁殖性能

项目	公牛	母牛
性成熟时间（月龄）	9 ~ 11	8 ~ 10
初配年龄(月龄)	18 ~ 20	14 ~ 16
发情周期(天)		18
妊娠期(天)		285

（5）犊牛生长性能。犊牛平均初生重，公犊32.74千克、母犊28.17千克。犊牛3 ~ 6月龄断奶，3月龄公犊牛106.32千克、母犊牛103.52千克；6月龄公犊牛182.32千克、母犊牛189.31千克。哺乳期（6月龄）日增重，公犊814.46克、母犊835.65克。犊牛成活率95.3%（表1-14）。

表1-14　郏县红牛犊牛生长性能

项目	公牛	母牛
犊牛初生重（千克）	32.74±4.25	28.17±3.12
犊牛3月龄重（千克）	106.32±6.02	103.52±4.11
犊牛6月龄重（千克）	182.32±11.17	189.31±10.61
哺乳期日增重(克)	814.46±39.32	835.65±26.03

四、饲养管理

1.成年牛饲养管理　成年牛以舍饲为主，有草场的山区和沿河区常采用白天放牧、晚上补饲的方法。粗料以麦秸为主，玉米秸、青草、青干草、青贮玉米秆为辅，均铡短喂给；精料以麸皮、玉米为主，甘薯渣、油饼为辅，混合精料的比例为玉米55%、麸皮35%、饼类10%。一般每头每天喂精料0.5 ~ 1千克，使役时喂1.5 ~ 2千克，放牧牛视牧草情况和采草时间酌情补充精料。繁殖母牛在怀孕后期3 ~ 4个月及产后1 ~ 2个月，每天加精料0.5 ~ 1千克。种公牛每头每天喂精料2 ~ 3千克。育肥场（户）使用浓缩饲料，搭配一定比例的玉米、麸皮喂牛，按架子牛体重1%～ 1.2%喂给精料，日增重0.8 ~ 1.2千克。一般每日分早、晚两次饲喂。传统饲喂方式，多数先用水拌草喂，喂后再用料拌草喂，也有直接用料拌草（加水）喂的，加水以“冬拌干、夏拌湿”，拌料以“先少后多、四角拌到”，饲喂以“少喂勤添”为原则。

郏县红牛的管理较细致，有“春防风、夏防热、秋防雨、冬防寒”的民谚。牛舍内外保持清洁卫生，夏天炎热时在舍外搭建凉棚，冬天注意保暖；对怀孕后期母牛减轻劳役，分娩前后各休息1个月。

2. 幼牛的饲养管理　随母牛哺乳，哺乳期一般为6个月。从2月龄开始，在哺乳的同时补饲优质青干草，每日补喂精料0.2 ～ 0.3千克；6月龄断奶后日喂精料0.3 ～ 0.5千克；一岁后按成年牛精料量喂给；犊牛断奶后即戴上笼头进行拴系，一岁时给幼牛穿鼻。不做种用的幼龄公牛，一般饲养到8 ～ 10月龄即卖给育肥场（户）进行育肥。

五、品种保护与研究、利用情况

1. 保种场、保护区及基因库建设情况　2007年建立了郏县红牛保种场。2017年存栏纯种郏县红牛220头，其中能繁母牛108头，成年公牛16头，育成母牛46头，育成公牛20头，母犊15头，公犊15头。

2004年，平顶山市畜牧技术推广站等单位提出了郏县红牛保种和利用方案。2010年11月，从郏县14个乡镇精选1 000头母牛、8头公牛进行良种登记，并且参加第六届郏县红牛节比赛，宣传鼓励发展郏县红牛。2014年以来，在中心产区进行郏县红牛良种登记，长期保持登记1 000头。

2009—2012年，平顶山市犇牛畜禽良种繁育有限公司配合全国畜牧总站种质资源保存利用中心制作郏县红牛冷冻胚胎217枚和冷冻精液3 623剂，现已完成基因保存任务。

2. 列入保种名录情况　1952年郏县红牛作为特色农产品参加了在北京举办的第一届农产品展览会；1985年10月被列入全国八大优良黄牛品种，目前是著名的大型肉役兼用型品种；1986年被列入《河南省地方优良畜禽品种志》；已被列入《中国畜禽遗传资源志　牛志》。

3. 制定的品种标准、饲养管理标准等情况　1997年河南省质量技术监督局发布了河南省地方标准《郏县红牛》（DB41/T 012），并于2015年进行了修订。

4. 品种开发利用情况

（1）调查报告。1980年，由河南农学院袁建人、王俊士等人起草了《郏县红牛调查报告（一）》，收录于《郏县红牛二十年》；由郏县畜牧局张怀法等人起草了《郏县红牛调查报告（二）》，收录于《郏县红牛二十年》；1998年由平顶山市畜牧局蒋遂安等人起草了《郏县红牛种质资源调查报告》，收录于《郏县红牛二十年》。

（2）郏县红牛屠宰试验。2016年11月，由平顶山畜牧技术推广站开展的郏县红牛屠宰试验，对郏县红牛与不同品种肉牛杂交后代肉用性能进行了比较，对郏县红牛及不同品种杂交后代的肉品质进行了详细的研究。

（3）分子遗传测定。2003年4月，全国畜牧总站种质资源保护中心到郏县采集郏县红牛血样，进行分子遗传测定和基因分析。2006年1月，西北农林科技大学对郏县红牛进行血样采集，进行分子遗传测定。2006年8月，天津大学采集郏县红牛血样，进行分子遗传测定和基因分析。2006年11月，河南农业大学对郏县红牛进行了血样采集。以上的分子遗传研究显示，郏县红牛属于中原黄牛类型中的一个独立的黄牛品种，血统纯正。

六、品种评价与展望

郏县红牛是我国优良的地方品种。其优点是体躯中等，结构匀称，体质结实，骨骼粗壮，肌肉发达，肢势端正，后躯丰满，蹄圆大而坚实；肉质细腻，香味浓郁，肉色鲜红；耐粗饲，适应性强。缺点是生长速度稍慢，部分牛体型需选育提高。优质牛肉切块比例较高，是培育肉牛新品种、生产高档牛肉的理想母本。在本品种选育的基础上，应在特色牛肉加工、创立品牌产品等方面进行综合开发。

七、照片

郏县红牛公牛、母牛、群体照片见图1-4至图1-6。

图1-4　郏县红牛公牛

图1-5　郏县红牛母牛

图1-6　郏县红牛群体

调查人员：

耿二强　张花菊　马桂变　苏玉贤 王俊杰　张少学　冯亚强　杨华龙　李建锋　王耀罡

撰稿人：

苏玉贤　张花菊　马桂变　张少学

审稿人：

孙文常　耿二强

摄影：

张花菊　张少学

信阳水牛

一、一般情况

信阳水牛属役肉兼用沼泽型水牛。中心产区位于河南省信阳市的平桥、罗山、潢川、固始、商城、光山等县区，广泛分布于淮河两岸。其中，平桥区、罗山县、潢川县、光山县、商城县、固始县饲养量占整个饲养量的85%，信阳市其他县区饲养量也有上千头，周边的南阳市、驻马店市也有少量分布。

产区信阳市位于河南省南部，全区总面积为18 908.3千米^2。其中，山区占全区面积的36.9%，丘陵占38.5%，平原占17%，低洼易涝地占7.6%。全市最低海拔23米，最高海拔1 584米。全年平均气温15.2℃，年平均湿度70%～80%，全年降水量平均1 100毫米。气候属亚热带季风气候，全年四季分明，气候温和，降水充沛，无霜期长，平均220～230天。境内河流纵贯，水库、池塘密布，淮河自西向东流经信阳全境，水资源丰富。土地肥沃，草场广阔，全市荒山草坡、河滩、林间草地达800多万亩，牧草资源十分丰富。当地农作物以水稻、小麦为主，也盛产豆类、甘薯、花生、芝麻等秋杂作物，饲料作物有玉米、紫云英、白三叶、紫花苜蓿等。丰富的农副产品及牧草资源为养牛提供了良好的饲料来源。

二、品种来源与变化

1. 品种形成　信阳水牛历史悠久，为当地固有古老品种。据《商城县志》记载，商城县饲养水牛已有1 000多年历史。由于信阳地区水稻种植面积大，水牛就成了农业生产中的主要动力。为了适应水田耕作，当地十分重视培养体格大、挽力强的水牛，因而促进了群选群育的积极性，经过长期选种选配而形成的一个优良的地方水牛品种。

2. 群体数量　2016年存栏量12.8万头。成年种公牛2 560头，繁殖母牛61 440头，成年种公牛占比2%，繁殖母牛占比48%（表1-15）。

表1-15　水牛存栏及利用比例

指标	数值
总头数（年末存栏，万头）	12.8
成年种公牛占全群的比例	2%
繁殖母牛占全群的比例	48%
本交占全品种的比例	40%
人工授精占全品种的比例	60%

（续）

指标	数值
冻精授精占全品种的比例	60%
全品种公母比例	30 ∶ 100
用于纯种繁殖母牛的比例	＞95%

注：数据为2016年信阳市畜牧局统计结果。

3.2006—2016年消长形势

（1）数量规模变化。自21世纪初开始，信阳水牛的数量规模发生了较大变化，在总数上有逐渐减少的趋势。由于社会的进步和生产力水平的提高，当地农民对信阳水牛作为耕地的役用性能要求有所下降，特别是近年来大规模实行机械化种植，导致养殖数量大幅度减少。到目前为止，饲养数量不足13万头（表1-16）。

表1-16　2006—2016年存栏量变化情况（万头）

年份	2006	2007	2008	2009	2010	2011	2012	2013	2014	2015	2016
存栏量	47.5	45.3	42.2	38.7	31.9	26.5	21.4	18.3	17.4	15.1	12.6

（2）品质变化大观。信阳水牛的体型较以前稍大，更健壮。役力主要为农村耕田、耕地，很少用于拉车，并逐渐向肉用方向转变，产品不断销往相邻省市。

（3）濒危程度。近年来，虽然信阳水牛存栏量大幅下降，但养殖经济效益有所提高，产品销路较好，养殖户的积极性不断提高，养殖和存栏量已基本趋向稳定，加上当地畜牧部门采取了有效的保种措施，因此暂时没有濒危的风险。

三、品种特征和性能

1.体型外貌

（1）外貌特征。信阳水牛体型较大，体躯呈长方形，结构紧凑，肌肉丰满；头略长，公牛头粗重，母牛头清秀，耳大小中等，额宽广，口方大。肩颈结合良好；前胸宽阔而深，胸部肌肉发达，肋骨开张良好；背腰宽广略凹，腹大、腰角突出，后躯发育较差，尻部短略倾斜；四肢粗壮，前肢开阔，蹄圆大，质地致密坚实。毛色为黑色或浅灰色，四肢内侧淡化。颈部、下腹部毛密且稍长，背部毛较稀少。大多数牛颈部有“白胸月”，腿部有“白袜子”，鼻镜、眼睑为黑色，乳房为粉色。尾短，一般不过飞节；尾梢颜色灰黄色。角基粗大，呈方形，角尖略呈圆锥形。角随年龄的增长棱越来越多，一般每增一岁，就增一棱。角为黑褐色，向后上方弯曲，呈篩形或小圆环形。

（2）体尺、体重。2016年，通过对罗山县60头4 ～ 6岁公、母牛的体尺及体重的测定，结果显示，信阳水牛体尺、体重较2006年调查时略有增加，但变化不大（表1-17）。

表1-17 信阳水牛体尺、体重

项目	2006年		2016年	
	公牛	母牛	公牛	母牛
调查头数	20	50	10	50
体重（千克）	559.13±86.00	529.02±86.00	634.39±43.88	549.48±61.9
体高(厘米)	138.06±4.05	131.24±4.05	138.5±2.32	132.52±5.31
体斜长(厘米)	149.09±5.98	142.76±5.98	153±4.76	144.26±6.11
胸围(厘米)	202.68±15.31	202.63±15.31	213.9±4.86	204.16±7.20
管围(厘米)	24.18±1.35	22.10±1.35	25.1±1.20	22.32±1.07
体长指数(%)	107.73±4.70	108.67±4.70	108.74±5.3	108.865.3
胸围指数(%)	146.64±11.67	154.17±11.67	154.45±3	154.06±3
管围指数(%)	17.57±1.19	16.85±1.19	17.84±0.86	16.84±0.86

注：数据由信阳农林学院和信阳市畜牧工作站2017年10月于河南省信阳市罗山县联合测定。

2. 生产性能

（1）产肉性能。通过对2～3岁信阳水牛的现场测定显示：屠宰率为46.74%，净肉率38.95%，背部脂肪平均厚度0.32厘米，腰部脂肪平均厚度0.32厘米，眼肌面积为56.17厘米（表1-18）。

表1-18 信阳水牛屠宰性能

头数	性别	屠体重（千克）	胴体重（千克）	屠宰率（%）	净肉重（千克）	净肉率（%）	骨肉比	眼肌面积（厘米^2）
5	公	389.90±5.30	183.80±7.20	46.74±0.01	152.00±7.40	38.95±0.01	0.19±0.01	56.17±6.52

注：2006年12月由郑州牧业工程高等专科学校和信阳市畜牧工作站于河南省信阳市潢川县联合测定。

（2）乳用性能。母牛泌乳期一般6个月左右，泌乳高峰期每天产乳2～3千克，一个泌乳期平均产乳量为256千克。用摩拉或尼里水牛改良二代后的杂交母水牛产乳量稍高，泌乳高峰期可达5～6千克。

（3）役用性能。公牛和阉牛单牛独套，每天可耕作板田（土壤板结的农田）2.5～3.5亩，一般农田3～4亩；母牛可耕作板田2～3亩，一般农田2.5～3.5亩。日工作6～8小时，一般使役年限15～18年。

3. 繁殖性能 母牛初情期一般为18～20月龄，初配年龄2～3岁。发情周期18～35天，平均21天，发情持续期1～3天，发情季节多在3—5月和7—9月。妊娠期为310～320天。大部分母牛三年两胎，也有许多能达一年一胎，母牛难产率很低，繁殖使用年限达10年以上。公牛一般2.5～3岁开始配种，4～6岁配种力强，7岁之后配种能力逐步开始下降，一头公牛本交可配80～100头母牛。犊牛初生重一般为11～15千克，哺乳期日增重0.3～0.4千克，6月龄断奶重70千克左右。犊牛抗病力较强，死亡率低。

四、饲养管理

成年信阳水牛饲养管理比较粗放，以放牧为主，全年放牧期一般为7个月（4—10月），长的可达9～10个月，主要采食田边、地埂牧草和浅滩青草，放牧期间不需要补充精料亦能达到很好的膘情。舍饲期一般为5个月，舍饲期间以稻草铡碎后加大豆、麸皮等少部分精料饲喂，成年水牛每天需干稻草10～15千克。冬季改善管理方式，以舍饲为主，多加精料，膘情一般较好。犊牛一般管理较为精细，放牧期内随成年牛采食，舍饲期内多以稻草铡碎后加大豆、豆饼饲喂，冬季通过在牛舍内增加垫草保温等方式改善福利条件。

五、品种保护与研究、利用情况

1. 保种场、保护区及基因库建设情况 在20世纪80年代初畜禽品种资源调查时，信阳水牛正式被《河南省地方优良畜禽品种志》列为地方优良品种。1979年，在光山县仙居乡建立了水牛良种繁育场。1982年，在罗山县青山乡的5个村建立了保种区，建立了母牛核心群，进行选种选配。制定了选育方案和外貌鉴定标准，定期对选育区幼牛的初生重和各生长阶段的体尺进行测量。通过推广选育区的优良种公牛冻精进行本品种的选配选育，从而使信阳水牛体尺、体重较之前有明显增长。2015年5月，在罗山县高店乡高庙村建成信阳市水牛保种场，目前存栏种牛13头，保种冷冻精液正在进行试生产。

2. 列入保种名录情况 光山县水牛良种繁育场于1979年建场时就在场内建立了水牛品种登记制度。1982年，罗山县青山乡5个保种村已开始建立品种登记制度。信阳水牛于1986年被收录入《河南省地方优良畜禽品种志》，于2009年被收录入《河南省畜禽遗传资源保护名录》，2018年再次被收录入《河南省畜禽遗传资源保护名录》。

3. 制定的品种标准、饲养管理标准等情况 为了更好地保护和利用信阳水牛这一品种资源，实现标准化生产管理，河南省信阳市畜牧局从2003年开始申请立项，申报制定地方品种标准《信阳水牛》。品种标准的主要内容包括范围、外貌特征、品种特性、生产性能、等级评定标准。此标准于2004年12月21日由河南省质量技术监督局发布，标准号为DB41/T 395—2004，2005年1月1日起实施。

4. 品种开发利用情况 杂交利用情况，20世纪70年代末，信阳市光山水牛良种繁育场从广西引进印度进口水牛优良品种摩拉水牛，用摩拉公水牛与信阳母水牛进行杂交改良试验，取得了明显的改良效果。摩杂一代水牛外貌特征：体格高大，皮薄毛稀，呈暗黑色；体形结构匀称紧凑，背腰平直，胸宽而深，后躯宽广丰满。乳房发达，乳静脉显露，尾较长并有白梢。耐粗饲，生长发育快，耐热能力较信阳水牛强，但抗寒能力稍差；力大持久，耕作速度快，抗病力强等。1983年该杂交试验项目被信阳地区行政公署评为科技成果二等奖。近年来，在良种补贴冻精项目的推动下，信阳市畜牧工作站通过摩拉水牛和尼里水牛冻精进行有计划的杂交改良，向役、肉、乳兼用型的新品种方向发展，品质已得到进一步改善和提高。通过推广新的舍饲圈养等方式，信阳水牛养殖已成为当地畜牧业新的经济增长点。

六、品种评价与展望

信阳水牛具有体型较大、体质结实、结构匀称、性情温顺、适应性好、耐粗饲、抗病力强、使役性能好等特点，但信阳水牛后躯欠发达，还有少部分卧系现象，还需进一步改良。农业机械化程度提高后，水牛可向肉用和乳用方向改良发展，前景较好。

七、照片

信阳水牛公牛、母牛、群体照片见图1-7至图1-9。

图1-7　信阳水牛公牛
（胡建新，2017年10月摄于罗山县高店乡高庙村）

图1-8　信阳水牛母牛
（胡建新，2017年10月摄于罗山县高店乡高庙村）

图1-9　信阳水牛群体
（胡建新，2017年9月摄于罗山县楠栏镇田堰村）

调查单位：

河南省畜牧总站　　信阳市畜牧工作站

潢川县畜牧局　　信阳市浉河区畜牧局

光山县畜牧局　　罗山县畜牧局

信阳市平桥区畜牧局　　新县畜牧局

商城县畜牧局　　驻马店市畜牧站

调查及编写人员：

张　斌　胡建新　吴天领　郑春雷　夏志明　李　波　张作华　薛　虎　李　平

林　琳　方　梅　赵　倩　张璐璐　陈功江　陈　坤　鞠明海　张海军　陈　萍

彭兴刚　张　军　郑　虎　曾照军　徐　谦　刘福勇　韩崇江

夏　南　牛

一、一般情况

夏南牛是以法国夏洛来牛为父本、南阳牛为母本，采用杂交创新、横交固定和自群繁育三个阶段的开放式育种方法培育而成的肉用牛新品种。夏南牛属于肉用型品种，含南阳牛血62.5%、夏洛来牛血37.5%，是中国第一个 具有自主知识产权的肉用牛品种。

夏南牛育成于河南省驻马店市泌阳县，在毗邻的县也有少量分布，已被引入中原农区很多县。泌阳县位于南阳盆地东缘，桐柏、伏牛两大山脉在境内交会，长江、淮河两大水系分水岭纵贯其中，属典型的浅山丘陵区。四季分明，降水量充沛，青山绿水，是国家级生态建设示范区。全县总面积2 774千米^2，耕地145万亩，农作物品种齐全，连片宜牧草山草坡117万亩，具有丰富的饲草饲料资源。

二、品种来源与变化

1. 品种形成　夏南牛育种历时21年，起始于1986年。1988年，由河南省畜牧局立项并下达育种方案，由河南省畜禽改良站和泌阳县畜牧局承担实施。2006年全面完成育种工作计划，实现预期技术和经济目标。2007年月1月8日，在原产地河南省泌阳县通过国家畜禽遗传资源委员会牛专业委员会审定。2007年5月15日，经国家畜禽遗传资源委员会审定通过，正式定名为夏南牛，农业部于2007年6月29日发布公告。

2. 群体数量

（1）总头数。2017年在泌阳县境内存栏夏南牛35.9万头。

（2）成年种公牛和繁殖母牛数量及比例。夏南牛具有8个独立的血统。在夏南牛原种场，存栏原种夏南牛母牛606头、种公牛26头。

3.2006—2017年消长形势

(1) 数量规模变化。2006年在泌阳县存栏夏南牛8万头以上，其中建档建卡核心母牛8 120头。随着夏南牛后续选育和扩大群体，2017年泌阳县境内夏南牛存栏35.9万头。

(2) 品质变化大观。2006—2017年，通过实施夏南牛选育提高项目，使夏南牛的外貌特征、繁殖性能、肉用性能都有所提高。同时实施了夏南牛无角牛新品系培育工作，形成了夏南牛无角类群。

(3) 濒危程度。2017年泌阳县境内，有夏南牛保种场15个，保种群体有公牛961头、母牛3 975头。有夏南牛原种场1个，存栏夏南牛种公牛26头、母牛606头。

三、品种特征和性能

1.体型外貌 夏南牛体型外貌一致。毛色为黄色，以浅黄色、米黄色居多；公牛头方正，额平直，母牛头部清秀，额平稍长；公牛角呈锥状，水平向两侧延伸，母牛角细圆，致密光滑，稍向前倾；耳中等大小；颈粗壮、平直，肩峰不明显。成年牛结构匀称，体躯呈长方形；胸深肋圆，背腰平直，尻部宽长；四肢粗壮，蹄质坚实，尾细长；母牛乳房发育良好。成年公牛体高（142.5±8.5）厘米，体重900千克左右，成年母牛体高（135.5±9.2）厘米，体重700千克左右。夏南牛体质健壮，肉用特征明显；性情温顺，行动较慢；耐粗饲，采食速度快，易育肥；适应性强，抗逆力强，耐寒冷，耐热性稍差；遗传性能稳定。

2.生产性能

(1) 生长性能。公牛初生重平均（38.52±6.12）千克，母牛初生重平均（37.90±6.4）千克。在农户饲养条件下，6月龄公、母牛体重分别为（197.35±14.23）千克和（196.50±12.68）千克，平均日增重0.88千克；12月龄公、母牛平均体重分别为（299.01±14.31）千克和（292.40±26.46）千克，平均日增重分别达0.56千克和0.53千克。

(2) 肥育性能。体重为200～250千克的青年公牛，在180天的肥育期内，平均日增重达1.2千克以上；体重400千克左右的架子公牛，在90天的强度育肥期内，平均日增重可达1.6千克以上。

(3) 肉用性能。据屠宰试验，17～19月龄的未育肥公牛屠宰率60.13%，净肉率48.84%，眼肌面积117.7厘米^2，肌肉剪切力值2.61，肉骨比4.8：1，优质肉切块率38.37%，高档牛肉率14.35%。

3.繁殖性能 母牛初情期平均432天左右，发情周期平均20天左右，初配时间约490天，怀孕期平均285天左右，难产（助产）率低于1.5%。

四、饲养管理

夏南牛以舍饲或者半放牧半舍饲的方式饲养。犊牛应随母牛哺乳。15日龄左右的犊牛，开始教其采食犊牛料；20日龄以后，开始补饲优质粗饲料。宜在犊牛3～4月龄时断奶。犊牛断奶后，供给适口性好的配合饲料，粗料最好喂给优质干草、青草和青贮玉米。6～12月龄的育成牛，日粮以优质青粗饲料为主或者放牧，适当补充精饲料。12月龄至初次怀孕阶段，粗饲料以优质干草、青贮料为主，粗饲料占日粮干物质总量的75%，精饲料占25%。哺乳期母牛应饲喂营养丰富、品质优良、易于消化的饲料。日粮中粗蛋白质含量应保持在12%～14%。泌乳早期（产后70天）的哺乳母牛，除增加青干草、青贮料、作物秸秆和配合精料外，每天宜补喂饼类饲料0.5～1千克，同时保证矿物质和维生素的需求。

五、品种保护与研究、利用情况

1.保种场、保护区及基因库建设情况 目前，夏南牛核心保种场15个，存栏4 936头；夏南牛原种场1个，存栏原种夏南牛繁殖母牛606头、种公牛26头。

2.列入保种名录情况 2018年被列入《河南省畜禽遗传资源保护名录》。

3.制定的品种标准、饲养管理标准等情况 制定了品种标准《夏南牛》(GB/T 29390—2012)，制定了《夏南牛饲养管理技术规范》(DB41/T 1213—2016)。

4.开展的种质研究情况及取得的结论 通过种质研究，显示夏南牛属于专门化的肉牛品种类型，适宜优质牛肉和高档牛肉生产；适宜作为中原农区的主要肉牛品种饲养。

5.品种开发利用情况 依托河南恒都食品有限公司，年屠宰夏南牛15万头，年产夏南牛牛肉500万吨，销售收入3亿元。

六、品种评价与展望

夏南牛生长发育快、易育肥，推广应用成本低、效益明显，深受育肥牛场和广大农户的青睐。大面积推广应用具有较强的价格优势和群众基础，又因其适宜生产优质和高档牛肉而有很大的市场空间。因此，夏南牛具有广阔的推广应用前景。

七、照片

夏南牛公牛、母牛、群体照片见图1-10至图1-12。

图1-10 夏南牛公牛

图1-11 夏南牛母牛

图1-12　夏南牛群体

调查及编写人员：

祁兴磊　屈卫东　林凤鹏　赵连甫　李军平　魏　政　李志明

第二部分　驴

泌　阳　驴

一、一般情况

泌阳驴是我国的优良驴种之一，因泌阳县是其集中原产地而得名。因具有三白缎子黑的外貌特征，俗称“三白驴”。泌阳驴属役肉兼用型品种，以其体格较大、外貌秀丽、性情活泼、役用性能好、耐粗饲和适应性强等特点而著称。

泌阳驴中心产区位于河南省驻马店市泌阳县，相邻的唐河、桐柏、社旗、方城、舞钢、遂平、驿城、确山等县（市、区）均有分布。泌阳县位于北纬32° 34′ ～33° 9′ 、东经113° 06′ ～ 113° 48′ ，地处豫南驻马店市西部，属浅山丘陵区，海拔83～983米，地处北亚热带与暖温带的过渡地带，属大陆性季风气候。四季分明，气候湿润，降水量充沛，光照充足。年平均日照时数2 009.6小时、年平均气温14.6℃、平均降水量932.9毫米、相对湿度81%，平均无霜期221天，全年多东北风，一般风速1～2级，最高4～8级。

由于地形复杂，土壤种类繁多，总的来看，两合土占总耕地面积的27.1%，黄土占18%，黑土占8%，沙土占7.5%，其他土占39.4%。农作物种植主要有小麦、大麦、谷子、水稻、大豆、玉米、甘薯和花生等，年产可饲用农作物秸秆4亿千克，可利用牧草12亿千克。独特的自然环境、优越的气候特征和宽广丰富的水草资源为泌阳驴的生产与繁殖创造了得天独厚的自然生态条件，同时泌阳驴也表现出对当地的自然条件良好的适应性和极强的抗病能力。

二、品种来源与变化

1. **品种形成**　产区历来有养驴的习惯。据成书于康熙三十四年（1695年）的《泌阳县志·风土类·兽类·驴》记载，“长頬广额、长耳、修尾、夜鸣更，性善驮负，有褐黑白斑数色，驴胪也，胪腹前也。马力在膊，驴力在胪也。其肉清香鲜美无异味”。泌阳驴有文字记载已300余年，实际形成品种在400年以上。泌阳驴两耳内侧各有一簇白毛，与我国野生驴耳内有白毛丛生的特点相似，说明泌阳驴未混杂其他种血，纯属本品种选育而成。

产区在1949年前就有许多农户专门饲养种公驴，以配种作为主要经济收入，来维持和改善生活。新中国成立初期，南阳地区畜牧工作站在产区进行了调查，将产于泌阳县的这种具有三白特征的驴定名为“泌阳驴”。1956年河南省农牧厅在泌阳县建立了泌阳驴场，并划定了泌阳驴选育区，全县各乡镇都建有配种站。每逢集市、庙会等，各养种公驴户为种公驴披红挂铃，云集展评比赛，让饲养母驴户任意挑选最优秀的种公驴配种。产区群众对种公驴的选留要求严格，例如，被毛要求缎子黑、“三白”明显，个大匀称，头方，颈高昂，耳大小适中、竖立似竹签，嘶鸣洪亮而富悍威。经过长期的定向选留，才培育出具有体型、体尺、毛色、肉质等独具一格的泌阳驴优良品种。

泌阳驴的发展为国内外提供了较多的种驴，对我国小型驴的改良和繁殖军骡起了一定的作用，历年来共为国内外提供种公驴万余头。1949年以后的50多年里，由于其名扬中外，不仅全国各地进行引种，用以改良小毛驴和配殖马骡，而且远销朝鲜、越南等国。河南新乡、郑州、开封、安阳、洛阳、周口、驻马店的各县，以及河南农业大学、河南科技学院等都曾先后到泌阳县选购泌阳种公驴。

2. 群体数量 据统计，2017年底泌阳全县驴存栏0.93万头，全年出栏1.02万头，全年饲养量2万多头。其中，泌阳成年种公驴42头，繁殖母驴0.6万头，繁殖母驴占存栏量的64.5%。

3. 1998—2017年消长形势

（1）数量规模变化。自1998—2017年，泌阳驴经历了3个发展阶段：1998—2005年是徘徊不前阶段，存栏量一直在8 600～9 000头；2006—2009年是迅猛发展阶段，存栏量由2005年底的8 820头增加到2009年底的2.04万头，增长了131.29%；第三阶段是2010—2017年，存栏量呈逐步下降趋势，2017年与2009年相比存栏量下降了1.11万头，降幅达54.41%。

1998—2005年存栏数量变化（表2-1）。

表2-1 1998—2005年泌阳驴存栏量变化（万头）

年份	1998	1999	2000	2001	2002	2003	2004	2005
存栏量	0.89	0.88	0.87	0.87	0.88	0.88	0.87	0.88

2006—2017年存栏量、出栏量变化（表2-2）。

表2-2 2006—2017年泌阳驴存栏量、出栏量变化（万头）

项目	2006年	2007年	2008年	2009年	2010年	2011年	2012年	2013年	2014年	2015年	2016年	2017年
存栏量	1.47	1.87	1.97	2.04	1.77	1.63	1.78	1.94	1.73	1.51	1.31	0.93
出栏量	0.99		0.94	1.03	1.15	1.05	1.15	1.25	1.20	1.14	1.11	1.02

（2）品质变化大观。1980年、2006年测量的泌阳驴体尺和体重对比见表2-3。

表2-3 1980年、2006年测量的泌阳驴体尺、体重对比

年份	性别	头数	体高（厘米）	体长（厘米）	胸围（厘米）	管围（厘米）	体重（千克）
1980	公	31	119.48±8.97	117.9± 8.77	129.7± 9.26	15.0± 1.42	183.88
2006	公	10	138.7±5.4	140.9±10.5	148±6.9	17±1.2	286.8
增减值	—	—	+19.22	+22.94	+18.25	+1.99	+102.92

（续）

年份	性别	头数	体高（厘米）	体长（厘米）	胸围（厘米）	管围（厘米）	体重（千克）
1980	母	139	119.2±9.2	119.8±9.4	129.6±10.7	14.3±1.3	186.31
2006	母	40	131.4±5.2	139.9±7.8	142.5±7.8	16.2±1.2	264.3
增减值	—	—	+12.2	+20.1	+12.9	+1.9	+7.99

三、品种特征和性能

1. 体型外貌

（1）外貌特征。泌阳驴体格较大，公驴雄壮悍威，母驴温顺俊秀。体质结实，体形近似正方形。头部干燥、清秀，呈方头或直头，额微拱起，眼大，口方。耳长大、竖直，耳内侧有一簇白毛。颈长适中，颈肩结合良好，肩直立，背长而直，肋骨开张良好。公驴腹部紧凑充实，尻宽而略斜。母驴腹大而不下垂。四肢细长，关节干燥，筋腱明显。蹄大而圆，蹄质坚实。被毛细密，尾毛上紧下松，似炊帚状。毛色为黑色，嘴头周围、眼周及下腹部为粉白色，有“三白”特征，黑白界限明显。

（2）体尺、体重。2006年泌阳县畜牧局与郑州牧业工程高等专科学校联合对成年泌阳驴的体尺、体重进行了测量，结果见表2-4。

表2-4　成年泌阳驴体尺及体重

性别	头数	体高（厘米）	体长（厘米）	胸围（厘米）	管围（厘米）	体重（千克）
公	10	138.7±5.4	140.9±10.5	148±6.9	17±1.2	286.8±38.5
母	40	131.4±5.2	139.9±7.8	142.5±7.8	16.2±1.2	264.3±39.3

成年泌阳驴体态结构数据见表2-5

表2–5　成年泌阳驴体态指数（%）

性别	体长指数	胸围指数	管围指数
公	101.6	106.7	12.3
母	106.5	108.47	12.3

2. 生产性能

（1）肉用性能。据1981年对5头（公驴2头、母驴3头）年龄6～8岁、平均体重173.97千克，体格中等、膘情中上等的泌阳驴进行屠宰试验，屠宰率、净肉率、胴体产肉率、熟肉率、眼肌面积分别为（48.29±1.41）%、（34.91±1.23）%、（72.31±2.31）%、63.16%、（38.43±11.26）厘米^2。肉质外观呈暗红色，肌纤维与牛、马相比较细，背最长肌发育良好，其中大理石状花纹明显。据屠宰试验，宰后驴皮湿皮重（10.88±0.61）千克，占宰前活重的6.25%。

（2）役用性能。泌阳驴役用性能好。公驴最大挽力为205千克，母驴为185.1千克，公母驴最大挽力分别占体重的104.4%和77.83%。用单驴挽小胶轮车拉货，一般公路载重500千克左右，日行8～10小时，可行40～50千米。中耕除草每天使役2套，每套3～4小时，日完成5 300～6 700米^2。拉磨每天使役2套，每套2～3小时，可磨粮30～50千克。长途骑乘每天可行走50千米以上。

3.繁殖性能　泌阳驴较早熟，公驴性成熟期1～1.5岁，初配年龄2.5～3岁；一个配种季节可配80～100头母驴，据原泌阳驴场对16头繁殖母驴的记录，繁殖率达80.62%，繁殖年龄可达13岁以上；成年种公驴可每天采精（或本交）1次，在配种旺季可每天配2次，但不能连天使用。公驴每次射精量为（64.9±24.6）毫升，精子密度中等，活力在0.8以上。

母驴的初次发情年龄为10～12月龄，初配年龄2～2.5岁；全年均可发情，但多集中在3—6月；发情周期18～21天，发情持续期4～7天；母驴受胎率在70%以上，妊娠期平均357.4天，一般三年二胎或五年四胎；繁殖年限17～19岁，终生可产驹12～14头；幼驹初生重公驹23.3kg，母驹21.8kg。

四、饲养管理

1.饲料　泌阳驴的精饲料以豌豆、大豆及饼渣、大麦、谷子、麦麸、玉米、甘薯干等为主，以豌豆最好。粗饲料以青草、麦秸、甘薯秧、花生秧、青贮玉米、秸秆等为主。山区和丘陵地带多以放牧为主，平原农区多以舍饲为主。

2.饲养　一般情况下，种公驴日喂干草4～6千克，精料2～2.5千克，配种任务较重时精料可增至3～4千克。母驴日喂干草5～6千克，精料1～1.5千克。饲喂原则一般是少喂勤添，先粗后精。一般日喂2次，育肥驴日喂3～4次或自由采食。

3.饮水　一般日饮3次，夏季饮水较多，冬季忌饮冰冷水，每日饮水量在20千克左右。

4.管理　泌阳驴畏严寒、怕潮湿，夏季防暴晒和雨淋，冬季防贼风。

五、品种保护与研究、利用情况

1.保种场、保护区及基因库建设情况

（1）保种场建设。1957年泌阳县建立了泌阳驴场，2007年底至2008年初建起了泌阳驴保种场，2008年10月，经农业部组织专家验收，确定泌阳驴保种场为第一批国家级畜禽遗传资源保护场（农业部公告第1058号），并授牌。2017年底，泌阳驴保种场存栏泌阳驴152头，种公驴12头，6个血统。

（2）建立保护区。泌阳县制订了泌阳驴品种资源保护方案，2004年和2005年分别在高邑乡谭园村、陈庄乡（现在的盘古乡）柴铺村、杨家集乡陈岗村建立了3个泌阳驴纯种繁育示范村。

（3）列入国家品种志和保护名录。泌阳驴1987年被列入《河南省地方优良畜禽品种志》，2006年被列入《国家级畜禽遗传资源保护名录》，2008年被列入《国家畜禽遗传资源目录》，2010年被列入《中国畜禽遗传资源志　马驴驼志》。

（4）实施种质资源保存。2011年5月，农业部全国畜牧总站畜禽遗传资源保存利用中心采集泌阳驴血样60头份进行基因保存。2017年，河南省农业科学院畜牧兽医研究所采集泌阳驴活体组织15份，进行基因组织保存。2018年9月底，受农业农村部委托，河南农业大学采集泌阳驴耳组织41头份，其中公驴11头份、母驴30头份，进行基因保存。

2. 制定了企业标准《泌阳驴》 企业标准《泌阳驴》，于1982年由驻马店地区农业局颁布实施。1984年由河南省驻马店地区农林畜牧局、河南省驻马店地区畜牧兽医学会编写了《畜牧兽医资料：泌阳驴专题》。

3. 种质资源研究及取得的成果

（1）近年来与泌阳驴有关的研究性文章有20多篇，主要集中在西北农林科技大学、山西农业大学等，其中西北农林科技大学雷初朝教授的团队2017年发表在国外的论文有3篇。

（2）泌阳驴母系起源。卢长吉等（2008）对中国家驴的非洲起源进行了研究，证明泌阳驴和我国其他家驴一样，母系起源为非洲野驴中的索马里驴和努比亚驴。

（3）泌阳驴具有遗传多样性。据张云生等（2009）的研究，泌阳驴、德州驴等5个家驴品种具有丰富的遗传多样性。

（4）泌阳驴遗传杂合度较低。朱文进等（2006）对中国8个地方驴种遗传多样性和系统发生关系的微卫星分析，8个驴种遗传杂合度最高的是佳米驴为0.748 9，最低的是淮阳驴为0.671 7，泌阳驴的遗传杂合度为0.675 6，与淮阳驴接近。

（5）泌阳驴与其他品种的杂交程度较低。杨建斌等（2010）对中国9个家驴品种mtDNA-D-loop部分序列分析与系统进化的研究，表明泌阳驴、德州驴与其他品种杂交程度低，品种保存工作卓有成效。

（6）泌阳驴与关中驴可进行品种间的杂交组合。李红梅等（2005）以血清蛋白多态性分析了6个驴品种的遗传结构和种间相互关系，研究结果表明，泌阳驴与关中驴之间的Fst最大，Nm最小，两者间的遗传分化最大，基因流最小。相对另外4个品种，泌阳驴与关中驴之间还可进行一定的品种间的杂交组合。该研究依照不同的Nei氏聚类方法，对试验研究的6个品种进行了聚类分析。UPGMA结果表明，佳米驴和泌阳驴之间的遗传距离较近，亲缘关系较近。NJ结果表明，佳米驴含5种血液成分由多到少依次为泌阳驴、关中驴、庆阳驴、广灵驴、德州驴。

（7）泌阳驴不具有MSTN基因多态性。据Liu等（2017）的研究，在14头泌阳驴个体中未发现MSTN基因多态性。

（8）泌阳驴中YE2标记具有多态性。据Han等（2017a）对驴Y-STR多态性及父系起源研究，发现在34头泌阳驴中YE2标记具有多态性。

（9）泌阳驴5个Y染色体基因的拷贝中值数与拷贝数变异范围。据Han等（2017b）对5个Y染色体基因拷贝数研究，发现39头泌阳驴*CUL4BY*、*ETSTY1*、*ETSTY4*、*ETSTY5*、*SRY*基因的拷贝中值数与拷贝数变异范围分别为8（2～57）、57（2～227）、4（1～29）、2（1～12）和33（1～65）。

4. 品种开发利用情况 泌阳驴对小型驴的改良和繁殖均起了一定的作用。1950年输出到越南泌阳种公驴4头，1971年输出到朝鲜种公驴69头，1972年又输出到朝鲜泌阳种公驴35头，还先后为北京、广东、湖南、湖北、云南、贵州、甘肃、青海、内蒙古、河北、吉林、黑龙江、安徽、山西、辽宁、福建等省份及部队军马场提供了大量优质的泌阳种公驴。

河南省的新乡、郑州、开封、安阳、洛阳、周口等市都曾先后到泌阳县选购种公驴。2017年11月输出到兰考县3头，其中种公驴1头、种母驴2头。泌阳驴活体主要销往中原及南方各省份，2005年以来共为国内外提供种公驴3万余头。2010年以前泌阳曾有1家泌阳驴肉深加工企业，以生产五香泌阳驴肉为主，由于原料、生产成本、销路等多种原因，现已停产。目前泌阳县城区有驴肉汤馆5家。

六、品种评价与展望

1. 品种评价 根据《中国畜禽遗传资源志 马驴驼志》的评价，泌阳驴属中国8个大型驴种之一。以其体格较大、结构紧凑、外貌清秀、性情活泼、役用性能好、繁殖性能好、耐粗饲、抗病力和适应性强等特点而著称，毛色黑白界限明显，在被引用地具有较强的适应能力。泌阳驴具有丰富的遗传多样性，与其他品种杂交程度较低，与关中驴、佳米驴血缘关系较近。

2. 品种展望 随着人们生活水平的提高，为满足人们的差异化需求，今后重点是建好泌阳驴保护区和繁育区，建立健全良种登记制度，搞好本品种的选育提高和群体数量的扩繁。搞好泌阳驴的开发利用，在核心群以外引入其他品种，开展杂交利用，提高其肉用性能和奶用性能。同时搞好泌阳驴冷冻精液的制作和保存，与大专院校和科研院所合作，研究制作泌阳驴胚胎的可能性，拓宽泌阳驴优良种质资源保存渠道。

七、照片

泌阳驴公驴、母驴、群体照片见图2-1至图2-3。

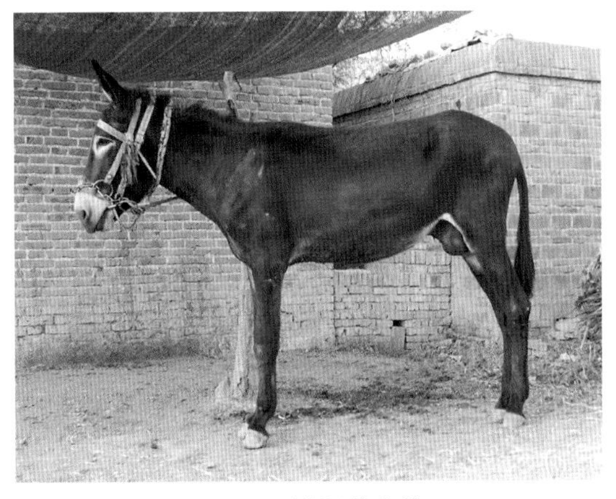

图2-1 泌阳驴公驴

图2-2 泌阳驴母驴

图2-3 泌阳驴群体

调查及编写人员：

王之保 王怀军 张成峰 石先华 祁兴山 李 静 孙秀玉 柏中林

长 垣 驴

一、一般情况

长垣驴因产于河南省长垣市而得名，属大型肉役兼用型优良地方驴品种。以河南省长垣市为中心产区，辐射封丘县全境、滑县、濮阳市大部分地区和延津、原阳的部分地区，以及山东省东明县的部分地区。产区总面积4 000多千米^2，其他毗邻地区渐少。

产区位于北纬34° 59′ ~ 35° 23′ 、东经114° 29′ ~ 114° 59′ ，东、南临黄河，地势平坦，属平原地貌，海拔57 ~ 69.1米，属暖温带大陆性季风气候，全年四季分明。年平均气温13.6℃，无霜期213天；雨季时间约为70天，年平均降水量603.5毫米；年平均日照时间2 183.9小时，热量条件基本满足一年两熟的需要。产区为黄河水系交织区，水资源比较丰富，地下水位较高，储量较大。土层为黄河淤积土质，呈碱性。土壤有滩沙土、两合土、淤土、盐碱土、风沙土、灌淤土等类型。黄河滩区植被茂盛，饲草资源丰富。产区都是农业县，主要农作物和经济作物有小麦、玉米、大豆、谷子、水稻、花生、甘薯等，能够为长垣驴提供丰富的饲料。

近年来，产区生态环境有所变化，地下水位下降，土壤pH降低，多数盐碱地变为粮田，可耕地面积增加，其他方面未有显著变化。

二、品种来源与变化

1. 品种形成 长垣驴饲养历史悠久，形成在宋代以前，明代时大发展。宋代长垣属开封府辖，在清明上河图中，以驴驮物者多处，说明驴已成为当时农、商界的主要役畜和代步工具。据《长垣县志》记载："富人及官吏外出多骑马、乘轿或驾车；穷人远出多雇驴代步。""明朝军马大量繁殖，军民为畜牧所困，兵部尚书张本清分牧于山东、河南及大名诸府，长垣马政自此始。"可见当时畜牧业繁荣景象。长垣市为平原农业市，长垣驴是主要的使役畜种。由于相对封闭的地理环境，少与外界交流，经历代劳动人民长期的精心培育，长垣驴逐渐形成了独具特征的地方品种。

1949年后，党和政府非常重视长垣驴的发展，每年举行一次种驴评比大会。1958年，农历二月十九"斗宝大会"上，开展种驴评比活动，由当时县领导亲自牵种驴配种，省农牧厅领导专程参加牲畜评比大会。1959年10月，长垣曾选送种公驴作为地方良种赴京参加"建国十周年农业成果展览"，获得了育种行家的高度评价和广大群众的赞誉，对长垣驴的推广、扩大其分布范围起了很大作用。自此，长垣驴名声大振，各地纷纷到长垣购买种驴，解放军某后勤部队也多次到长垣选购种驴。很快，长垣驴便输往黑龙江、吉林、辽宁、河北、山西、山东和豫北大部地区。由于长垣种驴外流严重，为了保持长垣驴的良好性能，1960年长垣县县政府在恼里乡沙窝村与武占村之间建立了畜牧场，饲养种驴400多。1964年又将恼里乡的油坊占村、张占乡的郜坡村等10个村作为长垣驴选育基地。1974年，针对外地客户对种驴需求不断增加的实际情况，在县畜牧场组建了种驴分场，集中体高140厘米以上的种公驴和130厘米以上的母驴，专门培育优质种驴。1982年在品种调查的基础上，按照《长垣驴选育方案》的要求，加强了种驴评比鉴定制度，奖优汰劣，在全县实行长垣驴定向培育。1986年，又扩大和完善了选育基地，选育核心群和保种群，并选育种公驴组建供精站，服务于核心群和保种群母驴。此外，成立选育机构，制定相关标准，宣传推广科学的饲养管理方法等多措并举，使长垣驴数量迅速增加，品种质量得到显著巩固，体尺明显提高。1990年5月17日，全国马匹育种委员会对长垣驴进行正式鉴定，命名为“长垣驴”，定为河南省地方优良驴种。

2. 长垣驴的发展现状

（1）数量规模变化。1986—1989年长垣驴数量稳定在4万头左右，中间有小幅度增长，其中1989年所辖6县产区内符合长垣驴鉴定标准的有4.32万头，中心产区长垣县有1.52万头，占长垣驴存栏总数的1/3。1996年以后呈逐年下降的趋势，到2002年锐减到1万头左右。近年来，随着农业机械化程度迅速提高和农村生活条件改善，以使役为主的长垣驴存栏量急剧下降，选育和发展也受到了很大影响。截至2006年，主产区长垣县存栏量为1 363头，其中基础母驴855头、种用公驴8头。据调查，截至2017年主产区长垣驴存栏 628头，其中种用公驴 12头、基础母驴325头。

（2）品质变化大观。近年来，由于长垣驴种群数量减少，没有进行过系统的选种选配，长垣驴的品质呈下降趋势，公、母驴的体高、体长均略有下降。

（3）濒危程度。根据2006年版《畜禽遗传资源调查技术手册》的附录2“畜禽品种濒危程度的确定标准”，长垣驴濒危程度为无危险。

三、体型外貌

1. 外貌特征　长垣驴体格高大，体幅较宽，结构紧凑，体质结实，行动敏捷，气质灵活，公驴雄悍，母驴俊秀，侧视体型近似正方形。头大小适中，耳长而直立，眼大鼻直，口方齿齐，槽口宽，颈长适中，头颈紧凑。鬐甲低、短，略有隆起。肩长略斜，肌肉发达。前胸发育良好，胸较宽而深。腹部紧凑，背腰平直，荐部稍高，尻宽长而稍斜，中躯略短。肋骨开张良好，腹部充实，公驴呈圆筒状，母驴腹大而不垂。四肢强健，蹄质坚实，筒子蹄。尾根低，尾毛长而浓密。毛色以黑色居多，被毛乌黑（部分略带红毛梢），眼圈、嘴鼻及下腹部呈白色或灰白色，黑白界限分明。当地流传着小曲儿：“大黑驴儿，小黑驴儿，粉鼻子、粉眼儿、白肚皮儿。”另外，也有少部分灰色驴。

2. 体尺、体重　在中等营养条件下，长垣驴不同月龄公母驴的体尺、体重标准见表2-6。

表2-6　不同月龄公母驴的体尺、体重

月龄	公驴					母驴				
	体重（千克）	体高（厘米）	体长（厘米）	胸围（厘米）	管围（厘米）	体重（千克）	体高（厘米）	体长（厘米）	胸围（厘米）	管围（厘米）
12	160	121	116	122	14	160	119	115	122	14
24	238	132	131	140	15	215	128	126	135	15
36	253	133	132	143	15	235	129	129	140	15

（续）

月龄	公驴					母驴				
	体重（千克）	体高（厘米）	体长（厘米）	胸围（厘米）	管围（厘米）	体重（千克）	体高（厘米）	体长（厘米）	胸围（厘米）	管围（厘米）
48	260	134	134	146	16	250	131	131	144	16

3. 体型 根据沙风苞教授等提出的分类标准：凡体高130厘米以上者属大型驴；129～110厘米属中型驴；109厘米以下属小型驴。长垣驴属大型驴。

4. 生态适应性 长垣驴适应于当地生态条件，役用性能好，拉、驮、乘皆宜。生命力强，耐粗饲，食性广，易饲养，但瘦了不易复膘。抗病能力强，俗称“铜驴、铁骡、纸糊马”。耐热，但早春怕喝冷水，性温顺，但“犟”，胆怯，怕水，怕淋雨、泥泞。

长垣驴适应性很广，从远销东北、河北、山西等地情况看，出长垣后仍能发挥良好的种用和役用性能。

5. 生产性能

（1）肉用性能。长垣驴肌肉纤维细密、肉质嫩，色泽红润、稍暗，味道纯正，口感好。经舍饲育肥的成年长垣驴屠宰性能指标见表2-7。

表2-7 成年长垣驴屠宰性能

屠宰率（%）	净肉率（%）	胴体产肉率（%）	眼肌面积（厘米^2）	皮重（千克）	皮厚（厘米）
52.23	42.35	81.03	52.5	21.6	0.44

（2）繁殖性能。长垣驴公驴25月龄左右性成熟，30～36月龄开始配种；母驴20月龄左右性成熟，24～30月龄开始配种；母驴发情季节每年3—5月居多，发情周期18～24天，平均21天。发情持续期5～7天，平均6天。膘情好的驴产后13～16天就有成熟卵泡，即能配种怀驹，习惯称为“热配”。一般母驴产后1个月发情，年老瘦弱的母驴则在产后三四个月才开始发情。

长垣驴怀驴驹妊娠期为355天左右，怀骡驹妊娠期为338天左右。母驴一般可繁殖到15～20岁，种公驴18～20岁时性欲仍旺盛，群众有“老驴老马发三家”和“老叫驴，嫩牤牛”之说。长垣驴繁殖以本交为主，本交时1头公驴每天可交配母驴（马）1～3头，平均一年可配母驴250～300头，母驴受胎率为90%左右；采用人工授精时，公驴射精量一般60～90毫升，全年可负担500～800头母驴的配种任务。母驴的受胎率为95%左右。

（3）役用性能。

运动性能：1 000米速度8千米/时，3 000米速度5.5千米/时；

挽力：种公驴的最大挽力为326千克，公驴的一般为300千克，母驴一般为218千克；

长途骑乘：50千米/天；驮重100千克。

使役能力：两头一犋每天可耕耙沙地2亩或淤地1.5亩；套胶轮车运货1吨，在沥青路面上时速4千米。

长垣驴善走圆道，拉水车、磨面、拉磙均宜。

四、饲养管理

长垣驴主要为舍饲，饲草要铡短，根据季节、气候施用淘草或者加水拌料。日喂3次，掌握少给勤添的原则，精料要先少后多，拌匀吃净。每次上槽前少饮点水，下槽后饮足新鲜清水。一般成年驴每天喂精料0.5 ～ 1千克，食干草料3 ～ 5千克，农忙季节精料加倍。对孕驴加喂豆类饲料，产后母驴饮小米汤。种公驴加喂精料和豆类饲料，并进行适当的运动和劳役。驴驹1月龄后可补饲熟料，2月龄后自由采食精料和饲草，后期根据生长发育需要实施调配精料和增加日喂量。

在管理上，饲具要勤洗刷，勤换水，保持清洁卫生。圈舍夏季每天出粪一次，打扫干净，垫上新土；冬季每周出粪一次，每次下槽后刷拭驴体，使役后“打滚”一次，关闭毛孔，以解汗痒。长垣驴对饲养管理条件要求不高，耐粗饲，但掉膘后不易复膘。

五、品种保护与研究利用情况

1. 保种场、保护区及基因库建设情况 1981年，河南省农牧厅畜牧局主持全省畜禽品种资源调查时，曾委派豫西农专师生到长垣进行长垣驴品种资源调查；同年7月，长垣县畜牧局和区划办组织人员对全县15个公社的驴只进行了普查，已初步肯定长垣驴为河南省地方优良驴品种。1986年又组织了第二次调查，长垣县成立了长垣驴育种委员会，制订了《长垣驴保护条例（草案)》，加强了长垣驴的选育和提高工作。1990年3—4月，在河南省畜牧专家的指导下又组织了第三次调查，同时考察了毗邻县的养驴情况，并查阅了有关历史资料。1990年，全国马匹育种委员会专家经多次考察测量，认为经过广大群众和畜牧工作者的多年精心培育，长垣驴已经具有明显的品种特性，该驴品质佳、数量多、遗传性能稳定、繁殖性能好、生产性能高，委员会成员一致同意，长垣驴为河南省地方优良品种。目前，长垣驴保种场正在筹建中，未建设保护区。

2. 列入保种名录情况 2009年3月，长垣驴通过国家畜禽遗传资源委员会牛马驼专业委员会鉴定，被列入国家畜禽遗传资源名录库。2010年，农业部对长垣驴进行了群体摄像。2011年5月，农业部全国畜牧总站种质资源处对长垣驴进行了血样采集，建立了长垣驴基因库。2016年对长垣驴进行了组织取样，存入国家遗传资源组织库中进行保存。于2009年被收录入《河南省畜禽遗传资源保护名录》，2018年再次被收录入《河南省畜禽遗传资源保护名录》。

3. 品种标准制定情况 1986年，长垣县成立了长垣驴育种委员会，制订了《长垣驴品种鉴定和等级评定标准（草案)》《长垣驴保种条例（草案)》和《河南省长垣驴地方标准（草案)》。2018年10月，由河南省质量技术监督局制定并颁布了河南省地方标准《长垣驴》(DB41/T 1659—2018)。

4. 开展的种质研究情况及取得的结论 1986年，长垣驴育种委员会对长垣驴进行了生化指标测定。2007年，郑州牧业工程高等专科学校刘太宇教授对河南3个驴种（长垣驴、泌阳驴、河南毛驴）线粒体做了DNA D-loop分析。结果表明，长垣驴血统较纯，与少数河南小毛驴具有相同祖先；泌阳驴与大多数河南小毛驴可能具有相同的祖先。

《河南省长垣驴调查报告》《长垣驴保种条例（草案)》在《养马》杂志1990年第2期发表。

由徐庆良主持完成的《长垣驴的选育提高及推广应用项目》1990年荣获河南省农牧业科学技术改进奖。

成年长垣驴生理指标（1986）见表2-8。

表2-8　成年长垣驴生理指标（1986）

项目		公驴	母驴
数量（头）		5	5
体温（℃）		37.1	36.5
脉搏（次/分）		43	45
呼吸（次/分）		18	16
红细胞计数（10^{12}个/升）		5.8	5.4
白细胞计数（10^{9}个/升）		8.3	7.7
血红蛋白含量（克/升）		11.4	11.4
白细胞分类（%）	嗜碱性粒细胞	0.6	0.6
	嗜酸性粒细胞	3.4	3.2
	中性粒细胞	58.4	55.2
	淋巴细胞	35.4	38.8
	单核细胞	2.2	2.2

5.品种开发利用情况　近年来，由于产区经济社会条件改善和机械化水平迅速提高，以使役为主的长垣驴大部分转为肉用，养驴业也转为商品生产。长垣驴现在主要作为商品肉用在规模场饲养，另有少部分在一些经济条件稍差的农户家中用于拉车等役用。长垣县为厨师之乡，名厨云集，烹调技术名扬海内外，开发的“五香驴肉”风味别致，在当地久负盛名，具有很好的发展前景。

六、品种评价与展望

长垣驴形成历史悠久，体格较大，体质结实，结构匀称，毛色以黑色居多，“三白”（嘴鼻、眼圈、肚皮为白色）特征明显，行动敏捷，繁殖性能好，耐粗饲、易饲养，肉役兼用，历来深受广大群众欢迎。今后应大力加强保种工作，建立品种登记体系，通过本品种选育提高其肉用性能；也可在一定区域内实行杂交改良，走品种改良和定向培育相结合之路。搞好驴肉和驴皮的深加工，逐步形成规模经营和系列化经营。综合开发药用等其他用途，以适应市场需求，提高经济效益，为长垣驴的开发利用开辟一条新的有效途径。

七、照片

长垣驴公驴、母驴照片见图2-4、图2-5。

图2-4 长垣驴公驴

图2-5 长垣驴母驴

调查及编写人员：
付凤云 郑爱武 张长明 李焦魏 佘美娇 赵红勋 甘雪廷 王学静

河南毛驴

一、一般情况

河南毛驴原产于河南省内各地，产区总面积16.7万千米^2。1980年统计全省共有驴94万多头，其中大部分属河南毛驴。2006年调查河南毛驴不足10 000头，主要分布在伏牛山脉的山区。

产区地形包括平原、山地、丘陵和盆地四大类型，其中海拔200米以下的平原和盆地约占55.7%，海拔500米以上的山地约占26.6%，海拔200 ～ 500米的丘陵约占17.7%。

从地理位置来说，产区位于北纬31°23′～36°22′、东经110°21′～116°39′。气候属北亚热带和暖温带气候，年平均气温13～15℃，年平均无霜期为190～230天。全年日照时间为4 428.1～4 432.3小时，日照百分率为49%～58%。境内分属于黄河、淮河、海河及汉水四大流域，水资源来源较广，地下水含量亦较丰富。年降水量600～1 200毫米，自东向西北地区逐渐减少；且主要集中于7—8月，占全年降水量的50%～60%，一般黄河以北地区在60%以上，淮南地区在45%～50%。土壤分褐土、潮土、盐碱土、砂姜黑土、水稻土及黄棕壤等类型，大部分土壤耕作历史悠久，耕作性能好，适宜于农林牧全面发展。耕地面积717.749万公顷，草场面积1.45万公顷，林地面积283.16万公顷。

河南省是我国小麦、豆类、棉、油、烟草的主要产区，饲草以麦秸、玉米秸、谷草、豆角皮、稻草、花生秧及甘薯秧等为主。在粮食作物中，用于役畜饲料的有大麦、豌豆、玉米、黑豆和甘薯干片等；在农副业产品中用作饲料的还有麸皮和各种渣、饼类。此外，各地各种野生饲草资源也比较丰富，为发展养驴提供了有利的物质基础。

河南毛驴体型较小、毛色较杂，具有体质结实，结构紧凑，性情温顺，易于管理，生命力强，适应产区的自然生态条件，耐粗饲，食性广，食量少，易饲喂，实用性强，耐高温、高湿，抗病能力强和抗逆性强等特点，但合群性较差。

二、品种来源与变化

1.品种形成 河南毛驴饲养历史悠久，据《盐铁论》载，早在汉代就有大批驴、骡和驼由西域衔尾入塞，以后农区养驴数量逐渐增加，近代在黄河流域还培育了许多优良驴种。据初步调查分析，河南毛驴的品种形成主要有以下3个因素：一是社会经济条件的影响，产区大部分地处黄淮冲积平原，自然灾害较多，群众生活贫困，加上小农经济的生产方式，形成了小型毛驴的发展条件；二是适宜于当地的饲养管理条件，产区饲草主要为秸秆和农副产品，如谷草、麦秸及豆角皮等，河南毛驴适应于以草食为主的舍饲特性，对饲料的利用能力强、食量小、发病率低，因此河南毛驴较易得到发展；三是当地农副业生产的需要，河南毛驴具有多种役用性能，适宜于农耕和乘、挽、驮各种用途，特别是善于做走圆路的农活，如拉磨、拉碾等都能胜任，运步敏捷，颇受农民欢迎。历来驴的饲养数多，分布范围广。

2.群体数量 2006年时，根据对全省河南毛驴的实际调查和外地市的函调，河南毛驴种群数量已不多，且在持续下降中。

3.1993—2016年消长形势

（1）数量规模变化。1993—2016年，河南毛驴在经历了一个相对稳定的时期后，从1993年开始数量逐年下降。随着农业机械化程度的提高和农村生活条件的改善，河南毛驴的数量更是急剧减少，2006年调查时全省存栏不到10 000头。2016年在许昌等主产区调查时，已少见规模化成群饲养的河南毛驴，但仍有养殖场户在饲养。

（2）品质变化大观。因为河南毛驴种群数量的减少和近年来没有进行过有计划的选育，河南毛驴的品质在近些年呈下降趋势，公、母驴的体高、体重、体长均略有下降，个别有与其他品种驴杂交的现象。

（3）濒危程度。根据2006年版《畜禽遗传资源调查技术手册》附录2“畜禽品种濒危程度的确定标准”评定，河南毛驴目前处于濒危状态。

三、品种特征和性能

1. 体型外貌　河南毛驴属小型驴种中的华北毛驴类型，体形结构基本呈正方形或略呈正方形。具有体质结实、结构紧凑、行走灵活的特点。头部额微隆起，耳较长，眼大、鼻直。颈长短适中，多斜颈或水平，鬐甲较低，前胸发育良好，腹部紧凑。背腰平直，荐部稍高于鬐甲部，四肢强健，蹄质坚实。尾根无长毛，尾毛少而短。毛色较杂，据对375头河南毛驴统计，其中黑驴190头，占50.67%；青驴和灰驴139头，占37.07%；银河驴（即驼毛）46头，占12.26%，浅色毛者多具深色背线和鹰膀。

2. 体尺、体重

（1）成年驴体尺及体重。2006年6—8月，据对161头河南毛驴公驴和109头母驴调查采集的数据统计，成年公驴平均体高（107.72±9.07）厘米、平均体长（108.34±9.60）厘米、平均胸围（117.27±8.61）厘米、平均管围（13.89±1.31）厘米、平均体重（126.33±44.97）千克；成年母驴平均体高（107.61±6.88）厘米、平均体长（108.98±8.29）厘米、平均胸围（118.27±8.33）厘米、平均管围（13.46±1.06）厘米、平均体重（129.40±41.10）千克（表2-9）。

表2-9　成年河南毛驴的体尺、体重

性别	头数	体高（厘米）		体长（厘米）		胸围（厘米）		管围（厘米）		体重（千克）	
		均值	偏差	均值	偏差	均值	偏差	均值	偏差	均值	偏差
公	161	107.72	9.07	108.34	9.60	117.27	8.61	13.89	1.31	126.33	4.97
母	109	107.61	6.88	108.98	8.29	118.27	8.33	13.46	1.06	129.40	41.10

注：2006年8月许昌市家畜改良站与郑州牧业工程高等专科学校共同测定。体重=胸围×5.3−501。

（2）体态结构。河南毛驴无论公母，其体长指数平均在101.05%～101.30%（表2-10）。

表2-10　成年河南毛驴体型指数

性别	头数	体长指数（%）		胸围指数（%）		管围指数（%）	
		均值	偏差	均值	偏差	均值	偏差
公	161	101.05	4.18	109.52	5.45	12.98	1.15
母	109	101.30	4.90	110.49	6.01	12.53	0.95

注：许昌市家畜改良站与郑州牧业工程高等专科学校联合测定。

3. 生产性能　2006年6—8月，据对161头河南毛驴公驴和109头母驴调查统计，河南毛驴的生产性能表现如下（表2-11）。

1 000米，公驴速度为（3.5±0.5）千米/时，母驴为（2.9±0.5）千米/时；3 000米，公驴速度为（2.0±0.4）千米/时，母驴为（1.8±0.3）千米/时；挽力，公驴为（170±12）千克，母驴为（154±8）千克；驮力，公驴为（58±8）千克，母驴为（52±6）千克；其他，河南毛驴性情较温顺，但陌生人不容易接近。

表2-11　成年河南毛驴生产性能

性别	头数	1 000米速度（千米/时）		3 000米速度（千米/时）		挽力（千克）		驮力（千克）	
		均值	偏差	均值	偏差	均值	偏差	均值	偏差
公	161	3.5	0.5	2.0	0.4	170	12	58	8
母	109	2.9	0.5	1.8	0.3	154	8	52	6

注：许昌市家畜改良站与郑州牧业工程高等专科学校联合测定。

4. 繁殖性能　2006年6—8月，据对161头河南毛驴公驴和109头母驴调查统计，河南毛驴的繁殖性能表现如下（表2-12、表2-13）。

性成熟年龄为18月龄，初配年龄为30月龄，一般利用年龄为15年左右，发情季节为每年3—5月居多，发情周期为平均21天。怀孕期视胎体而异，怀骡驹为340天左右，怀驴驹360天左右。公幼驹初生重为26千克，母幼驹为21千克。公幼驹断奶重38千克（85～100天），母幼驹32千克。年平均受胎率为88.9%；年产驹率为86%。河南毛驴以本交为主，本交时每头公驴每天可交配母驴（马）1～3头。种公驴采用人工授精时，每次射精量为40～50毫升，全年可负担150～200头母驴的配种任务。

表2-12　河南毛驴母驴繁殖性能

性成熟年龄（月龄）		初配年龄（月龄）		发情周期（天）		怀孕期（天）		受胎率（%）		产犊率（%）	
均值	偏差	均值	偏差	均值	偏差	均值	偏差	均值	偏差	均值	偏差
20	2	28	1	20	2	350	10	88.9	1.5	86	3

注：许昌市家畜改良站与郑州牧业工程高等专科学校联合测定。

表2-13　河南毛驴公驴繁殖性能

性成熟年龄（月龄）		射精量（毫升）		利用年限（年）	
均值	偏差	均值	偏差	均值	偏差
26	2	45	5	13	1

注：许昌市家畜改良站与郑州牧业工程高等专科学校联合测定。

四、饲养管理

河南毛驴饲养方式为舍饲，以农户饲养1～2头为主，无规模养殖场。饲养目的主要为役用，适宜短途运输，疾病防治上仅进行肢蹄病防治。

成年驴精料主要以玉米、饼粕类为主，每天喂精料0.3～0.7千克；粗饲料以各种干草、甘薯秧、花生秧、麦秸为主，每天饲喂3～4千克。农忙季节精料加倍，饲喂方法为舍饲，饲草铡短，根据季节气候淘草或者加水拌料。

五、品种保护与研究、利用情况

1. 保种场、保护区及基因库建设情况　目前河南毛驴尚未建立保种场，没有建立品种登记制度。但在1986年，河南省家畜家禽品种志编辑委员会曾提出过成立河南毛驴育种协会，制定选育标准，研究和提高河南毛驴群体质量。对河南毛驴进行的研究很少，尚未进行过生化或分子遗传测定。

2. 列入保种名录情况　2018年被列入《河南省畜禽遗传资源保护名录》。

3. 制定的品种标准、饲养管理标准等情况　河南毛驴目前尚未制定国家和地方品种相关标准。

4. 品种开发利用情况　河南毛驴没有进行过计划性的品种选育和改良工作。

5. 主要经济用途　河南毛驴现主要为役用。

六、品种评价与展望

河南毛驴的优点为体质结实，结构紧凑，行走灵活，背腰直平，行动敏捷，拉、挽、乘、驮兼用，繁殖性能好，耐粗饲、易饲养，抗病力较强。

可供研究、开发和利用的方向分两方面：一是加大地方品种保护的宣传力度，并积极引导农户改变选育方向，由役用型向肉用型方向转变；二是对现存的河南毛驴做好登记造册工作，纳入统一管理中，积极引导农户进行品种选育，多为他们提供技术和信息上的支持。

七、照片

河南毛驴公驴、母驴、群体照片见图2-6至图2-8。

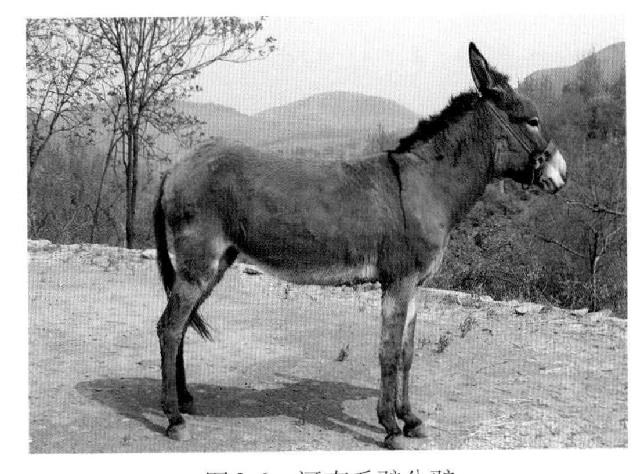

图2-6　河南毛驴公驴

图2-7　河南毛驴母驴

图2-8　河南毛驴群体

调查单位：

河南省畜牧总站　　许昌市家畜改良站

调查及编写人员：

张秉慧　赵国然　谢俊玲　申恒然　秦建军　谢俊玲　申恒然　倪俊娟
王绍伟　王　桢

摄　像：

谢俊玲

第三部分　羊

豫西脂尾羊

一、一般情况

豫西脂尾羊属于脂尾羊中的长脂尾羊，因原产于豫西山区、脂尾长大而得名，属肉皮兼用型地方绵羊品种。

中心产区位于三门峡市渑池县、陕州区、灵宝市、卢氏县、义马市、湖滨区的63个乡镇，在洛阳市、平顶山市及南阳市也有分布。中心产区地处河南省西部，在陕西、山西、河南三省的交界处，介于北纬33° 31′ ～ 35° 05′、东经112° 01′ ～ 112° 21′，是我国东部和西部地区的结合部。地形复杂多样，有山地、丘陵、旱塬、河川和平原多种类型，大体为“五山四陵一分川”，山地占54.8%、丘陵占36%、平原占9.2%。属暖温带大陆性季风气候，气候温和，四季分明。年平均温度为13.2℃，无霜期184 ～ 218天；年降水量为550 ～ 880毫米，年蒸发量1 537.2毫米，相对湿度为60%～ 70%；年均日照时间为2 354.3小时；冬季多西北风，平均风速6.7米/秒；夏季多东北风，平均风速8.3米/秒。中心产区土壤类型主要有褐土、红黏土和棕壤三大类。粮食作物以小麦、玉米、豆类、薯类、谷子为主，经济作物以花生、油菜、棉花、烟叶为主。农副产品产量大，饼、糠、麸、糟渣资源丰富。天然草场面积广阔，饲草资源丰富。人工种草历史悠久，种类繁多。常见有紫花苜蓿、白三叶、红三叶、串叶松香草、冬牧70黑麦、籽粒苋、巴天酸模、墨西哥玉米等高产品种，为豫西脂尾羊提供了充足的饲草饲料来源。

二、品种来源与变化

1.品种形成　豫西脂尾羊是一个古老的地方品种。据考证，该品种属蒙古系绵羊，源于中亚和远东地区。在公元10世纪前后，随古代“丝绸之路”的开通，被带入中原地区，在三门峡等地驯化饲养。当地群众习惯选择角大雄威、体质结实、四肢粗壮、脂尾硕大、善于屯肥的公羊作种用，选择性情温驯、母性好的无角母羊作为繁殖母羊。脂尾羊易上膘，可为冬春枯草季节储备足够营养，也有利于安度严寒酷冬。经过长期的自然选择和人工选育，最终形成了豫西脂尾羊这一地方良种。

2.群体数量与规模　2005年底，豫西脂尾羊存栏40.02万只，公、母羊比例为1 ∶ 1.18（三门峡市畜牧局）。其中，能繁母羊比例达到32.48%，采取本交的能繁母羊占母羊总数的88.45%；用于配种的公羊占全群的比例为4.05%；育成公羊和母羊占全群的比例为15.99%；哺乳羔羊占全群的比例为25.86%（公、母性别比为1 ∶ 0.91）。至2017

年调查时，能繁母羊、种公羊、羔羊的数量仅剩31只、10只、13只。

3. 品种的数量与规模

（1）数量规模变化。自20世纪80年代以来，随国内肉羊市场需求的迅速增长，豫西脂尾羊饲养量迅速增加。1996年存栏量为17.82万只，到2005年末存栏量猛增到40.2万只，年增长率达13.84%。近年来，由于产羔率较低、养殖效益较低等因素的影响，纯种豫西脂尾羊的存栏量急剧减少。在2017年调查时，陕州区、灵宝市、卢氏县、义马市和湖滨区5地已很难找到纯种豫西脂尾羊，仅在渑池县仁村乡南坻坞、果园乡孟家沟、陈村乡后河3个村3户存栏豫西脂尾羊54只，而渑池肉羊的总存栏量多达3.06万只。三门峡市仅剩一家专门饲养豫西脂尾羊的养殖场，存栏数量28只。

（2）品质变化大观。自20世纪80年代以来，豫西脂尾羊品质有了很大变化，主要表现在以下几个方面。

①体尺、体重有很大增加。周岁公羊体重，由1981年的24.03千克提高到2005年的50.5千克，增长110%；周岁母羊体重，由1981年的18.69千克提高到2005年的48.5千克，增长159%。成年公羊体重，由1981年的35.48千克提高到2005年的67.5千克，增长90%；成年母羊体重，由1981年的27.16千克提高到2005年的40千克，增长47%，但近年的产羔率与1980年报道值无明显差异。成年公羊体高、体长分别增长30.22%和40.39%，成年母羊体高、体长分别增长16.23%和31.15%（表3-1）。

②屠宰率有明显提高。2005年比1981年屠宰率增加了6.45%，且耐粗饲、抗病力强、耐炎热和抓膘快的特点得以保存。

表3-1　不同年份调查豫西脂尾羊体重和体尺指标比较

类别	年龄	年份	体重（千克）	体高（厘米）	体长（厘米）	胸围（厘米）	胸深（厘米）
公羊	周岁	1981	24.03	56.45	55.9	65.69	24.99
		2005	50.5	73.2	72.5	93.3	32.5
		增长	110%	29.67%	29.7%	42.03%	30.05%
	成年	1981	35.48	61.59	62.61	73.88	28.66
		2005	67.5	80.2	87.9	99	49.7
		增长	90%	30.22%	40.39%	34%	73.41%
母羊	周岁	1981	18.69	52.1	54.22	60.78	23.07
		2005	48.5	67.8	67.8	91.2	25
		增长	159%	30.13%	25.05%	50.05%	8.37%
	成年	1981	27.16	57.47	60.16	70.28	26.85
		2005	40	66.8	78.9	91.7	29
		增长	47%	16.23%	31.15%	30.48%	8.01%

（3）濒危程度。豫西脂尾羊目前纯种羊数量不足1 000只，且存在数量进一步减少的趋势，该品种处于濒危状态，建议尽快建立保护场或保护区，加强资源的保护工作。

三、品种特征和性能

1. 体型外貌 豫西脂尾羊被毛以全白为主（占97%以上），少数羊的脸、耳部有黑斑。体格中等，体质结实。头中等大小，鼻梁微隆，额宽平，耳大下垂。成年公羊多有螺旋形大角，母羊多无角。颈中等长，无褶皱和肉垂，颈肩结合较好。胸部宽深，肋骨开张良好。体躯长而深，腹大而圆，背腰平直，尻宽略斜。四肢短而健壮，蹄质坚实，呈蜡黄色。尾巴为短脂尾，成年公羊脂尾大，近似方形；母羊脂尾呈方圆形，比公羊的小。尾尖紧贴尾沟，将尾分为两瓣。

2. 体尺、体重 豫西脂尾羊周岁、成年公羊平均体重分别为50.5千克、67.5千克，周岁公羊体重占成年公羊体重的74.81%。6月龄、周岁、成年母羊平均体重测定值分别为32.5千克、48.5千克、40.0千克（表3-2）。

表3-2 豫西脂尾羊体重和体尺指标测定

类别	年龄	样本量	体重（千克）	体高（厘米）	体长（厘米）	胸围（厘米）	胸宽（厘米）	胸深（厘米）	尾宽（厘米）	尾长（厘米）
公羊	周岁	6	50.5±12.5	73.2±5.0	72.5±5.3	93.3±3.8	26±1.4	32.5±3.55	20.3±4.0	22.1±5.1
	成年	10	67.5±13.5	80.2±3.61	87.9±8.77	99±16.3	36.7±1.03	49.7±1.03	26.6±3.24	29.2±4.21
母羊	6月龄	2	32.5±3.5	63.5±2.1	57.5±0.7	89±5.7	17±0.71	22±1.4	18±1.4	20.0±1.4
	周岁	6	48.5±10.3	67.8±3.8	67.8±7.9	91.2±7.7	20±2.3	25±2.28	21.17±2.1	25.7±4.2
	成年	36	40.0±4.5	66.8±4.1	78.9±5.8	91.7±2.9	24±2.4	29±2.3	20.0±1.7	24.9±2.7

注：测定时间为2006年10—11月，测定单位包括河南省畜禽改良站、河南农业大学、三门峡市畜牧局、陕县畜牧局、灵宝市畜牧局。

3. 生产性能

（1）产肉性能。

①周岁羊产肉性能。2006年，对周岁豫西脂尾羊公、母羊各10只进行屠宰性能测定（表3-3），豫西脂尾羊周岁羊的胴体重、屠宰率、大腿肌肉厚度、腰部肌肉厚度、眼肌面积都相对较低。周岁羊肌肉中干物质含量相对较高，干物质中脂肪、蛋白质、灰分含量较高（表3-4）。羊肉人体必需脂肪酸较丰富，与其他羊品种相比豫西脂尾羊赖氨酸、亮氨酸、异亮氨酸、缬氨酸含量较高，均仅次于太行裘皮羊；蛋氨酸、苯丙氨酸、组氨酸含量相对最低（表3-5、表3-6）。

表3-3 豫西脂尾羊周岁羊的屠宰性能测定

类别	宰前活重（千克）	胴体重（千克）	净肉重（千克）	内脏脂肪重（千克）	屠宰率（%）	净肉率（%）	肉骨比	大腿肌肉厚度（厘米）	腰部肌肉厚度（厘米）	眼肌面积（$厘米^2$）
公羊	30.67±4.72	13.63±2.39	12.03±2.45	0.20±0.07	44.42±2.59	39.12±3.90	4.06±0.90	3.64±0.34	2.72±0.33	17.45±2.19

（续）

类别	宰前活重（千克）	胴体重（千克）	净肉重（千克）	内脏脂肪重（千克）	屠宰率（%）	净肉率（%）	肉骨比	大腿肌肉厚度（厘米）	腰部肌肉厚度（厘米）	眼肌面积（厘米^2）
母羊	42.36±8.33	19.71±5.59	18.25±5.60	1.20±0.90	45.96±3.87	42.46±4.75	5.57±1.24	3.46±0.31	2.63±0.15	12.70±2.56

表3-4　豫西脂尾羊周岁羊肌肉主要营养成分分析（%）

类别	样本量	水分	干物质	脂肪	蛋白质	灰分
公羊	10	71.59±1.74	28.41±1.74	4.92±2.52	22.35±1.73	1.02±0.11
母羊	10	66.65±2.37	33.35±2.37	5.53±2.66	22.29±1.42	0.93±00.05

表3-5　豫西脂尾羊周岁羊肌肉极性氨基酸含量分析（毫克/克）

类别	样本量	酪氨酸	丝氨酸	半胱氨酸	蛋氨酸	苏氨酸	天冬氨酸	谷氨酸	赖氨酸	组氨酸	精氨酸
公羊	10	19.90±1.42	27.30±1.19	2.29±1.02	6.19±3.59	31.60±1.47	60.90±3.82	113.17±5.05	59.91±2.80	18.58±1.13	43.61±1.88
母羊	10	18.90±2.40	25.14±2.51	2.40±0.79	6.10±3.16	29.01±3.24	56.07±5.42	104.24±10.25	55.65±6.03	17.47±2.13	43.61±1.88

表3-6　豫西脂尾羊周岁羊肌肉非极性氨基酸含量分析（毫克/克）

类别	样本量	甘氨酸	丙氨酸	缬氨酸	亮氨酸	异亮氨酸	脯氨酸	苯丙氨酸
公羊	10	32.02±2.78	39.16±1.59	32.71±1.42	56.54±2.58	30.85±1.52	21.09±4.03	22.54±0.98
母羊	10	29.15±2.58	36.04±3.10	30.16±3.29	52.72±5.71	28.38±3.35	19.20±3.19	39.66±61.13

② 6月龄羊产肉性能。2018年，对6月龄豫西脂尾羊公、母羊各3只进行屠宰，结果见表3-7。6月龄出栏羊屠宰率、净肉率均高于12月龄出栏羊。豫西脂尾羊其他肉品质指标见表3-8。与周岁羊羊肉相比，6月龄羊羊肉的含水量高，粗脂肪、蛋白质含量较低，且矿物质含量较为丰富（表3-9）。

由表3-10可知，6月龄豫西脂尾羊肉干物质中各种必需氨基酸和非必需氨基酸含量相对高于周岁羊。必需氨基酸中赖氨酸所含比例高达7.71%，比联合国粮食及农业组织（FAO）理想蛋白中赖氨酸含量高40.18%，含硫氨基酸（蛋氨酸+半胱氨酸）、芳香氨基酸（苯丙氨酸+酪氨酸）、亮氨酸、异亮氨酸、苏氨酸等含量均接近理想蛋白质要求。

通过测定，6月龄豫西脂尾羊平均肌肉中不饱和脂肪酸含量达到54.91%，不饱和脂肪酸与饱和脂肪酸的比例为1.35 ∶ 1。饱和脂肪酸中棕榈酸含量最高，为24.13% ；不饱和脂肪酸中油酸含量最高，为45.26%。

表3-7 豫西脂尾羊6月龄羊的屠宰性能测定

类别	宰前活重（千克）	尾脂肪重（千克）	胴体重（千克）	净肉重（千克）	屠宰率（%）	胴体净肉率（%）	净肉率（%）	肉骨比	眼肌面积（厘米）	胴体脂肪含量（毫米）
公羊	31.37±1.39	1.52±0.29	13.50±1.37	9.51±1.73	43.03±1.78	70.44±2.67	30.32±1.44	2.39±0.11	13.79±1.07	1.83±0.13
母羊	30.05±1.53	1.05±0.18	12.55±1.55	8.96±1.21	41.76±1.59	71.39±2.18	29.82±1.91	2.48±0.14	13.53±1.02	1.79±0.14

表3-8 豫西脂尾羊6月龄羊肉品质测定

类别	肉色	大理石花纹	pH	失水率（%）	滴水率（%）	剪切力（牛）	肌纤维直径（微米）	熟肉率（%）
公羊	3.14±0.58	2.37±0.64	6.27±0.35	3.91±0.24	94.18±2.57	35.29±3.12	28.73±4.71	53.44±3.43
母羊	3.25±0.61	2.26±0.57	6.24±0.34	3.73±0.13	92.02±2.03	27.46±3.49	24.42±3.43	53.58±4.17

表3-9 豫西脂尾羊6月龄羊肉常规营养成分和矿物质含量测定

类别	水分（%）	灰分（%）	粗脂肪（%）	粗蛋白（%）	Cu（毫克/千克）	Fe（毫克/千克）	Mn（毫克/千克）	Zn（毫克/千克）	Mg（毫克/千克）
公羊	74.77±2.23	0.97±0.07	3.21±0.36	18.65±0.38	2.56±0.24	100.52±8.19	2.35±0.23	115.23±5.77	1 100.59±57.74
母羊	74.43±1.24	0.93±0.05	3.16±0.28	18.83±0.59	2.67±0.23	86.13±6.71	2.31±0.27	112.74±6.06	1 093.48±52.07

表3-10 豫西脂尾羊6月龄羊肉氨基酸含量测定（%）

氨基酸种类	公	母
赖氨酸	7.66±0.46	7.75±0.32
蛋氨酸	1.97±0.05	1.96±0.03
亮氨酸	6.24±0.04	6.34±0.08
异亮氨酸	3.63±0.07	3.51±0.11
苏氨酸	4.07±0.06	3.84±0.07
苯丙氨酸	3.89±0.12	3.85±0.08

（续）

氨基酸种类	公	母
组氨酸	2.78±0.04	2.68±0.05
精氨酸	4.72±0.11	4.98±0.08
缬氨酸	3.73±0.06	3.39±0.04
苯丙氨酸	4.41±0.09	4.46±0.07
半胱氨酸	0.66±0.03	0.62±0.01
甘氨酸	3.31±0.14	3.29±0.16
脯氨酸	3.05±0.15	3.01±0.13
丝氨酸	3.43±0.04	3.45±0.02
谷氨酸	13.01±0.13	12.85±0.11
天冬氨酸	7.82±0.12	7.77±0.14
酪氨酸	2.49±0.07	2.41±0.06

(2) 产毛和皮用性能。豫西脂尾羊产毛量，成年公羊为每年2.5千克，成年母羊每年2.4千克。被毛厚度6.9厘米，净毛（绒）率52.52%。据对30只成年母羊羊毛分析，无髓毛质量比和根数比分别为（64.32±8.87）%、（80.12±4.45）%，细度为（18.11±0.27）微米，自然长度为（6.89±1.22）厘米，伸直长度为（8.30±1.26）厘米；有髓毛质量比为（34.15±9.02）%。公、母羊鲜皮重分别为4.38千克、3.59千克，皮张长度分别为159厘米、135厘米，宽度为107厘米、97厘米，厚度为3.05厘米、0.199厘米。

4. 繁殖性能 豫西脂尾羊公羊5～7月龄性成熟，母羊6～7月龄性成熟。初配年龄公羊为12～18月龄，母羊为8～10月龄。公羊繁殖利用年限为3～5年，一般采用本交，每只公羊在每个配种季节可配母羊40只左右。母羊的繁殖利用年限大约为6年，发情季节多集中在秋季10—11月和春季3—4月，发情周期为18～20天，发情持续期为1～2天，妊娠期为150天左右；多为两年产三胎，产羔率为106.45%，其中产单羔、双羔者分别占87.88%、12.12%。羔羊初生重为2.5千克，断奶日龄105～120天，断奶重12～14千克，断奶前日增重公羔97克、母羔95克，羔羊断奶成活率为98%。

四、饲养管理

豫西脂尾羊具有性情温顺、母性较强、合群性强、易饲养管理的特点，全年以放牧为主。春、夏、秋三季，在山地、丘陵、黄河滩涂地等条件较好的地方放牧，一般不补饲。冬季在放牧基础上，补饲青贮秸秆、干树叶和野干草。在放牧饲养条件下，对种公羊、羔羊，以及产前、产后母羊都要少量补饲玉米、麸皮及饼粕等精饲料；在舍饲条件下，以饲喂青贮玉米秸秆、氨化麦秸为主，适当补饲精料。羔羊一般随成年羊混群饲养，从出生到4月龄以哺乳为主、补饲为辅，4月龄断奶。

五、品种保护与研究、利用情况

1. **保种场、保护区及基因库建设情况** 目前尚未划定豫西脂尾羊保种区，也没有建立保种场开展系统选育和活体保种工作。2018年，河南省畜牧总站采集了豫西脂尾羊精液样品，实施生物技术保种。近年来，受市场因素的影响，传统的豫西脂尾羊产区大都引进外来品种进行杂交，导致纯种豫西脂尾羊数量骤减。就其濒危程度来看，迫切需要进行保种，否则纯种豫西脂尾羊将有灭绝的危险。

2. **列入保种名录情况** 豫西脂尾羊于2009年被列入《河南省畜禽品种资源保护名录》，2011年被收入《中国畜禽遗传资源志 羊志》，2018年被收录入《河南省畜禽品种资源保护名录》。

3. **品种标准制定情况** 目前尚未制定关于豫西脂尾羊的品种标准、营养标准和饲养管理技术规范。

4. **开展的种质研究情况及取得的结论**

（1）豫西脂尾羊生理学特征分析。豫西脂尾羊的血清总蛋白含量（73.50±9.11）克/升，白蛋白（26.38±3.34）克/升，球蛋白（47.15±7.44）毫摩尔/升，尿素（12.80±3.06）微摩尔/升，肌酐（36.83±9.70）毫摩尔/升，总胆固醇（1.54±0.40）毫摩尔/升，钾（5.10±0.98）毫摩尔/升，钠（138.17±15.24）毫摩尔/升，氯（104.83±10.09）毫摩尔/升，钙（1.06±0.13）毫摩尔/升。

豫西脂尾羊以单侧（98.18%）、右侧（63.64%）卵巢排卵为主，总排卵率为110.91%，排单卵、双卵和三卵的比例分别为90.91%、7.27%和1.82%，其产羔率低的直接原因是排卵率低。

（2）豫西脂尾羊生长发育规律研究。对豫西脂尾羊胚胎生长发育规律的研究表明，其初生重的63.77%是在妊娠末期（≥100天）后取得的。该项研究揭示了其胚胎生长发育规律（图3-1），为饲养管理提供了参考依据。

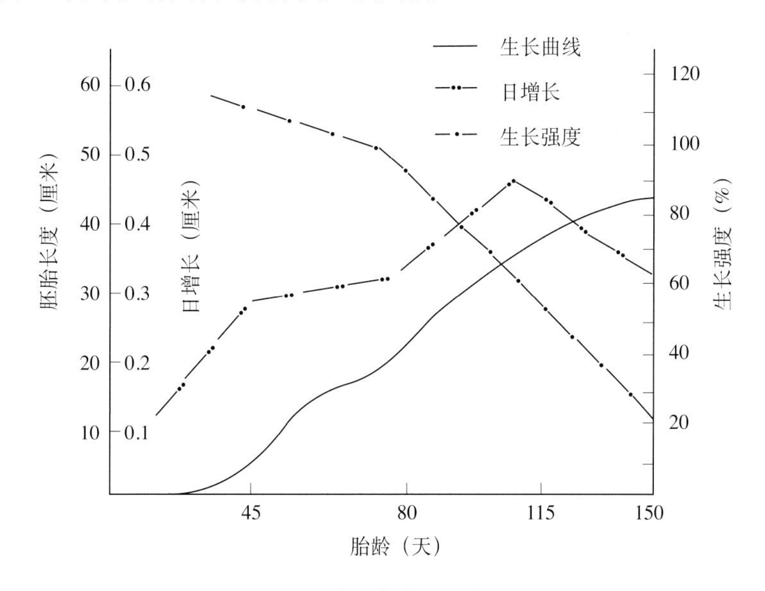

图3-1 胚胎长度生长发育曲线

豫西脂尾羊后期体重生长发育规律以Gompertz模型为最适描述模型，表达式为$y=49.551207e^{-e^{0.55534571-0.1408649x}}$，模型拟合度达$R^2=0.95$，拐点月龄为3.94月龄，拐点体重为18.23千克，最大月增重为2.57千克，极限体重为49.55千克。在河南省地方绵羊品种中，豫西脂尾羊的早熟性相对较好。

（3）豫西脂尾羊细胞遗传特性研究。豫西脂尾羊的核型和G-带带型与河南大尾寒羊、新疆细毛羊、青海细毛羊的核型和G-带带型基本一致。

（4）豫西脂尾羊生化遗传多态性研究。在豫西脂尾羊血清脂酶（Es）基因座存在3种基因型，Es++基因型的荐高显著高于Es+−基因型，Es++基因型的胸围极显著高于Es−−基因型。豫西脂尾羊血红蛋白（Hb）位点的优势基因型为HbAB，而河南大尾寒羊、河南小尾寒羊群体Hb位点的优势基因型（Hb）BB。豫西脂尾羊与河南大尾寒羊、河南小尾寒羊转铁蛋白（Tf）位点优势基因、优势基因型无明显差异。豫西脂尾羊血清淀粉酶（Amy）、前白蛋白（Pa）位点不存在多态性。

（5）豫西脂尾羊分子遗传多态性研究。

①微卫星标记多态性。选用29个微卫星引物进行标记，测得群体平均期望杂合度（He）为0.739 0，观察基因数（Na）为11.00，有效基因数（Ne）为5.40。选用11个微卫星引物，发现豫西脂尾羊试验群体的多态信息量（PIC）为0.59，平均观察杂合度（Ho）为0.617。选用27个微卫星引物，测得豫西脂尾羊群体的Na为13.00，Ne为8.61，PIC为0.726 3，He为0.7981。选用5个微卫星引物，测得豫西脂尾羊群体的PIC为0.8665，He为0.876 7，Na为12.00，Ne为8.43。以上的研究结果表明豫西脂尾羊群体内微卫星变异度高于不同品种间，提示群体遗传多态性比较丰富，具有进行有效选育的基础。

②候选基因SNP位点多态性。豫西脂尾羊的速激肽基因第二内含子104bp处存在T/C突变。豫西脂尾羊*BMPR-IA*基因不存在多胎主效基因*FecB*。在豫西脂尾羊群体*LHβ*基因中，可检测到C551T、G391A、G394A三个SNP位点。这些研究揭示了该品种产羔率低的分子遗传基础。

六、品种评价与展望

豫西脂尾羊具有适应性强、耐粗饲、抗病性强、易育肥、抓膘快易上膘、性成熟较早、春秋两季发情配种、羔羊成活率高、肉质鲜美等优点，但多胎性较差（产羔率低），产肉性能尚需进一步改善。针对该品种的生产性能特点及生产现状，提出以下建议。

1. 建立活体保种和遗传物质保存互为补充的豫西脂尾羊遗传资源保护体系 以活体保护为主，因地制宜建立保护区，建立核心场（站），带动周边农户开展联合保种。主要保护豫西脂尾羊的肉品质、抗逆性等种质特性，兼顾遗传物质保存，研究应用胚胎、精液、细胞等各种遗传物质超低温冷冻保存技术。

2. 培育多胎新品系 在已经杂交化的区域，选择与小尾寒羊和湖羊杂交改良过的后代进行基因选种，培育多胎新品系。

3. 加快羊肉产品开发 豫西脂尾羊肉质鲜美、细嫩，根据羊肉的营养特点，开发产品花色，打造品牌产品，促进豫西脂尾羊的稳定发展。

七、照片

豫西脂尾羊公羊、母羊、群体照片见图3-1至图3-3。

图3-1　豫西脂尾羊公羊

图3-2　豫西脂尾羊母羊

图3-3　豫西脂尾羊群体

调查及编写人员：

高腾云　吉进卿　韩海军　陈喜英　苏瑞民　张淑娟　陈碾管　高腾云　韩海军
曹洛义　李玉法　姚丽娟　王欧阳　陈喜英　马延光　邢书军　赵玉霞　陈　松
彭少波　苏瑞民　刘水庆

河南小尾寒羊

一、一般情况

河南小尾寒羊，又名“小脂尾寒羊”，因脂尾短（不过飞节）而得名，属于脂尾绵羊中的短脂尾羊，是肉裘毛兼用型地方绵羊品种。

河南小尾寒羊的中心产区为濮阳市台前县、范县等地，在濮阳市的其他地区以及安阳市、新乡市、洛阳市、焦作市、济源市、南阳市等地的20多个市县亦有分布。中心产区地处北纬35° 20′ ～36° 12′ 、东经114° 52′ ～ 116° 5′ ，位于河南省东北部的黄河下游平原地区，位于冀、鲁、豫三省交界处。东南部与山东省济宁市、菏泽市隔河相望，东北部与山东省聊城市、泰安市毗邻，北部与河北省邯郸市相连，西部与安阳市接壤，西南部与新乡市相倚。境内地势相对平坦，海拔40 ～ 50米，平原约占总面积的70%。

产区属暖温带半温润大陆性季风气候，四季分明，气候干燥。年均气温为13.3℃，无霜期205天。光照充足，平均年日照时间为2 454.5小时，平均日照率58%。年平均风速为2.7米/秒，主导风向是南风、北风。年均降水量为502.3 ～ 601.3毫米，产区水资源丰富，可供利用的过境水总量8.54亿米^3，地下水分布较广泛，富水区和中等水区约占总面积的70%。产区土层深厚，便于开发利用，土地垦殖率达77.5%。土壤分为潮土、沙土和碱土三大类，其中潮土占97.2%，耕性良好，肥力较高，适合多种作物栽培。主要农作物和经济作物有小麦、玉米、大豆、花生、棉花、甘薯和谷子等。

河南小尾寒羊产区属平原地区，独特的自然环境条件为该品种羊的形成和发展提供了得天独厚的基础。经过精心选育和自然选择，小尾寒羊成为体型大、适应性强、繁殖率高的优良品种，其主要用途为肉用、皮用、毛用和竞技娱乐等。河南小尾寒羊是肉羊杂交生产中的最佳母本之一，开发利用前景十分广阔。

二、品种来源与变化

1. 品种形成　河南小尾寒羊源于蒙古羊。随我国北方少数民族迁徙进入中原地区，经过长期自然选择和人工选择，逐渐形成了生长发育快、性成熟早、繁殖率高、遗传性能稳定、皮毛兼用的河南小尾寒羊。在20世纪60—70年代，范县等地曾大量引进新疆细毛羊、东北细毛羊开展杂交改良，致使产区面积缩小，数量急剧下降。台前县地处三堤交叉、两河汇流的狭长三角地带，环境相对较为封闭，为河南小尾寒羊提供了避风港，使该优良种质得以保存。近年来，在河南省畜牧局的重视下和河南科技大学、河南农业大学等相关单位领导和专家的指导下，在河南小尾寒羊主产区划定了保护区、建设了种羊场并通过举办培训班、赛羊会等方式，广泛开展了小尾寒羊的群选群育活动，使小尾寒羊的数量不断增加，质量显著提高。

2. 群体数量　据2017年调查，河南小尾寒羊存栏量为203 364只，其中濮阳市、焦作市、鹤壁市、新乡市的存栏量分别为110 325只、82 646只、7 351只、1 042只，其他地市也有零星分布。

3.2000—2018年消长形势

（1）数量规模变化。2000—2018年来，河南小尾寒羊发展经历了两个阶段。2000—2006年，是河南小尾寒羊发展相对平稳的阶段，以商品羊出售为主，价格和存栏量增加速度也相对平稳。2006年台前县小尾寒羊存栏10.59万只，较1997年存栏量增长了28.83%。2006年后，经第二次畜禽资源调查，河南小尾寒羊存栏量大幅降低。在此之后，台前县、范县小尾寒羊数量有逐年下降的趋势。2016年台前县、范县的存栏量分别达到5.25万只、6.01万只，较2009年的存栏量分别减少了13.08%和15.59%。

河南小尾寒羊存栏量下降的主要原因一是河南小尾寒羊以体格大、产羔多著称，种羊被大量出售，还有一些核心种羊场急功近利，盲目开展杂交改良，致使纯种羊数量下降；二是政府出台禁牧政策，限制放牧，饲养方式逐渐转向舍饲；三是2014年春季暴发小反刍兽疫以后，由于活羊价格持续走低，给养羊业造成了重大打击，以致养殖场数量大幅度降低。

（2）品质变化大观。2006年调查时，发现河南小尾寒羊的毛色、体型渐趋一致，杂色个体比例从1991年的6.39%下降到0.65%，体高、体长标准差有所降低。同时，羊只生产性能大幅度提升：同龄羊体高、体长、体重分别增长了5.26 ~ 11.80厘米、4.72 ~ 14.21厘米、13.74 ~ 34.54千克；母羊平均产羔率达到267.13%，增长了42.13%；屠宰率、净肉率为54.72 %、41.71%，分别了增长7.31 %和4.47%。

在2006年、2014年、2018年期间分别对河南小尾寒羊体尺体重进行测定（表3-1）。2006年与2014年测定的周岁母羊体重无显著差异，但2018年测定周岁母羊体重相较于2014年显著下降11.87%。对成年母羊，2006年和2014年测定周岁母羊体重无明显差异，但2018测定周岁母羊体重约提高12%。对成年公羊，2006年与2018年测定体重无明显差异。另外，对2006—2018年数据进行比较，发现河南小尾寒羊成年公、母羊体重等对应指标[公羊（103.9 ± 25.7）千克，n=40；母羊（64.4 ± 8.4）千克，n=60]与其他地区的小尾寒羊并无明显差异。

表3-1 不同年份调查河南小尾寒羊体重和体尺指标比较

类别	年份	样本量	体重（千克）	体高（厘米）	体斜长（厘米）	胸围（厘米）	管围（厘米）
周岁母羊	2006	30	60.49 ± 7.24	80.32 ± 4.66	82.20 ± 5.52	86.92 ± 5.02	—
	2014	46	60.41 ± 7.83	77.41 ± 3.79	73.02 ± 3.84	92.57 ± 5.00	—
	2018	270	53.24 ± 5.94	76.11 ± 4.18	73.82 ± 5.62	90.93 ± 5.3	8.02 ± 0.55
成年母羊	2006	30	65.85 ± 6.83	82.43 ± 4.38	83.53 ± 6.23	104.00 ± 12.00	—
	2014	43	66.91 ± 5.56	78.28 ± 4.71	76.6 ± 3.56	102.98 ± 8.06	—
	2018	142	75.06 ± 9.47	79.61 ± 4.56	76.85 ± 6.02	100.73 ± 7.44	8.38 ± 0.85

（续）

类别	年份	样本量	体重（千克）	体高（厘米）	体斜长（厘米）	胸围（厘米）	管围（厘米）
成年公羊	2006	20	113.33±7.82	99.93±10.10	99.25±11.94	130.00±15.00	—
	2018	7	119.43±13.25	92.57±5.68	99.29±4.07	114.29±3.40	10.43±0.45

（3）濒危程度。河南小尾寒羊存栏量为20.34万只。根据2006年版《畜禽遗传资源调查技术手册》的附录2“畜禽品种濒危程度的确定标准”，河南小尾寒羊濒危程度为无危险状态。

三、品种特征和性能

1.体型外貌 河南小尾寒羊被毛纯白，极少数个体头、四肢有小块杂斑。体质结实，结构匀称，体格高大。公羊有较大的三棱形螺旋角，母羊部分有小角或角基。头部清秀，嘴宽而齐，鼻梁隆起，鼻镜粉红，耳大下垂，眼大有神。公羊头颈粗壮，母羊头颈较长。公羊前胸较宽深，鬐甲高，背腰平直，前后躯发育匀称，侧视略呈方形；母羊胸部较深，腹部大而不下垂，乳房容积大，质地柔软。四肢粗壮有力，蹄质坚实，蹄壳呈蜡黄色。尾部略呈椭圆形，下端有纵沟，尾长不过飞节。

公、母羔初生重分别为3.66千克和3.40千克。不同出生类型羔羊体重、体尺指标存在差异（陈其新等，2014；表3-2），双羔、三羔初生重分别比单羔的低23.44%、33.48%。河南小尾寒羊生长发育比较快，6月龄公、母羊平均体重分别达38.42千克和36.92千克。周岁母羊平均体重为53.24千克，相当于成年母羊体重的70.93%。成年公羊平均体重为119.43千克，成年母羊75.06千克（表3-3）。

表3-2　河南小尾寒羊初生羔羊体重和体尺指标测定

产羔类型	性别	样本量	体重（千克）	体高（厘米）	体长（厘米）	胸围（厘米）
单羔	公	27	4.62±0.18	41.48±0.64	38.04±0.72	5.80±0.12
	母	19	4.29±0.25	41.79±0.86	37.47±1.01	5.90±0.16
双羔	公	56	3.57±0.10	38.54±0.50	34.64±0.35	5.46±0.07
	母	54	3.28±0.12	37.96±0.47	34.66±0.42	5.21±0.09
三羔	公	23	2.87±0.16	37.22±0.74	33.26±0.63	5.19±0.14
	母	31	3.06±0.13	38.00±0.48	33.74±0.54	5.27±0.12
四羔	公	5	3.10±0.34	34.40±1.57	33.40±1.03	4.20±0.37
	母	—	—	—	—	—
总计	公	111	3.66±0.10	38.79±0.38	35.13±0.33	5.43±0.06
	母	104	3.40±0.10	38.67±0.35	34.90±0.35	5.35±0.07

表3-3 河南小尾寒羊6月龄、周岁和成年羊体重和体尺指标测定

类别	年龄	样本量	体重（千克）	体高（厘米）	体长（厘米）	胸围（厘米）	管围（厘米）
公羊	6月龄	12	38.42±14.40	73.50±9.69	68.25±5.93	87.25±8.52	—
	成年	7	119.43±13.25	92.57±5.68	99.29±4.07	114.29±3.40	10.43±0.45
母羊	6月龄	36	36.92±11.09	70.31±5.32	66.11±5.37	81.69±6.63	—
	周岁	270	53.24±5.94	76.11±4.18	73.82±5.62	90.93±5.30	8.02±0.55
	成年	142	75.06±9.47	79.61±4.56	76.85±6.02	100.73±7.44	8.38±0.85

2. 生产性能

（1）产肉性能。河南小尾寒羊7～10月龄公、母羊育肥期日增重分别可达（193.81±1.64）克和（194.62±2.62）克。选择周岁公羊和母羊各9只进行屠宰，可见该品种屠宰率和净肉率较高（表3-4）；肌肉干物质含量高，脂肪含量低，但灰分含量较高（表3-5）；羊肉中人体必需氨基酸含量较为丰富。与其他羊品种相比河南小尾寒羊羊肉中的酪氨酸、半胱氨酸、组氨酸、苯丙氨酸含量较高，而蛋氨酸、苏氨酸、赖氨酸、缬氨酸、亮氨酸含量相对较低（表3-6，表3-7）。

表3-4 河南小尾寒羊屠宰性能和胴体品质测定

类别	宰前活重（千克）	胴体重（千克）	净肉重	内脏脂肪重（千克）	屠宰率	净肉率	肉骨比	大腿肌肉厚度（厘米）	腰部肌肉厚度（厘米）	眼肌面积（厘米^2）
公羊	44.08±14.23	22.50±7.88	18.39±6.90	0.50±0.56	52.95±3.17	41.33±2.19	4.39±0.48	3.89±0.37	2.98±0.28	8.66±1.11
母羊	45.65±17.81	23.31±9.31	19.08±8.03	1.14±0.78	53.43±3.41	41.52±2.38	4.39±0.49	3.45±0.87	2.63±0.96	7.90±1.43

表3-5 河南小尾寒羊羊肉主要成分（%）

类别	样本量	水分	干物质	脂肪	蛋白质	灰分
公羊	9	68.55±3.72	31.45±3.72	4.35±2.79	17.88±2.50	1.02±0.09
母羊	9	68.62±3.77	31.38±3.77	4.02±2.05	18.84±3.29	1.00±0.10

表3-6 河南小尾寒羊肌肉极性氨基酸含量（毫克/克）

类别	样本量	酪氨酸	丝氨酸	半胱氨酸	蛋氨酸	苏氨酸	天冬氨酸	谷氨酸	赖氨酸	组氨酸	精氨酸
公	9	30.17±3.67	20.66±2.92	10.61±6.05	6.37±3.83	24.38±3.67	25.07±3.67	25.99±3.64	24.74±3.83	25.21±6.10	32.62±4.39
母	9	45.51±13.26	22.92±4.50	17.51±6.48	10.23±4.76	26.89±4.02	27.11±3.83	27.90±3.87	30.90±11.81	30.82±6.92	32.62±4.39

表3-7 河南小尾寒羊肉非极性氨基酸含量（毫克/克）

类别	样本量	甘氨酸	丙氨酸	缬氨酸	亮氨酸	异亮氨酸	脯氨酸	苯丙氨酸
公	9	22.54±4.57	21.61±3.07	20.87±3.29	22.31±3.41	21.95±3.58	28.35±4.18	24.56±10.43
母	9	19.22±2.08	21.97±1.85	23.17±2.72	39.79±10.38	24.59±3.81	26.37±1.59	43.35±14.95

（2）产毛性能。河南小尾寒羊被毛为异质毛，每年剪毛2次。公羊产毛量为3.5千克，母羊为2.1 ~ 3.0千克。对30只成年母羊的羊毛构成及品质进行分析，观察到无髓毛质量百分比和根数百分比分别为（74.88±12.12）%、（82.36±2.97）%，细度（17.05±0.22）微米。自然长度和伸直长度分别为（9.58±2.15）厘米、（11.16 ±3.48）厘米；有髓毛质量百分比和根数百分比分别为（23.95±11.35）%、（17.64±2.97）%。另据报道，9只7 ~ 10月龄公、母羊被毛厚度分别为（6.79±1.28）厘米、（7.44±1.65）厘米，自然毛长（7.81±1.49）厘米、（8.27±1.53）厘米；羊毛油汗呈乳白色或白色，净毛率达65.54%。成年公、母羊羊毛密度分别为1 662.3根/厘米^2（1 032 ~ 2 449根/厘米^2）和1 524.8根/厘米^2（1 115 ~ 2 069根/厘米^2）。9只7 ~ 10月龄公、母羊鲜皮重分别为（4.09±0.69）千克、（3.71±0.47）千克，鲜皮长度（109.24±43.42）厘米、（116.89±23.21）厘米，鲜皮宽度（88.06±14.75）厘米、（83.39±13.71）厘米，鲜皮厚度（0.24±0.04）厘米、（0.23±0.04）厘米。

3. 繁殖性能 河南小尾寒羊性成熟较早。公羊6月龄性成熟，周岁即可初配；母羊（5.90±0.57）月龄性成熟，（7.70±0.37）月龄初配，繁殖利用年限为3 ~ 5年。母羊可常年发情，但多数集中在6—7月和10—12月；发情周期为（18.50±0.65）天，发情持续时间（28.61±0.56）小时；妊娠期为（150.20±0.68）天，第1 ~ 4胎平均产羔数（2.50±0.65）只。羔羊断奶体重，公羔（23.31±2.30）千克，母羔（24.68±2.52）千克。哺乳期日增重，公羔265.47克，母羔266.58克。

四、饲养管理

河南小尾寒羊性情温顺，传统饲养方式为放牧与舍饲相结合。饲草主要来源于野生青草，也补饲精料，一般给青年羊、配种期种公羊、怀孕母羊、哺乳母羊的补饲量分别为0.3 ~ 0.5千克、1 ~ 1.5千克、0.3 ~ 0.5千克、0.5千克。公羊一般单独饲养，不与母羊合群放牧。近年来，河南小尾寒羊的饲养方式逐渐转向舍饲，大中型羊场一般都是按照国家肉羊标准，利用花生秧、青贮玉米、含预混料的精饲料配制成全混日粮进行饲喂。

五、品种保护与研究、利用情况

1. 保种场、保护区及基因库建设情况 1990年，在河南省农牧部门及有关高校专家教授的支持和指导下，台前县农牧局划定河南小尾寒羊保护区和选育区，建立保种场，制定选育标准，进行品种登记，开展大规模的群选群育活动，使种羊质量有了明显提高。国家畜禽牧草种质资源保存利用中心已制作河南小尾寒羊冷冻胚胎、冷冻精液，对小尾寒羊进行了多种方式的保种。

2. 列入保种名录情况 河南小尾寒羊2011年被收录入《中国畜禽遗传资源志 羊志》，2006年被列入了《国家级畜禽遗传资源保护名录》，2014年被列入《中国国家级畜禽遗传资源保护名录》。此外，河南小尾寒羊2018年被列入《河南省畜禽遗传资源保护名录》。

3. 制定的品种标准、饲养管理标准等情况 我国已在2008年12月发布了国家标准《小尾寒羊》（GB/T 22909—2008）。河南省也在2000年发布过河南省地方标准《小尾寒羊》（DB41/T 146—2000），但目前该标准已经废止。目前，尚未制定河南小尾寒羊营养标准和饲养管理技术规范。

4. 开展的种质研究情况及取得的结论 河南农业大学、河南科技大学、河南省农业科学院、台前县畜牧局等单位先后对河南小尾寒羊的种质特性进行了广泛而深入的研究。

（1）河南小尾寒羊生理学特征分析。平均体温为39.0℃，脉搏数73.0次/分，呼吸数15.0次/分。每千克体重含血量58.0毫升，红细胞平均体积为32.0飞升，每100毫升血液中球蛋白含量为2.0克，血细胞比容（PCV）为35.0%，血红蛋白平均含量为9.0皮克，红细胞数10.8×10^{12}个/升，红细胞渗透脆性的最大抵抗值0.6、最小抵抗值0.7，白细胞数9.00×10^{9}个/升。

河南小尾寒羊血清总蛋白含量为（65.32±12.20）克/升，白蛋白（26.13±1.70）克/升，球蛋白（39.18±11.24）毫摩尔/升，尿素（6.48±2.18）微摩尔/升，肌酐（66.17±8.64）毫摩尔/升，总胆固醇（1.62±0.55）毫摩尔/升，血清钾（7.75±3.44）毫摩尔/升，血清钠（134.33±18.11）毫摩尔/升，血清氯（101.33±14.18）毫摩尔/升，血清钙（1.08±0.21）毫摩尔/升。其中，血清钾含量明显高于其他地方绵羊品种的血清钾参考值；公羊血清总蛋白、白蛋白、球蛋白、总胆固醇、血糖、血清钠水平均高于母羊，血浆肌酐、尿素氮水平则低于母羊，说明公羊合成代谢强度大于母羊，母羊分解代谢强度大于公羊。

（2）河南小尾寒羊生长发育规律研究。河南小尾寒羊早熟性较好，生长发育较快。其生长发育以Gompertz模型描述最佳，表达式为$y=79.504639e^{-e^{0.732737-0.17334619x}}$，拟合度$R^2=0.98$。拐点月龄为4.23月龄，拐点体重29.25千克，最大月增重5.07千克，极限体重79.50千克。

（3）河南小尾寒羊细胞遗传特性研究。在血红蛋白（Hb）位点，HbBB为河南小尾寒羊的优势基因型，HbB为优势等位基因；河南小尾寒羊的HbB频率（0.756 8）与山东小尾寒羊的HbB频率（0.720 8）无显著差异。在转铁蛋白Tf位点，BB型为河南小尾寒羊优势基因型，TfB为优势等位基因；河南小尾寒羊的基因频率（0.675 7）与山东小尾寒羊的基因频率（0.666 7）无显著差异。另据分析，河南小尾寒羊与河南大尾寒羊的亲缘关系相对较远。

（4）河南小尾寒羊分子遗传多态性研究。羊微卫星LSTS01位点呈高度多态（PIC为0.487 5）、高度杂合（He为0.561 9）。另外的研究也发现河南小尾寒羊的27个微卫星位点总体也呈高度多态（PIC为0.644～0.743）及高度杂合（Ho为0.754 7～0.819 4），说明该品种群体遗传多样性丰富。

在河南小尾寒羊*RBP4*基因中可检测到BB、AB两种基因型，基因型频率分别为0.840、0.16；在河南小尾寒羊*LHβ*基因中已检测到C551T、G391A、G394A这3个SNP位点，*BMPR-IB*基因的*FecB*突变是河南小尾寒羊的多胎主效基因之一，B+、BB基因型的产羔数比++基因型分别多0.51个、0.70个；++型周岁母羊的平均体重比B+、BB型个体高4.46%～7.92%。河南小尾寒羊还存在MTNR1A（G605A）、GDF9（G477A）、BMP4（C305A）、ESR（C363G）、IGF-1（G4988A）、PGR（C70T）、PRLR（G304A）等高繁殖力相关SNP位点。在MTNR1A（G605A）位点，AG型比GG型个体的产羔数多0.48个。在GDF9（G477A）位点，AA型比AG型个体的产羔数多0.22个。PGR（C70T）和MTNR1A（G605A）位点存在明显的基因互作效应，CT-AG基因型组合比TT-AG基因型组合的产羔数多1.49只。PGR（C70T）和PRLR（G304A）也存在显著的基因互作效应，CT-GG基因型组合比CC-AA基因型组合的产羔数多1.09只。

5. 品种开发利用情况　河南小尾寒羊是一个优秀的地方绵羊品种，深受各地饲养者青睐。在1995—2001年期间，台前县种羊外销较多（表3-8），但近年种羊外销量减少，逐渐作为商品羊出售。河南小尾寒羊具有体格大、繁殖力强、生长发育快、遗传性能稳定、适应性强等特点，在肥羔生产和杂交育种中具有良好的应用前景。

表3-8　1995—2001年台前县种羊销售情况统计

年份	引入地区	总数量（只）	公羊数（只）
1995	吉林、河北、新疆、山西、陕西、河南、四川	9 890	260
1996	河南、山东、内蒙古、河北、宁夏、吉林、辽宁	10 980	480
1997	河南、山西、吉林、辽宁、河北、天津	12 800	560
1998	河南、黑龙江、辽宁、湖北、山西、陕西、河北、内蒙古	12 600	500
1999	河南、天津、河北、吉林、辽宁、黑龙江	11 600	380
2000	内蒙古、河南、山东、吉林、陕西、河北、天津、北京、黑龙江	12 180	450
2001	内蒙古、黑龙江、吉林、辽宁、河南、河北、山西、陕西、宁夏	15 800	580
合计		85 850	3 210

河南小尾寒羊的相关研究成果曾获1995年濮阳市科技成果二等奖、1996年河南省农牧业科技改进奖二等奖。“小尾寒羊肥羔羊生产配套技术应用”获2004年全国农牧渔业丰收奖三等奖，“河南省小尾寒羊商品基地建设及选育配套技术研究”获河南省政府科技进步三等奖。

六、品种评价与展望

河南小尾寒羊是千百年来自然选择和人工选育而成的，具有较高的遗传稳定性。其优点是个体大、生长发育快，具有性成熟早、繁殖率高、裘用价值高、肉质细嫩、适应性强等特点，是我国高繁殖力绵羊品种之一。其携带的控制产羔数的*FecB*基因在提高绵羊繁殖力方面具有重要作用，可作为肉羊生产的母本品种。河南小尾寒羊的主产区，在保种和品种选育的基础上，充分利用小尾寒羊的优势开辟新途径，为产区群众提供更好的肉用品种。

1. 坚持河南小尾寒羊种质资源保护 在划定的核心产区内，以活体保护为主，主要保护河南小尾寒羊的繁殖性状、生长速度等种质特性。

2. 继续做好本品种选育工作 在河南小尾寒羊主产区，应加强育种组织机构和育种体系建设，修订育种目标和方案，加强本品种选育，重点改善河南小尾寒羊泌乳、肉品质、耐粗饲、抗病力等主要经济性状。可推行品系繁育策略，即在基因鉴定基础上，培育出以*FecB*基因纯合子为主的高繁殖力品系以及以*FecB*基因杂合子为主的体大品系。

3. 有计划地开展河南小尾寒羊的杂交改良和开发利用 在边缘产区，应根据羊业发展趋势，应用国内外优良肉羊品种，有计划地开展杂交生产。在杂交育种方面，应着眼于聚合包含河南小尾寒羊在内的多品种优良基因，培育具有独特性能的新型肉羊品种。也可采取基因渗入策略，将*FecB*基因导入豫西脂尾羊、太行裘皮羊等低产绵羊品种群体内，显著改善它们的繁殖性能，培育多胎绵羊新品系。

七、照片

河南小尾寒羊公羊、母羊、群体照片以及河南小尾寒羊斗羊赛见图3-4至图3-7。

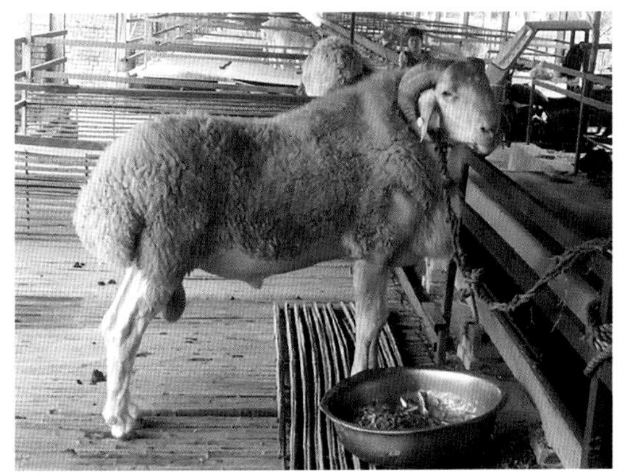

图3-4 河南小尾寒羊公羊（陈其新，2018）

图3-5 河南小尾寒羊母羊

图3-6 河南小尾寒羊群体（陈其新，2014）

图3-7 小尾寒羊斗羊赛

调查及编写人员：

茹宝瑞　吉进卿　刘　贤　李　凯　高腾云　陈其新　孙　宇　张瑞廷　白继武
郭廷军　岳彩钦　董天玲　徐　达　王宏伟　王卫东　杨永军　晁晓静　王德力
侯昭春　袁春景　徐兴安　徐　达　张传占
(屠宰试验及毛皮、血液成分测定由河南农业大学进行)

河南大尾寒羊

一、一般情况

河南大尾寒羊因脂尾硕大而得名，俗称“大尾巴绵羊”，属于肉脂兼用型绵羊品种。中心产区为平顶山市郏县和宝丰县，主要分布于郏县的白庙乡、渣元乡和广天乡以及宝丰县的李庄乡。另外，在平顶山的其他县（市、区）及新密市一带亦有分布。

主产区位于北纬33°47′～34°10′、东经112°43′～113°24′，地处河南省中部，地形为浅山、丘陵和平原交错，海拔100～250米。属大陆性季风气候，四季分明，夏季高温多雨，冬季寒冷干燥。年均气温14.5℃，无霜期220天。相对湿度为65%，平均降水量678.6毫米，降水多集中在7—9月。主产区水源充足，河流较多，地下水资源丰富。土壤以红壤土为主，土层深厚，土质肥沃。农作物一年两熟或两年三熟，主要有小麦、玉米、大豆、甘薯、花生、芝麻、棉花等。2020年粮食作物总产量234.46万吨，其中小麦产量120.70万吨，玉米产量101.23万吨，油料作物产量15.52万吨，有充足的杂粮和粮食加工副产品作为精料。饲草料来源也较丰富，汝河两岸水草茂盛，滩涂面积广阔，草滩草坡面积达50.2千米^2，每年可作饲用的秸秆、秧类、树叶、杂草约1.8亿千克，为河南大尾寒羊的繁衍提供了良好的物质条件。

河南大尾寒羊对产区的气候、土壤、饲养管理条件表现出良好的适应性，耐粗饲，易饲养，抗病力较强。主要产品是羊肉，肉质鲜嫩，味道纯正，深受消费者欢迎。主产区内回族民众生活区相对集中，羊肉、皮张、羊毛等畜产品销售情况良好。

二、品种来源与变化

1.品种形成　河南大尾寒羊已有近千年的发展历史，但起源相关情况尚存争议。一种观点认为该品种是蒙古羊在中原生态条件下经长期风土驯化选育而成。另一种观点则认为该品种源自古代中亚、远东及我国新疆一带的脂尾羊，在宋、元时期随伊斯兰民族的迁徙沿“丝绸之路”进入中原地区，经长期自然选择和人工选择而逐步形成。在品种培育过程中，河南大尾寒羊可能还融入了少量小尾寒羊血液，但从体型外貌、生产性能特点看，该品种又似与兰州大尾羊、陕西关中同羊同源。

2. 群体数量 2017年，在平顶山市河南大尾寒羊总存栏量为8 106只。对其中的1 351只羊群进行抽查，母羊达66.25%，其中能繁母羊达44.56%，育成母羊和断奶前母羔合计21.69%；公羊达33.75%，其中种用成年公羊为1.26%，育成公羊和断奶前公羔合计32.49%。

（1）数量规模变化。在20世纪60年代以前，河南大尾寒羊曾广泛分布于郑州、开封、许昌、平顶山、周口、驻马店及南阳等地的25个县市，总数达6万只之多。此后开展绵羊杂交改良，该品种纯种羊分布区域急剧缩小，数量锐减。在1980年普查时，存栏量仅有近万只。在20世纪90年代后，随全国“肉羊热”的兴起，河南大尾寒羊产业曾再度迅速发展。至2006年调查时，中心产区存栏量增加到61 015只，其中宝丰县、郏县分别有15 010只和46 005只。近10多年来，受市场因素和综合饲养效益的影响，河南大尾寒羊种群数量再次出现严重滑坡。目前平顶山市总存栏量仅为8 106只，主要集中在郏县白庙乡和宝丰县李庄乡，在其他乡镇仅有零星分布。

（2）品质变化大观。近年来，河南大尾寒羊的体型外貌和生产性能发生了明显改变，主要表现在以下方面。

①体型外貌。原来形同蒲扇、拖至飞节以下的长大脂尾，现多已变短、变小且收至飞节处或飞节以上。这种变化可能与小尾寒羊混血有关。

②体尺、体重。与1982年相比，2006年成年公羊体重增加37.16%，体高、体长、胸围的增长率分别是20.60%、28.38%、32.03%；成年母羊体重增加29.75%，体高、体长、胸围的增长率分别是11.13%、21.85%、7.87%。此时期公母羊的体尺、体重变化，可能也与杂交有关。与2006年相比，2017年成年公羊体重显著下降30.41%，体高、体长、胸围也分别降低19.53%、17.95%、18.44%；成年母羊体重显著降低22.41%，体长也显著降低15.24%，但体高、胸围没有显著变化。与1982年相比，2017年周岁公羊和母羊的各项体重体尺指标均无明显差异，说明2006年以后，当地政府实施紧急保种措施，选优提纯取得了明显效果。目前，除大脂尾有所减小外，河南大尾寒羊已基本恢复了原纯种羊的典型体型外貌特征（表3-9）。

表3-9 不同年份调查的河南大尾寒羊周岁羊体重和体尺指标比较

年份	类别	样本量	体重（千克）	体高（厘米）	体长（厘米）	胸围（厘米）	管围（厘米）
1982	公羊	29	53.95±9.33	70.48±3.66	64.65±5.66	82.56±5.73	8.66±0.86
	母羊	56	44.70±8.21	63.89±3.30	61.55±3.90	81.58±6.37	8.08±0.48
2006	公羊	31	74.00	85.00	83.00	109.00	—
	母羊	150	58.00	71.00	75.00	88.00	—
2017	公羊	10	51.50±9.44	68.40±4.01	68.10±3.73	88.90±4.86	—
	母羊	14	45.00±10.19	67.28±5.33	63.57±4.59	84.86±7.69	—

③繁殖性能。1980年调查时，河南大尾寒羊平均产羔率为205%。至2007年，各胎次平均产羔率为249.27%，较1980年测定值提高44.27%。该品种产羔率的增加，推测是

小尾寒羊混血所致。在河南大尾寒羊群体中检测到*FecB*基因就是有力佐证。

④毛用性能。1980年测定各种羊毛纤维类型平均重量占比：绒毛占94%，两型毛占3.68%，有髓毛占0.69%，死毛占1.39%。2011年测定时，无髓毛、有髓毛质量占比分别为85.05%、14.95%。可见，由于缺乏系统选育，被毛同质性减弱，毛品质变差，主要表现为无髓毛占比例下降，而有髓毛占比例增加。

3.濒危程度　根据2006年版《畜禽遗传资源调查技术手册》附录2“畜禽品种濒危程度的确定标准”，其濒危程度为无危险状态。

三、品种特征和性能

1.体型外貌　河南大尾寒羊被毛全白，皮肤呈粉红色。体形呈长方形，体质结实，体格较大。头大小中等，额部略宽，耳大略向前垂，鼻梁隆起。公羊均有螺旋形大角，母羊则有姜形角。颈中等长，颈肩结合良好，个别羊颈部有肉垂。胸宽深，肋骨开张良好，背腰平直，脂尾过大的个体腰部略有凹陷、臀部倾斜。四肢结实有力，蹄质坚实，呈蜡黄色。脂尾肥大呈芭蕉扇形，多数收至飞节或飞节以上；桃形尾尖紧贴于尾沟，呈上翻状；脂尾重，成年公羊为10 ～ 12千克，母羊为3 ～ 5千克。

据2017年调查，公羔初生重为3.80千克，母羔为3.48千克。3月龄断奶重，公羔为18.0千克，母羔为16.0千克。哺乳期日增重，公羔为157.8克，母羔为139.1克。在良好的饲养条件下，断奶前日增重可达250.16克。公羊平均体重，周岁为51.5千克，1 ～ 1.5岁为52.86千克。周岁公羊平均体重为51.5千克，相当于成年公羊体重的69.12%，周岁母羊平均体重为45.00千克，相当于成年母羊体重的77.90%。成年公羊平均体重为74.0千克，成年母羊57.77千克（表3-10）。

表3-10　河南大尾寒羊体重和体尺指标测定

类别	年龄	数量（只）	体重（千克）	体高（厘米）	体斜长（厘米）	胸围（厘米）	管围（厘米）
公羊	周岁	10	51.50±8.96	68.40±3.80	68.10±3.53	88.90±4.61	8.90±0.70
	1～1.5岁	14	52.86	68.86	67.21	89.71	9.07
母羊	周岁	14	45.00±9.82	67.28±5.13	63.57±4.41	84.86±7.41	8.43±0.72
	1～1.5岁	20	48.35±12.15	68.80±5.04	66.75±6.39	88.00±9.51	8.50±0.69
	1.5～2岁	11	56.09±6.71	72.00±2.79	66.91±4.21	91.00±5.22	8.64±0.81
	2岁以上	35	57.77±9.65	71.00±5.40	68.14±4.12	94.03±7.35	8.56±0.79

资料来源：平顶山畜禽改良站，2017。

2.生产性能

（1）产肉性能。河南大尾寒羊产肉性能较好，对周岁公羊和母羊各9只进行屠宰试验，观察到河南大尾寒羊胴体重大，净肉重高，骨肉比大，腿肌厚度大，眼肌面积较高（表3-11）。河南大尾寒羊肌肉水分含量相对较高，干物质中脂肪、蛋白质含量高（表3-12）。河南大尾寒羊羊肉中富含人体必需氨基酸。在河南省地方绵羊品种中，河南大尾寒羊羊肉的蛋氨酸含量特别高，苏氨酸、组氨酸含量最高，异亮氨酸含量较高，赖氨酸、缬氨酸、亮氨酸含量中等（表3-13，表3-14）。

表3-11 河南大尾寒羊的屠宰性能测定

类别	宰前活重（千克）	胴体重（千克）	净肉重（千克）	内脏脂肪重（千克）	屠宰率（%）	净肉率（%）	肉骨比	大腿肌肉厚度（厘米）	腰部肌肉厚度（厘米）	眼肌面积（厘米^2）
公羊	57.00 ±17.14	25.80 ±7.93	22.06 ±7.12	0.90 ±0.84	45.52 ±4.44	38.94 ±3.63	5.71 ±0.52	3.65 ±0.49	4.72 ±1.25	18.13 ±4.95
母羊	54.00 ±4.36	25.30 ±1.64	21.95 ±1.53	1.43 ±0.39	46.98 ±3.09	40.54 ±3.45	6.57 ±0.48	4.05 ±0.27	4.42 ±0.32	18.17 ±4.42

表3-12 河南大尾寒羊羊肉主要营养成分（%）

类别	样本量	水分	干物质	脂肪	蛋白质	灰分
公羊	10	72.92 ±1.35	27.08 ±35	8.87 ±1.12	22.81 ±1.39	0.89 ±.05
母羊	10	69.50 ±2.91	30.50 ±2.91	8.81 ±0.37	21.84 ±0.30	0.94 ±0.02

表3-13 河南大尾寒羊肌肉极性氨基酸含量测定（毫克/克）

类别	样本量	酪氨酸	丝氨酸	半胱氨酸	蛋氨酸	苏氨酸	天冬氨酸	谷氨酸	赖氨酸	组氨酸	精氨酸
公羊	10	40.78 ±5.00	27.23 ±3.66	26.32 ±5.00	38.30 ±7.04	33.36± 4.49	34.07 ±4.64	35.63 ±4.64	34.17 ±4.30	34.33 ±4.77	42.36 ±5.80
母羊	10	45.61 ±2.41	29.27 ±0.84	30.54 ±1.49	42.00 ±6.17	36.55 ±0.99	37.21 ±0.99	38.31 ±0.70	37.39 ±1.20	40.37 ±3.90	44.93 ±1.10

表3-14 河南大尾寒羊肉非极性氨基酸含量测定（毫克/克）

类别	样本量	甘氨酸	丙氨酸	缬氨酸	亮氨酸	异亮氨酸	脯氨酸	苯丙氨酸
公羊	10	20.42 ±3.54	24.61 ±3.20	27.55 ±3.39	30.86 ±3.91	30.67 ±3.83	29.43 ±4.28	34.86 ±4.9
母羊	10	19.21 ±0.15	25.69 ±0.32	30.19 ±0.67	33.70 ±0.01	33.76 ±0.86	29.32 ±0.16	39.33 ±0.04

（2）产毛性能。河南大尾寒羊羊毛品质优良，是著名的“寒羊毛”。被毛为毛丛结构，基本为同质毛。成年母羊羊毛中，无髓毛重量百分比和根数百分比分别为（85.05±13.93）%、（89.18±8.18）%，细度为（19.25±0.40）微米，自然长度为（5.10±0.48）厘米，伸直长度为（9.04±2.08）厘米；有髓毛重量百分比和根数百分比分别为（14.95±13.13）%、

（10.82±8.18）%。羊毛密度一般为2 030 ～ 2 050根/厘米^2，高者可达3 200根/厘米^2。每年剪毛2次，剪毛量高于山东大尾寒羊和河北大尾寒羊；成年公羊年产毛量为4.28千克，母羊为2.26千克，净毛率为70%。

3. 繁殖性能 河南大尾寒羊的体成熟和性成熟都较早，6月龄重已达到成年重的61.58%（表3-15）。性成熟年龄，公羊为6月龄，母羊（5.7±1.1）月龄。公羊初配年龄为12月龄，繁殖利用年限3 ～ 4年；母羊初配年龄为7.08月龄，繁殖利用年限5 ～ 6年。母羊发情周期为（18.0±1.0）天，发情持续期1 ～ 3天，妊娠期（148.0±3.0）天，产后发情时间（42.0±11.0）天。母羊四季均可发情，一年两产、两年三产或三年五产。初产母羊产羔率为180%～ 205%，经产母羊250%～ 270%，各胎次平均产羔率249.27%；母羊产单羔、双羔、三羔、四羔及以上的比例分别为8.00%、47.82%、34.36%、9.82%（表3-16）。单、双羔成活率为100%，三羔以上成活率98.5%。多在3月龄断奶，羔羊断奶成活率98.78%。配种以本交为主，但常因脂尾过大而致自然交配困难，需实施人工辅助交配。在规模化舍饲条件下，需采用人工授精技术。河南农业大学已建立了该品种羊的冷冻精液人工授精、胚胎移植技术。

表3-15 河南大尾寒羊母羊不同时期体重占成年体重比分析

项目	初生	3月龄	6月龄	8月龄	周岁	成年
样本量	47	59	22	27	32	27
占成年体重比	6.05%	43.84%	61.58%	70.24%	78.89%	100%

表3-16 河南大尾寒羊母羊不同胎次产羔数比例分析（%）

产羔数	胎次								各胎次平均值
	1胎	2胎	3胎	4胎	5胎	6胎	7胎	8胎	
单羔	8.33	8.41	8.79	8.33	7.69	6.25	4.17	6.25	8.00
双羔	64.40	48.60	43.95	42.70	34.62	31.25	37.50	50.00	47.82
三羔	20.45	35.51	40.66	41.67	36.54	37.50	41.66	37.50	34.36
四羔	4.55	5.61	3.30	4.17	13.46	18.75	12.50	6.25	6.55
五羔	2.27	1.87	3.30	3.13	7.69	6.25	4.17		3.27

四、饲养管理

河南大尾寒羊适应舍饲，也可放牧。性情温顺，易管理，但不善奔走和登高；耐粗饲，饲料来源广，青干草、各类树叶、作物秸秆均可。补饲精料以玉米为主，也有少量麸皮、大豆。对成年和后备公羊要常补饲，其他羊仅在冬春枯草季节补饲少量精料。精料每天补饲量，成年公羊500 ～ 600克，后备公羊250克，怀孕后期和泌乳母羊200 ～ 250克，断奶羔羊450克左右，催肥羯羊200 ～ 250克。

五、品种保护与研究、利用情况

1. **保种场、保护区及基因库建设情况** 2001年，平顶山市畜牧站制订了河南大尾寒羊保种选育及开发利用实施方案，建立了郏县和宝丰县大尾寒羊保护区。2009—2010年，国家畜禽牧草种质资源保存利用中心制作河南大尾寒羊冷冻胚胎216枚和冷冻精液3 746剂，完成了基因保存任务。平顶山市正在筹建河南大尾寒羊保种场。目前，已制订了大尾寒羊的保种及选育方案，育种工作进展顺利，但品种登记制度有待健全。

2. **制定的品种标准、饲养管理标准等情况** 2002年，在河南省畜禽改良站主持下，平顶山市畜牧站负责制定了《河南大尾寒羊》(DB41/T 298)，已于2001年11月20日发布实施。但尚未制定河南大尾寒羊营养标准和饲养管理技术规范。

3. **列入品种保护名录情况** 2006年河南大尾寒羊被收录入《国家级畜禽遗传资源保护名录》，2011年被列入《中国畜禽遗传资源志 羊志》，2014年被收入《中国国家级畜禽遗传资源保护名录》，2018年被收录入《河南畜禽遗传资源保护目录》。

4. **开展的种质研究情况及取得的结论**

(1) 河南大尾寒羊的生理学特征。河南大尾寒羊的平均体温为39.0℃，脉搏73.0次/分，呼吸数15.0次/分，每千克体重含血量58.0毫升，红细胞平均体积（MCV）32.0飞升，每100毫升血液中球蛋白含量2.0克，血细胞比容（PCV）35.0%，血红蛋白平均含量9.0皮克，红细胞计数10.8×10^{12}个/升，红细胞渗透脆性的最大抵抗值0.6、最小抵抗值0.7，白细胞计数9.00×10^{9}个/升。该品种各项血液生化指标见表3-17，血钾含量明显高于绵羊血钾参考值；公羊总蛋白、白蛋白、球蛋白、总胆固醇、血糖、血钠水平高于母羊，血浆肌酐、尿素氮水平低于母羊，说明公羊合成代谢强度大于母羊，母羊分解代谢强度大于公羊。

表3-17 河南大尾寒羊血液生化指标

项目	母羊	公羊
血清总蛋白（克/100毫升）	5. 36±0.93	5.78±0.78
血清白蛋白（克/100毫升）	3. 48±0.34	3.64±0.47
血清球蛋白（克/100毫升）	1. 86±0.27	2 01±0.31
血清总胆固醇（毫克/100毫升）	74. 72±8.23	86.71±9.44
血糖（毫克/100毫升）	69. 67±6.68	71.18±7.15
血清钾（毫克/100毫升）	25. 39±6.14	24.84±4.27
血清钠（毫克/100毫升）	358. 68±31.94	373.94±34.19
血清钙（毫克/100毫升）	11. 43±1.54	10.92±1.84
血清尿素氮（毫克/100毫升）	17. 38±2.41	16.83±1.69
肌酐（毫克/100毫升）	1.34±0.24	1.28±0.18

注：样本为公羊19只，母羊22只。

（2）河南大尾寒羊寄生虫流行病学特征分析。据2006年的调查，肠道感染的寄生虫中蠕虫优势种为捻转血矛线虫（54.35%）、仰口线虫（28.26%）、毛尾线虫（23.91%）和柏氏血矛线虫（15.22%），绦虫优势种为扩展莫尼茨绦虫（10.87%）和细颈囊尾蚴（8.7%），吸虫优势种为肝片吸虫（6.52%），球虫优势种为颗粒艾美耳球虫（13.54%）和类绵羊艾美耳球虫（9.38%）。另据朱丹等2011年的调查，肠道寄生虫混合感染率达到88.3%，其中艾美耳球虫、圆线虫感染率分别达到95.7%、87.0%。

（3）河南大尾寒羊生长发育规律研究。以Gompertz模型为最适描述模型，$y=68.589758e^{-e^{0.61419703-0.171454459x}}$，$R^2=0.96$。拐点月龄为3.58月龄，拐点体重25.23千克，最大月增重4.32千克，极限体重68.59千克。在河南省地方绵羊品种中，河南大尾寒羊的拐点月龄最小，说明该品种羊早熟性好。

（4）河南大尾寒羊经济性状遗传力测定。利用动物模型最佳线性无偏预测（BLUP）法对该品种体尺性状进行遗传力估计，体重、体高、体长和胸围等性状遗传力分别为0.14、0.11、0.11和0.15，尾长和尾宽遗传力为0.09和0.08，均属低遗传力性状。

（5）河南大尾寒羊生化遗传特性分析。在血红蛋白（Hb）位点，HbBB为河南大尾寒羊群体优势基因型，HbB为优势等位基因；河南大尾寒羊的HbB频率为0.933 3，与河南小尾寒羊的HbB频率0.720 0存在极显著差异。在转铁蛋白Tf位点，TfBB为河南大尾寒羊群体优势基因型（0.633 3），TfB为优势等位基因（0.783 3）；河南大尾寒羊与河南小尾寒羊TfB频率（0.675 7）无显著差异。河南大尾寒羊与河南小尾寒羊亲缘关系相对较远。河南大尾寒羊的HbB基因频率比美利奴羊群体的高26.27%，HbBB基因型频率比美利奴羊群体的高66.7%，可能与其多羔性存在一定相关。在转铁蛋白（Tf）位点，TfCD基因型个体产羔数为3个，TfCE基因型个体的产羔数量为2个。

（6）河南大尾寒羊细胞遗传特性分析。河南大尾寒羊染色体数目为$2n=54$，河南大尾寒羊G-带与其他绵羊品种的基本一致。

（7）河南大尾寒羊分子遗传多态性分析。2003年对包括河南大尾寒羊在内的6个绵羊品种进行RAPD分析，观察到河南大尾寒羊和兰州大尾寒羊、同羊的遗传关系较近。

选用与*FecB*基因紧密连锁的4个微卫星以及其他的1个微卫星进行分析，发现各位点PIC均达到高度多态（＞0.7）。分析微卫星LSTS01，河南大尾寒羊群体呈高度多态（PIC为0.568）、高度杂合（He为0.644 1）。选择27个微卫星位点进行分析，河南大尾寒羊群体呈高度多态（PIC为0.682 ～ 0.744）、高度杂合（Ho为0.606 3 ～ 0.859 1），大多数位点都不符合哈迪-温伯格平衡，说明该品种具有丰富的遗传多样性。河南大尾寒羊与豫西脂尾羊的遗传距离相对较近。

河南大尾寒羊mtDNA D-loop序列存在较大的个体间异质性，存在6个单倍体型，单倍体型多样度（0.800±0.144），核苷酸多样度为（0.0167 7±0.009 76）（$n=11$），但与其他绵羊品种无明显差异。从母系遗传角度看，河南大尾寒羊与多浪羊、滩羊和兰州大尾羊之间遗传距离较近，而与同羊的遗传距离相对较远。

在候选基因SNP分析方面，在河南大尾寒羊*ASIP*基因中鉴定到2个缺失突变，但它们与毛色性状无关；在*RARG*基因中检测到AA、BB、AB三种基因型，基因型频率分别为0.100、0.075、0.825，A、B等位基因频率分别为0.513、0.487；在*RBP4*基因中检测到BB、AB基因型，基因型频率分别为0.583、0.416；在*BMPR-IB*基因中检测到++、B+基因型，基因型频率分别为0.125、0.875，*FecB*是该品种多胎主效基因之一，该基因可能来源于河南小尾寒羊。另外，在河南大尾寒羊$LH\beta$基因中检测到C551T突变，而G391A、G394A两位点不存在多态性，豫西脂尾羊群体中则可检测到这3个突变。

（8）河南大尾寒羊繁殖生物技术研究。河南大尾寒羊1～3岁公羊鲜精精子活力平均为0.81。采用不同的配方、不同的甘油和卵黄浓度进行细管冻精试验，证实采用8.25克乳糖和2.5克葡萄糖组合冷冻大尾寒羊精液效果最佳，解冻后活力为（0.38 ± 0.24），畸形率（13.43 ± 0.36）%；稀释液中添加甘油和卵黄的适宜浓度分别为6%和20%。采用加拿大产促卵泡激素（FSH）对河南大尾寒羊进行超排，获得胚胎（12.76 ± 5.18）个。采用腹腔内子宫角输精，获得可用胚胎（4.68 ± 2.61）个，冻胚抽检时形态完整率为100%，冻后发育率为75%。利用组织块法进行细胞培养，传至第八代的河南大尾寒羊皮肤成纤维细胞可保持正常染色体核型。

5.品种开发利用情况　河南大尾寒羊的主要产品是羊肉。因肉质鲜嫩、味道纯正，深受消费者青睐，呈供不应求之势，曾出口科威特等国。河南大尾寒羊产地为河南回族民众集中生活区之一，制革、肉制品加工业发达，促进了羊肉、羊皮、羊毛等产品的流通。但该品种的大脂尾特性已不符合目前的市场需求，导致饲养经济效益降低，因此纯种羊饲养数量大幅下降。产区人民自发引入小尾寒羊等品种进行杂交，杂交后代生长发育快，杂种优势明显，3月龄体重可达30千克。因此，在边缘产区，可筛选适宜杂交组合，建立商品羊生产基地，发展肥羔生产，促进河南大尾寒羊产业的可持续发展。

六、品种评价与展望

河南大尾寒羊具有产肉性能好、肉质优良、羊毛同质性好、繁殖力强、抗病性好等优点，其产肉、产毛量、繁殖性能等表现优良。该品种羊的缺点主要是肉用体型欠佳，即体躯不够长和胸深不足。此外，该品种脂尾过大，自然交配困难，需人工辅助进行交配。针对品种现状，提出以下建议。

1.做好品种保护工作　在中心产区内，以活体保护为主，主要保护繁殖性状、肉质、抗逆性等种质特性。可在保护区周围设立选育区，开展品系繁育，应用*FecB*基因选育技术建立高繁殖力品系，培育高产肉力品系，完善品种结构，加快遗传改良进展。

2.加强种质特性相关的基础理论和高新技术研究　应用深度测序技术，对该品种基因组、转录组进行测序分析，建立相应的生物信息数据库。采用全基因组关联分析（GWAS），探讨该品种长脂尾高脂肪沉积效率的分子机制。采用GWAS等技术筛选产肉性状的重要分子标记，开展全基因组选择（GS）技术应用。也可进行基因编辑技术研究，创造河南大尾寒羊新种质。

3.建立健全羔羊肉生产配套技术体系，发展羔羊肉生产　加强饲养管理技术研究，根据其种质特性和产区饲草饲料资源，制定舍饲、半舍饲营养标准；建立羔羊快速育肥饲养模式和生产工艺，制定饲养管理和疫病防治规范，提高饲养技术水平。

七、照片

河南大尾寒羊公羊、母羊、群体照片见图3-8至图3-10。

图3-8　河南大尾寒羊公羊

图3-9　河南大尾寒羊母羊

图3-10　河南大尾寒羊群体

调查及编写人员：

张花菊　王金楠　张松山　丁二军　李建峰　马桂变　李志刚　高腾云　刘　贤

孙红霞　张少学　冯亚强　杨华龙　李建峰

摄　影：

李志刚　李德竹

太行裘皮羊

一、一般情况

太行裘皮羊是产自豫北太行山东麓的地方绵羊品种。因产优质二毛裘皮，故名太行裘皮羊，属裘皮型地方绵羊品种。

中心产区为安阳市汤阴县，主要分布在太行山东麓沿京广铁路两侧安阳市的安阳县、龙安区、林州市，新乡市的辉县市、卫辉市，鹤壁市的淇县等地区。中心产区位于河南省北部，在晋、冀、豫三省交会处，地处北纬35° 12′ ~ 36° 21′、东经113° 38′ ~ 114° 59′。产区西部为太行山区，地势西高东低，呈阶梯状。安阳县、汤阴县、龙安区境内京广铁路以西地区为丘陵区，蜿蜒起伏，错落有致，京广铁路以东地区为冲积平原区，一望无垠，是华北大平原的一部分。海拔48.4 ~ 1 632米。气候属暖温带过渡区大陆性季风气候，四季分明，气温适宜。年均气温13.6℃，无霜期201天，日照时数2 454.5小时。相对湿度为60% ~ 65%；年均降水量606.1毫米，多集中在7—8月。年平均风速为2.7米/秒，主导风向是南风、北风。

安阳市境内流域面积在100千米^{2}以上的河流共28条（海河水系22条，黄河水系6条），总流域面积7 413千米^2。山麓一带地下水较少，水位较低，京广铁路以东平原区地下水丰富。主要河流有漳河、安阳河、汤河、淇河，属海河水系。卫河源于南部平原，从产区南部向东北入黄河。土壤种类复杂，丘陵以粒黄土、黄潮土为主，平原以轻沙土、两合土和淤土为主。主要农作物和经济作物有小麦、玉米、甘薯、大豆、油菜、花生、大蒜、芝麻和棉花等。2016年粮食作物总产量364.05万吨，其中小麦、玉米、大豆、花生、油菜籽产量分别为206.30万吨、148.86万吨、1.23万吨、25.94万吨、1.08万吨，农副产品及饲草料资源比较充足。太行裘皮羊中心产区多属山区和丘陵地带，以农作物秸秆为主舍饲加季节性放牧。

二、品种来源与变化

1.品种形成 太行裘皮羊是在当地生态条件下，为满足社会经济发展的需要，经过长期自然选择和人工选育而形成。从体型外貌推测，太行裘皮羊属于蒙古系绵羊，但何时起源已无从考查。1949年前利用该品种的30 ~ 45日龄羔羊宰杀所剥取的二毛皮远销外地，皮毛商称之为“汤阴皮”。该品种羔羊出生后，羊毛生长越快，毛股越弯曲，毛股间越蓬松，保暖性越强。太行裘皮羊优质二毛皮的形成，与当地气候和碱性土壤上生长的植物等生态条件及自然选择有直接关系。经长期选育，太行裘皮羊形成了体格健壮、裘皮品质较好、耐粗放饲养、适应性强、抗病力强等优良特点，具有常年发情、耐粗饲、适应性强、裘皮品质较好等优良特性。

2.群体数量 太行裘皮羊以小群体散养居多，规模养殖场很少。据2017年调查，产区内太行裘皮羊各类羊存栏总计4 508只，主要分布在汤阴县、殷都区、林州市等地41家农户中。其中，汤阴县存栏3 107只，韩庄镇数量占该县总量的94.88%；殷都区存栏1 151只，洪河屯、安丰乡、伦掌镇的数量分别占该区总量的52.22%、26.93%、20.85%；林州市存栏250只，主要饲养在任村镇和原康镇。太行裘皮羊群体公、母羊性别比例为1 ∶ 1.71，能繁母羊占群体的39.60%，配种成年公羊比例为14.55%。

3.1980—2017年消长形势

（1）存栏变化。在1980年时，太行裘皮羊存栏总数曾高达31.4万只，但此后存栏量出现下降趋势。到2006年，产区（包括安阳和新乡）太行裘皮羊存栏14 211只，1980—2006年期间年均减少3.67%。2017年调查时，太行裘皮羊总存栏量降为4 508只，2006—2017年期间年均下降6.21%。

中心产区汤阴县太行裘皮羊的数量也呈现波动性变化。据调查，1987—1997年汤阴县太行裘皮羊占当地绵羊饲养总量的70%～80%，数量在5 530 ～ 6 320只。而1998—2006年期间，太行裘皮羊降到10%～20%，数量在4 900 ～ 9 800只。到2016年底，太行裘皮羊实际存栏量4 508只，占当地绵羊存栏量的7.26%。综合来看，太行裘皮羊数量并未显著增加，分布区域日趋缩小。

太行裘皮羊种群数量变化的主要原因有两点：一是20世纪90年代以来，养羊业发展方向逐渐转向肉用，裘皮市场逐渐萎缩，生产方向由单纯的裘皮用逐渐向裘肉或肉裘兼用方向发展，太行裘皮羊饲养经济效益降低，农户养殖本品种的积极性降低；二是受退牧还林、禁牧等政策的影响和当地农业经济的快速发展，传统以放牧、散养形式为主的太行裘皮羊养殖条件发生了转变，可放牧的区域不断缩小。因此，产区绵羊总量虽不断增加，但太行裘皮羊数量却呈现下降趋势。

（2）品质变化大观。与1982年相比，2006年测定的成年公羊体重增加12.21%，胸围、管围分别显著增加11.13%、15.34%，体长、体高无明显变化；成年母羊体重增加54. 46%，体高、体长、胸围、管围的增加幅度分别为6.63%、8.59%、22.53%、24.45%（表3-18）。与2006年相比，2017年测定的成年公羊体重增加19.54%，体高、体长、胸围、管围的增长率分别达到11.73%、10.04%、6.30%、5. 47%；成年母羊体重增加10.02%，体高、胸围、管围的增长率分别是8.33%、11.72%、22.84%，体长变化不大。总体来看，太行裘皮羊产肉性能在逐渐提高，二毛裘皮品质有所下降，正在向肉裘兼用型方向发展。

表3-18　不同年份调查成年太行裘皮羊体重和体尺指标比较

年份	类别	样本量	体重（千克）	体高（厘米）	体长（厘米）	胸围（厘米）	管围（厘米）
1982	公羊	78	45.70±8.04	62.16±7.45	68.22±4.36	79.19±5.82	7.76±0.52
	母羊	125	32.06±6.01	56.53±3.45	64.0±3.83	72.23±3.65	6.79±0.50
2006	公羊	20	51.28±14.53	62.55±4.31	70.4±5.88	88.00±7.40	8.95±0.67
	母羊	80	49.52±9.38	60.28±3.00	69.5±4.71	88.50±6.58	8.45±0.61
2017	公羊		61.30	69.89	77.47	93.54	9.44
	母羊		54.48	65.30	70.27	98.87	10.38

（3）濒危程度。根据《畜禽遗传资源调查技术手册》中的附录2“畜禽品种濒危程度的确定标准”，太行裘皮羊的濒危程度为无危险状态。

三、品种特征和性能

1. **体型外貌**　太行裘皮羊被毛全白者占90%以上，头及四肢有色毛者不足10%。体格中等，体质结实。头略长，大小适中；鼻梁隆起，两耳多数较大且下垂，少数个体耳小。公羊绝大多数有螺旋形角，母羊多数有小角或角基。部分个体额部长有一小撮短细绒毛，少数羊眼睑和鼻梁有褐斑。颈细长，无皱纹和肉垂；胸欠宽，背腰平直，后躯比较丰满。四肢略细，后肢呈刀状，蹄多呈棕红或黑褐色。尾多数垂至飞节以下，尾根宽厚，尾尖细圆，多呈S状弯曲。

太行裘皮羊公羔初生重为3.5 ~ 4千克，母羔初生重为3.0 ~ 3.5千克。公羔平均断奶重15 ~ 21千克，母羔13 ~ 19千克。周岁公羊均重为（45.62±3.27）千克（表3-19），相当于成年公羊体重的75.66%；周岁母羊平均体重为（42.39±2.78）千克，相当于成年母羊体重的77.81%。

表3-19 太行裘皮羊体重和体尺指标测定

类别	年龄	样本量	体重（千克）	体长（厘米）	体高（厘米）	胸围（厘米）	管围（厘米）
公羊	周岁	18	45.62±3.27	67.78±3.15	60.53±2.60	85.50±2.31	8.31±1.02
	成年	22	60.30±3.43	72.47±2.68	63.89±2.96	93.54±2.41	9.14±0.49
母羊	周岁	53	42.39±2.78	66.04±1.96	58.51±2.39	83.02±2.03	8.24±1.26
	成年	55	54.48±5.33	70.27±4.95	63.30±3.09	90.87±3.79	9.38±0.45

2. 生产性能

（1）产肉性能。周岁公羊屠宰前活重为45.0千克，屠宰率为51.04%，净肉率为42.64%，样本量为10；周岁母羊屠宰前活重为37.83千克，屠宰率为48.11%，净肉率为40.39%，样本量为10（表3-20）。

表3-20 太行裘皮羊屠宰性能和胴体品质测定

类别	胴体重（千克）	净肉重	内脏脂肪重（千克）	屠宰率（%）	净肉率（%）	大腿肌肉厚度（厘米）	腰部肌肉厚度（厘米）	肉骨比	眼肌面积（厘米^2）
周岁公羊	22.97±2.99	19.19±2.87	0.91±0.37	51.04±3.50	42.64±2.66	3.96±0.17	4.93±0.61	5.08±0.81	16.58±3.41
周岁母羊	18.58±3.73	15.28±3.30	1.25±0.55	48.11±4.17	40.39±3.71	3.73±0.43	3.55±0.80	4.88±0.96	13.71±3.13

在河南省地方绵羊品种中，太行裘皮羊羊肉脂肪含量最低，蛋白质和灰分含量最高（表3-21）；赖氨酸、缬氨酸、亮氨酸、异亮氨酸等必需氨基酸含量最高（表3-22，表3-23）。

表3-21 太行裘皮羊羊肉质主要成分分析（%）

类别	样本量	水分	干物质	脂肪	蛋白质	灰分
公羊	10	71.44±1.86	28.56±1.86	4.31±2.31	23.55±1.03	1.20±0.12
母羊	10	71.00±1.41	29.00±1.41	4.74±2.69	24.21±1.59	1.15±0.06

表3-22　太行裘皮羊肌肉极性氨基酸含量分析（毫克/克）

类别	样本量	酪氨酸	丝氨酸	半胱氨酸	蛋氨酸	苏氨酸	天冬氨酸	谷氨酸	赖氨酸	组氨酸	精氨酸
公	10	23.11±2.59	24.87±2.48	5.39±0.84	16.72±3.62	29.48±3.54	57.96±8.11	115.64±8.05	63.11±4.29	19.77±2.51	41.91±3.84
母	10	21.16±1.71	24.29±3.06	4.10±0.82	13.65±4.78	29.02±4.33	55.41±13.20	107.12±17.89	60.98±5.49	20.18±2.79	40.72±3.98

表3-23　太行裘皮羊肉非极性氨基酸含量分析（毫克/克）

类别	样本量	甘氨酸	丙氨酸	缬氨酸	亮氨酸	异亮氨酸	脯氨酸	苯丙氨酸
公	10	31.18±3.24	41.15±3.14	36.44±2.88	59.81±4.63	34.38±2.81	20.90±3.84	25.69±2.91
母	10	30.35±1.61	39.37±4.89	35.03±3.69	57.52±5.76	33.10±3.22	18.59±5.99	24.25±2.23

（2）裘皮品质。太行裘皮羊1～1.5月龄屠宰所取得裘皮被称为“二毛皮”，其光泽、弹性、拉力性能良好，皮板稍厚，制成衣料保暖美观、轻巧耐磨，曾远销国内外皮革市场。毛股长度为6～7厘米，无髓毛、有髓毛占比分别为55.85%和44.15%，各纤维类型比例适当，轻柔不易粘结。根据毛股弯曲大小、弯曲形状不同，形成不同的花穗，可分为麦穗花、粗毛大花、绞花、盘花4个类型。最上等为麦穗花，毛股顶部紧密，有3～7个小弯曲；毛股根部柔软，底部1/3～1/2区域内有2～4个浅弯，形似麦穗。第二等为粗毛大花，又称沙毛花，毛股纤维较粗，弯曲大而数目较少，且多集中于毛股顶部。第三等为绞花，毛股弯曲呈螺旋形上升；毛纤维匀细，手感柔软。末等花穗为盘花，毛股呈平圆形重叠状。二毛裘皮皮板面积平均为（2 612.35±363.50）厘米^2，秋剪皮面积可达（4 993.26±1 001.02）厘米^2；平均重量（0.92±0.15）千克，鞣制后重量为（0.45±0.06）千克。

（3）产毛性能。太行裘皮羊每年剪2次毛。成年公羊，春季剪毛量为（1.35±0.10）千克，毛长（11.95±1.69）厘米；秋季剪毛量为（1.28±0.29）千克，毛长（9.63±1.02）厘米。成年母羊，春季剪毛量为（1.33±0.11）千克，毛长（11.78±1.06）厘米；秋季剪毛量为（1.25±0.02）千克，毛长为（9.58±1.07）厘米。被毛属于异质毛，毛密度为（2 327.0±659.0）根/厘米^2。在成年羊春季被毛中，有髓毛、两型毛、无髓毛占比分别为（11.65±5.42）%、（14.28±4.79）%、（74.08±9.55）%。

（4）板皮品质。太行裘皮羊板皮较厚，结构致密，富有弹性。鲜皮重量，周岁公羊（4.46±0.53）千克，周岁母羊（3.32±0.29）千克。皮张长度，周岁公羊（120.30±4.50）厘米，周岁母羊（106.90±6.32）厘米。皮张宽度，周岁公羊（87.40±5.24）厘米，周岁母羊（80.60±6.08）厘米。皮张厚度，周岁公羊（0.36±0.05）厘米，周岁母羊（0.37±0.03）厘米。

3. 繁殖性能　太行裘皮羊公羊6月龄性成熟，适配年龄为12月龄；母羊初情期为5～6月龄，适配年龄为7月龄。种羊繁殖利用年限为5～7年。母羊常年发情，发情周期14～21天（平均16天），发情持续期2天，妊娠期150天左右，平均产羔率130.5%，其中双羔率为15.8%。羔羊哺乳期一般为2～3个月，公羔断奶前日增重约为190克/天、母羔断奶前日增重约为170克/天。

四、饲养管理

太行裘皮羊性情温顺，合群性好，善于游走，觅食能力强，适合放牧。在舍饲条件下，可利用青干草、干树叶、农作物秸秆。根据不同生长阶段，适量补饲精料。

五、品种保护与研究、利用情况

1.保种场、保护区及基因库建设情况 2015年，安阳市制定了《安阳市太行裘皮羊品种资源保护和利用规划（2015—2020年）》，制订保种方案，完善保种措施，开展良种登记和选种选配。先后建立多个太行裘皮羊保护区，总面积275.8千米^2；设立保护区地理标示，挂牌标示保种群，选择25家养殖户建立核心群，核心群规模达2 590只，其中种公羊300只，对保种户实施饲养补贴，激发保种的积极性，有效地遏制了种羊存栏量下滑的趋势。

2.列入保种名录情况 太行裘皮羊2011年被收入《中国畜禽遗传资源志 羊志》，2018年被收录入《河南省畜禽遗传资源保护名录》。

3.制定的品种标准、饲养管理标准等 2018年，安阳市畜禽改良站向河南省质量技术监督局提交了河南省地方标准《太行裘皮羊》审定稿。目前，该地方标准已正式实施。目前，尚未制定太行裘皮羊国家标准、农业行业标准，暂无饲养管理技术规范。

4.开展的种质研究情况及取得的结论

（1）太行裘皮羊生长发育规律研究。太行裘皮羊生长发育规律以Richard模型拟合效果最好，模型表达式为 $y=\dfrac{57.549585}{e^{1+e^{(-2.3308155-0.14531098x)}\frac{1}{0.04589609279}}}\ 68.589758e^{-e^{0.61419730-0.171454459x}}$，拟合度$R^2=0.99$。拐点年龄为5.17月龄，拐点体重21.65千克，最大月增重3.01千克，极限体重57.55千克。在河南省地方绵羊品种中，太行裘皮羊拐点年龄最大。

（2）太行裘皮羊分子遗传多态性。太行裘皮羊群体遗传多样性比较广泛。选择11个微卫星位点进行分析，太行裘皮羊群体呈高度多态（PIC为0.64）、高度杂合（He为0.697）；太行裘皮羊与泗水裘皮羊、豫西脂尾羊和巴什拜羊的亲缘关系关系相对比较近。对27个微卫星位点进行分析，发现太行裘皮羊绝大部分位点都处于哈代-温伯格不平衡状态，PIC在0.610 ～ 0.749，He在0.716 7 ～ 0.843 8；太行裘皮羊与小尾寒羊来缘关系最近，其次是豫西脂尾羊，与大尾寒羊遗传距离最远。

5.品种开发利用情况 近些年来，太行裘皮羊的工作重心主要集中在保种方面。迄今为止，还没有出现以太行裘皮羊开发利用为主的龙头企业，没有建立健全该品种相关的产业链，对其肥羔、二毛皮生产的关键技术进行的研究与对应用技术的推广相对较少。

六、品种评价与展望

太行裘皮羊是河南省较好的裘皮羊品种，其优点是性情温顺，易于管理，常年发情，适应性、抗病力强，耐粗放饲养，裘皮品质较好，屠宰率、净肉率高。所产二毛皮是广大群众御寒衣料，且生长、产肉性能较好，经济性状显著。因此，应进一步完善太行裘皮羊保种和发展规划，建设保种场，选择建立核心群，科学开展本品种选育。尤其要加强种公羊的选育，注意提高产羔率，提高优质二毛皮的质量，同时提高产肉性能，全面提高太行裘皮羊的经济价值。

针对该品种的发展现状，提出如下建议。

1. 完善太行裘皮羊保种和发展规划 应在中心产区扶持建立龙头企业，实行“以龙头企业为主，带动农户积极保种”的技术策略。在保种方式上，以活体保种为主，生物（冻精、冻胚、细胞、基因组）技术保种为辅。在保种的技术方向方面，应重点保护该品种的抗逆性、多产性、肉质、裘皮品质等种质特性，着重提高多胎性和改善二毛皮质量。

2. 加强现代生物育种技术研究与应用，培育太行裘皮羊多胎新品系 在中心产区之外，可在小尾寒羊、湖羊混血羊群中，进行*FecB*基因型选择、全基因组选择，筛选出基本保持原品种主要特征且产羔率达到180%以上的多胎新品系。也可应用CRISPR/CAS9基因编辑技术，创制*FecB*基因纯合子的公羊和母羊，再通过核移植和MOET（超数排卵和胚胎移植）技术繁殖扩群，最后繁育成太行裘皮羊多胎新品系。

3. 制订适宜的杂交方案，培育太行裘皮羊优质二毛皮新品系 在中心产区之外，可引入宁夏优质滩羊，通过导血杂交、回交等步骤，培育基本保持太行裘皮羊体型外貌且二毛皮品质显著改善的二毛皮新品系。也可采用GWAS技术，对影响二毛皮品质的基因进行筛选，实施全基因组选择（GS），加快优质二毛皮新品系培育进展。

4. 加强对太行裘皮羊产业化配套技术研发 对太行裘皮羊规模化、集约化生产技术进行研究，确定不同生理阶段的营养标准，制定饲养技术规范，建立健全产业链条，打造太行裘皮羊品牌。

七、照片

太行裘皮羊公羊、母羊、群体照片见图3-11至图3-13。

图3-11　太行裘皮羊公羊

图3-12　太行裘皮羊母羊

图3-13　太行裘皮羊群体

调查及编写人员：
樊天龙　马保全　龙福庆　李玉荣　曹秀莲　李卫华　杨社玺　李江侠　郑民权
方春芳　李桂英　申福顺　郭吉利　冯存良

槐 山 羊

一、一般情况

槐山羊曾被称为槐皮山羊或槐羊，因其所产板皮自清代中期起多以沈丘县槐店镇为集散地而得名。1981年，河南省畜禽品种资源调查后始称“槐山羊”。1982年，经中国畜禽品种资源考察团实地考察后该品种正式定名为“槐山羊”。1989年，槐山羊与安徽白山羊、徐淮白山羊被合称为“黄淮山羊”，属皮肉兼用型山羊地方品种。

槐山羊原产于黄淮平原，主要分布在周口、驻马店、商丘、许昌、开封、安阳、新乡等市，以周口市为主产区，辖区内的沈丘县、淮阳区、项城市、郸城县为中心产区。产区地处黄淮平原，位于北纬32° 17′ ~ 34° 51′、东经112° 16′ ~ 116° 38′，海拔5.5 ~ 64.3米；位于北亚热带向暖温带过渡区，属暖温带季风半湿润气候，四季分明，降水量充沛。年均气温14 ~ 16℃，无霜期210 ~ 225天，平均日照时间达2 000 ~ 2 600小时。历年平均降水量700 ~ 900毫米（多集中在7—8月），年蒸发量1 514.7 ~ 1 600.7毫米，平均相对湿度73%。产区地势平坦，黄河、淮河水系横贯全区，水利条件较好。土壤以沙壤土居多，比较肥沃，适合各类农作物及牧草生长。土地垦殖率高，麦、杂一年两熟或两年三熟，农作物产量较高且稳定，是全国主要粮食产区之一。主要农作物和经济作物有小麦、玉米、高粱、大豆、芝麻、花生、油菜籽、甘薯、谷子、水稻和棉花等。2020年粮食作物总产量934.30万吨，其中小麦产量548万吨，玉米351.99万吨；油料46.49万吨，棉花0.38万吨。农作物籽实及其副产品都可作为饲料，为槐山羊养殖业的发展提供了良好的条件。

二、品种来源与变化

1. 品种形成　槐山羊是一个古老的地方优良山羊品种，产区人民养羊历史悠久。据《陈州府志》记载：“周秦以来，就有饲养。”清宣统三年（1911年）《重修项城县志》有云：“羊，为农家所畜，率不过三五只，无十百成群者，且皆山羊。”产区生态条件优越，自然资源丰富，为槐山羊品种形成提供了良好的基础。气候温暖适宜，水源充足，土壤肥沃，农业发达，盛产花生和大豆，豆科作物秸秆丰富，可为槐山羊提供全面均衡的营养。周口自古就是豫东畜产品交易集散地，有利于良种羊交流。当地群众习惯舍饲养羊，饲养管理经验丰富。经过长期的自然选择和人工选择，逐渐形成了适合当地生态环境的良种山羊——槐山羊。

2. 群体数量 2015年底，周口市槐山羊存栏量为274.96万只，其中能繁母羊占存栏量的60%，用于配种的成年公羊占存栏量的5%。

3. 1999—2016年消长形势

（1）数量规模变化。在2000—2005年期间，周口市槐山羊存栏量呈递增趋势，年均递增率6.93%；2000年、2005年存栏量分别为353.12万只、506.88万只（表3-24）。2006年，经第二次畜禽资源调查，槐山羊的存栏量大幅下降（表3-25）。在2009—2012年期间，槐山羊存栏量出现递减趋势。但此后的槐山羊存栏量、出栏量、出栏羊胴体重又开始出现增长，2013—2014年、2014—2015年间存栏量增长率分别达到9.70%、4.79%，出栏量增长率分别为5.19%、1.96%；2007年和2016年出栏羊胴体重分别达到11.74千克、12.06千克。

表3-24 1999—2005年周口市槐山羊数量与规模（万只）

指标	1999年	2000年	2001年	2002年	2003年	2004年	2005年
存栏量	378.9	353.12	385.91	406.77	439.53	454.73	506.88
出栏量	394.7	425.13	454.89	477.18	499.66	524.64	582.63

表3-25 2006—2016年周口市槐山羊数量与规模（万只）

指标	2006年	2007年	2008年	2009年	2010年	2011年	2012年	2013年	2014年	2015年	2016年
存栏量	247.8	256.19	266.73	261.20	247.88	243.91	238.58	239.18	262.38	274.96	283.19
出栏量	304.00	303.17	315.62	309.60	305.79	291.93	288.43	289.00	304.00	309.96	334.13

（2）品质变化大观。自2000年以来，伴随着全国性的波尔山羊热，槐山羊大多被杂交，纯种羊数量锐减。随混血比例增加，槐山羊体型外貌出现明显变化，首先是原来竖耳逐渐变大且下垂；其次，生长速度加快，体格变大。1982年调查时测定的成年槐山羊公羊、母羊平均体重仅为33.89千克、25.67千克（表3-26），2006年骤增到49.08千克、37.75千克，2017年测定数值分别为60.11千克、37.25千克。波尔山羊混血也导致槐山羊繁殖性能出现改变，主要是发情表现不明显、产羔率下降、产羔间隔加长。在皮用性能方面，混血后的槐山羊皮张面积和抗张强度虽有所增加，但板皮变薄、毛变稀变粗。

对历年测定的成年羊体重、体尺进行比较（表3-26），可见2006年与1982年数值相比，成年公羊体重增加44.82%，体高、体长、胸围的增长率分别是20.28%、15.81%、14.13%；成年母羊体重增加47.06%，体高、体长、胸围的增长率分别是10.95%、23.98%、14.39%。2017年与2006年相比，成年公羊体重增加22.47%，胸围增长4.02%，而体高、体长无显著变化；成年母羊体重没有显著差异，体高增加12.18%，体长减少

10.35%，胸围无显著变化。总体来看，公羊体格在持续增大，而母羊体重基本保持稳定。

近年来，由于规模化养殖增加、饲养方式改变、科学饲养管理水平不断提高，槐山羊产业不断发展。截至2015年底，标准化规模养羊场增加116家，槐山羊系列产品规模化养殖贡献率提高了20%，养羊业已成为当地农民增收的支柱产业之一。

表3-26 不同年份成年槐山羊体重和体尺指标测定

年份	类别	样本量	体重（千克）	体高（厘米）	体长（厘米）	胸围（厘米）	管围（厘米）
1982	公羊	57	33.89±11.59	65.98±8.26	67.37±8.74	77.66±8.99	—
	母羊	288	25.67±5.83	54.32±4.55	58.09±6.08	71.17±5.99	—
2006	公羊	12	49.08±2.71	79.43±2.63	78.02±3.64	88.63±3.92	—
	母羊	113	37.75±7.41	60.27±4.52	71.91±6.44	81.41±6.75	—
2017	公羊	16	60.11±8.46	75.56±11.24	75.19±5.60	92.19±6.11	11.50±1.21
	母羊	38	37.25±5.66	67.61±4.79	64.47±4.71	80.34±4.90	8.71±0.72

4. 濒危程度 根据《畜禽遗传资源调查技术手册》中的附录2“畜禽品种濒危程度的确定标准”，目前槐山羊濒危程度为无危险状态，但纯种公、母羊比例较低。有关部门应继续实施有效保种计划，继续开展提纯复壮工作。

三、品种特征和性能

1. 体型外貌 槐山羊毛色以纯白为主（91.78%），还有少量的花色（2.4%）、棕色（2.05%）、青色（2.03%）和黑色（1.74%）。被毛属异质毛，由白色粗毛、绒毛组成；外层毛自然长度4.71厘米，周岁羊颈、臀、腹平均被毛密度为2 657根/厘米^2；粗毛与绒毛之比为1 ∶ 4.5，平均细度分别为47.12微米、11.40微米。槐山羊体格中等，结构匀称。鼻梁平直，面部微凹，公羊、母羊下颌均有髯。眼大有神，耳小灵活。颈中等长，部分羊颈下有一对肉垂。胸较深，肋骨拱张良好。背腰平直，体躯呈圆筒形。蹄质坚实，呈蜡黄色。尾短粗而上翘，呈三角形。四肢端正，骨骼细而结实。公羊雄壮，四肢粗壮；睾丸紧凑，阴囊着生短毛。母羊清秀，乳房呈半圆形，发育良好。

槐山羊可分有角和无角两个类型，分别占40%和60%，二者体型外貌有一定差别。有角者，公羊角粗大，母羊角细小，向上向后伸展呈镰刀状。无角者，仅有短的角基。有角羊具有颈短、腿短、身腰短“三短”特征，而无角羊具有颈长、腿长、身腰长“三长”特征。公羔羊初生重平均为（2.4±0.3）千克，母羔（2.2±0.4）千克。平均断奶日龄117天；公羔平均断奶重8.38千克，母羔7.14千克。周岁公、母羊平均体重分别为（32.8±3.4）千克、（29.7±2.7）千克，相当于1.5岁羊体重的65.08%和74.81%（表3-27）。1.5岁公羊体重平均为（50.4±2.7）千克，成年母羊（39.7±4.4）千克。

表3-27　6月龄、12月龄和18月龄槐山羊的体重与体尺

性别	月龄	体重（千克）	体高（厘米）	体长（厘米）	胸围（厘米）
公羊	6	21.8±2.3	50.5±2.2	57.6±2.8	65.6±3.2
	12	32.8±3.4	64.6±3.3	63.9±4.7	72.0±3.1
	18	50.4±2.7	70.8±3.6	70.1±4.1	84.2±4.0
母羊	6	20.2±2.3	51.6±2.5	52.9±3.4	63.5±3.2
	12	29.7±2.7	57.4±5.1	61.5±5.4	70.0±4.2
	18	39.7±4.4	64.0±3.7	67.0±5.9	79.2±3.7

2. 生产性能

（1）板皮性能。槐山羊皮简称“槐皮”，是我国四路板皮之“汉口路”板皮的代表。槐皮多产于周岁羊，以秋末冬初屠宰所取的皮品质最佳，被称为“中毛白”。槐皮生干皮形似蛤蟆状，皮张肉面为淡黄色或棕黄色，油润光亮，有黑豆花纹。7～9月龄羯羊干皮面积平均为3 620.88厘米^2，干皮厚度0.83厘米，干皮重量543.47克（表3-28）。槐皮具有独特的组织结构特征（表3-29），皮厚柔软，毛孔细小均匀，板质致密，不易干枯和疏松；分层较多（至少可分5层），不易破碎，折叠无白痕；富有较强的韧性及弹性，抗张强度较高。槐皮常被用于制作国际市场上的高级“锦羊革”和“苯胺革”。2007年，周口市曾生产皮革鞋靴3 650.33万双、轻革31 377 136米^2。

表3-28　不同月龄槐山羊板皮指标测定

月龄	类别	样本量	鲜皮面积（厘米^2）	鲜皮厚度（厘米）	鲜皮重量（克）	干皮面积（厘米^2）	干皮厚度（厘米）	干皮重量（克）
3～6	羯羊	3	3 982.43±9.35	0.98±0.01	885.72±1.10	2 589.68±0.01	0.58±0.01	388.40±0.19
	母羊	3	3 890.42±7.25	0.58±0.01	852.15±2.99	2 374.85±2.92	0.36±0.01	305.53±0.69
7～9	羯羊	6	5 544.97±74.81	1.16±0.02	1 048.37±64.28	3 620.88±81.93	0.83±0.01	543.47±8.22
	母羊	6	5 425.11±44.29	0.67±0.01	1 007.91±30.79	3 408.90±46.33	0.46±0.01	471.53±0.96
10～11	羯羊	6	5 845.97±47.39	1.41±0.01	1 288.16±4.20	4 084.57±42.20	1.01±0.01	614.78±4.69
	母羊	6	5 739.00±28.37	0.99±0.01	1 219.96±7.10	3 902.34±8.02	0.61±0.01	596.57±0.43
12～16	羯羊	3	6 083.15±63.51	1.42±0.01	1 427.69±25.84	4 315.20±91.12	1.01±0.00	778.39±5.69
	母羊	3	5 899.29±18.32	1.03±0.01	1 329.41±17.26	4 114.48±13.45	0.85±0.00	687.10±4.70

表3-29 槐山羊板皮组织结构特征分析

结构	颈部		臀部		腹部	
	平均厚度（毫米）	占皮层厚（%）	平均厚度（毫米）	占皮层厚（%）	平均厚度（毫米）	占皮层厚（%）
表皮层	0.15	0.94	0.13	0.86	0.14	0.96
乳头层	9.08	57.08	9.62	54.78	8.69	59.77
网状层	6.84	42.56	7.79	44.36	5.71	39.27
真皮平均厚度	16.07	—	17.56	—	14.54	—

（2）产肉性能。槐山羊秋末冬初时膘情最好，多在7 ～ 10月龄宰杀，过周岁者较少。7 ～ 9月龄羯羊胴体重11.25千克，屠宰率53.27%，净肉率41.55%。随年龄增长，屠宰率和净肉率均呈下降趋势（表3-30）。槐山羊肉质鲜嫩，膻味小，肉质细嫩多汁，味美可口。羊肉水分含量较高，干物质中蛋白质、矿物质元素含量较高（表3-31）；蛋白质含量、必需氨基酸含量丰富，营养价值高（表3-32、表3-33）。

表3-30 槐山羊屠宰性能测定

月龄	类别	样本量	胴体重（千克）	净肉重（千克）	内脏脂肪重（千克）	屠宰率（%）	净肉率（%）	大腿肌肉厚度（厘米）	腰部肌肉厚度（厘米）	眼肌面积（厘米^2）
3 ～ 6	羯羊	3	7.55±0.18	6.31±0.15	0.41±0.02	49.04±0.22	38.62±0.16	1.94±0.22	1.75±0.02	6.76±0.29
	母羊	3	6.62±0.24	5.11±0.22	0.50±0.03	46.73±0.47	33.54±0.42	1.86±0.01	1.53±0.00	6.06±0.02
7 ～ 9	羯羊	6	11.25±0.81	9.32±0.81	0.70±0.14	53.27±1.10	41.55±1.79	2.44±0.06	1.94±0.07	6.92±0.03
	母羊	6	8.71±0.43	6.94±0.40	0.88±0.11	48.44±0.74	35.05±0.55	2.17±0.04	1.60±0.01	6.28±0.08
10 ～ 11	羯羊	6	12.19±0.65	10.02±0.53	0.77±0.19	51.22±0.94	39.62±1.02	2.32±0.03	1.90±0.01	6.92±0.01
	母羊	6	9.83±0.53	8.87±0.62	1.45±0.16	50.92±0.43	40.06±2.14	2.32±0.09	1.65±0.03	6.57±0.07
12 ～ 16	羯羊	3	16.79±1.00	13.62±0.92	0.79±0.04	49.95±0.34	38.68±1.42	2.30±0.04	1.89±0.02	6.57±0.08
	母羊	3	12.46±0.45	10.39±0.40	1.29±0.04	46.19±0.48	34.89±0.44	2.09±0.03	1.56±0.02	6.57±0.09

表3-31 槐山羊羊肉主要营养成分测定（%）

类别	样本量	水分	干物质	脂肪	蛋白质	灰分
公羊	10	70.96±3.46	29.04±3.46	7.32±2.05	23.02±1.80	1.03±0.11

（续）

类别	样本量	水分	干物质	脂肪	蛋白质	灰分
母羊	10	71.64±2.25	28.36±2.25	6.55±1.84	22.65±1.68	0.85±0.20

表3-32　槐山羊羊肉极性氨基酸含量测定（毫克/克）

类别	样本量	酪氨酸	丝氨酸	半胱氨酸	蛋氨酸	苏氨酸	天冬氨酸	谷氨酸	赖氨酸	组氨酸	精氨酸
公羊	10	24.57±1.43	26.6±4.78	5.58±0.35	15.47±2.96	28.27±4.7	58.96±11.44	105.63±23	53.84±3.55	20.8±2.03	43.64±2.65
母羊	10	23.05±2.4	23.8±8.1	5.43±0.44	9.61±4.98	27.55±7.99	54.41±15.01	98.93±33.33	52.83±4.34	20.15±2.77	42.57±4.7

表3-33　槐山羊羊肉非极性氨基酸含量测定（毫克/克）

类别	样本量	甘氨酸	丙氨酸	缬氨酸	亮氨酸	异亮氨酸	脯氨酸	苯丙氨酸
公羊	10	35.63±3.02	38.56±3.53	32.31±1.78	56.63±3.39	31.58±2.8	26.08±2.81	28.71±1.23
母羊	10	34.63±3.86	38.75±9.35	31.52±3.83	54.52±7.22	31.11±2.8	26.44±3.06	28.14±2.00

3.繁殖性能　槐山羊性成熟早。母羔在2～3月龄即见初情，公羊50天左右有性欲表现。母羊初配年龄为6～7月龄，繁殖利用年限为6～8年；公羊初配年龄多在9～12月龄，繁殖利用年限为3～4年。母羊发情周期为18～20天，发情持续期24～48小时，妊娠期145～150天，母羊产后一般在20～40天发情。一年四季均可发情，但多集中于春、秋两季，可一年两产或两年三产。母羊产羔率平均为255%，初产母羊产羔率较低，2～4岁最高，5岁以后明显下降。

槐山羊繁殖性能优异，但也存在某些生殖遗传方面的问题。山羊无角基因（基因P）属显性，Pp杂合型公羊、母羊的生殖机能均正常，但PP纯合子会导致性畸形，PP纯合子无角公羊大约有50%是不育个体，而PP纯合子母羊会成为“间性羊”（周口当地农民称之为“脏屁股羊”）。因此，选留无角槐山羊个体时应慎重。

槐山羊的配种方式以本交为主，人工授精为辅。若进行人工授精，一只公羊每年可配250～300只母羊。周岁公羊一次排精量（0.83±0.01）毫升，密度（19.00±0.50）$\times 10^8$个/毫升，精子活力（0.75±0.07），畸形精子占（10.95±1.91）%；2～4岁成年公羊一次排精量（0.96±0.18）毫升，密度为（21.97±3.11）$\times 10^8$个/毫升，精子活力（0.77±0.08），畸形精子占（11.27±1.15）%。在1999—2002年期间，周口市畜禽改良站曾进行槐山羊冻精颗粒制作和羊人工授精技术推广工作，受胎率较高。

四、饲养管理

槐山羊以半舍饲、半放牧为主，公羊、母羊都比较温顺，耐粗饲，对疾病的抵抗能力较强，易于饲养管理。在舍饲期间，一般饲喂精料、青干草和秸秆，但应注意日粮营养成分的均衡性，并特别注重维生素、微量元素的补给，避免母羊妊娠酮血症、羔羊瘫痪等营养代谢性疾病。

2010年，沈丘县畜牧局曾研制槐山羊全价颗粒料，包括公羊配种料、后备羊料、母羊妊娠料、哺乳料、羔羊料、分阶段育肥料等。其中，精料配方为玉米60%、麸皮26%、豆粕10%、羊预混料4%；妊娠期全价颗粒料配方为草粉70%、精料30%；妊娠后期、哺乳期、公羊料配方均为草粉60%、精料40%；育肥后期料配方为草粉55%、精料45%。

五、品种保护与研究、利用情况

1.保种场、保护区及基因库建设情况　早在1999年，周口市就制定了槐山羊保种计划，划定沙颍河以南的沈丘县、项城市、淮阳县、商水县等作为保护区。但在此后的“波尔山羊热”期间，槐山羊的优异基因也受到了比较严重的污染，独特的产品品质受到损害。为此，相关部门加强了槐山羊保种工作。2009年11月，河南省畜牧局确定槐山羊品种为河南省畜禽资源保护品种。2010年，沈丘县人民政府出台了《关于加快槐山羊产业化发展的意见》，扶持建立了槐山羊养殖协会，投资兴建了槐山羊原种保护和繁育基地及板皮加工生产基地，开展了提纯复壮、保种提优工作。在2012—2013年期间，沈丘槐山羊养殖发展有限公司、杰瑞槐山羊良种繁育有限公司先后获得“河南省种畜禽生产经营许可证”，成为槐山羊核心育种场。槐山羊养殖协会依托河南省、周口市畜牧技术推广机构和高等农业院校，制订了槐山羊种质资源保护和开发利用技术方案，建立槐山羊良种繁育体系，进行种质鉴定、性能测定和品种登记，使槐山羊保种工作走上了良性循环轨道。

目前，生物技术在槐山羊保种中的应用还比较有限。2006年以来，河南省畜牧局、国家畜禽牧草种质资源保存利用中心先后采集了槐山羊血样和精液样品，将槐山羊DNA加入了相关的基因库。但槐山羊保种主要还是采取活体保种的方式，核心繁育场内现存槐山羊种羊1 276只（种公羊437只、种母羊839只），包括19个家系。

2.制定的品种标准、饲养管理标准　已制定河南省地方标准《槐山羊》（DB41/T 789—2022）、《槐山羊饲养技术规程》（DB41/T 1325—2016）。槐山羊板皮（槐皮）于2014年8月被国家质检总局批准为国家地理标志产品。槐山羊板皮（槐皮）、槐山羊肉已成为河南省地理标志产品[《地理标志产品　槐山羊板皮（槐皮）》（DB41/T 1323—2016）、《地理标志产品　槐山羊肉》（DB41/T 1324—2016）]。

3.列入品种保护名录情况　槐山羊先后被列入1986年《河南省地方优良畜禽品种志》、2018年《河南省畜禽遗传资源保护目录》。包括槐山羊在内的黄淮山羊被列入2011年《中国畜禽遗传资源志　羊志》，但未被列入2006年《国家级畜禽遗传资源保护名录》以及2014年《中国国家级畜禽遗传资源保护名录》。2018年被收录入《河南省畜禽遗传资源保护名录》。

4. 开展的种质研究情况及取得的结论

（1）槐山羊生理学特征。槐山羊体温平均38.5 ～ 39.5℃，每分钟脉搏70 ～ 80次，每分钟呼吸10 ～ 20次，但血液生化指标尚未测定。

（2）槐山羊生长发育规律。描述槐山羊生长发育的最佳模型为Gompertz模型，表达式为$y=40.062008e^{-e^{0.94148116-0.15902223x}}$，拟合度$R^2=0.99$，拐点月龄5.96月龄，拐点体重14.74千克，最大月增重2.34千克，极限体重40.06千克。在河南地方山羊品种中，槐山羊成熟较早，生长较快。

（3）槐山羊母系遗传特性分析。对线粒体D-loop区进行遗传变异分析，观察到槐山羊线粒体遗传多样性丰富。

（4）微卫星遗传多态性。对中心产区与边缘产区山羊群体的微卫星分析发现，槐山羊遗传多样性丰富；信阳息县与周口的槐山羊群体的遗传距离较远，而台前与周口槐山羊群体的遗传距离较近。槐山羊的18个微卫星位点总体呈高度多态（PIC为0.772 ～ 0.880）及高度杂合（He为0.832 ～ 0.901），进一步证明槐山羊群体遗传变异丰富。系统发生树分析表明，槐山羊与太行黑山羊、伏牛白山羊遗传距离较近，与尧山白山羊遗传距离较远。

（5）候选基因多态性。河北农业大学对山羊*GDF9*、*BMP15*、*FSHR*基因进行多态性分析，在槐山羊群体中未检测到*GDF9*、*BMP15*基因突变，但在*FSHR*基因中发现1处突变（C1568G）。与河北绒山羊、美姑黑山羊、承德黑山羊不同，槐山羊*FSHR*变异位点的3种基因型偏离哈代-温伯格平衡，提示该位点可能与槐山羊高繁殖力有关。对山羊*ESR*、*PGR*基因进行多态性分析，在槐山羊群体中检测到*PGR*基因1处突变（C146G），CG基因型槐山羊产羔数有高于GG型的趋势。河南农业大学对槐山羊*BMP4*基因多态性进行分析，在该基因内含子3处检测到了2个邻近的突变（G2203A、G2214C），G2203A位点的GA和GG基因型是槐山羊体重、体高的有利基因型，而AA型是体重、体高的不利基因型。此外，在槐山羊*BMP4*基因3′ UTR区存在的微卫星也与体重存在密切关联性，BB型是有利基因型。

5. 品种开发利用情况　槐山羊羊肉肉质细嫩多汁、味道鲜美，板皮为“汉口路”板皮品质的代表，在国际市场久负盛名。在2014年槐山羊获准国家地理标志产品保护后，槐山羊养殖业发展迅速，已经初步形成以“保护促开发，开发促保护”的良性循环机制。截至2015年底，新增标准化规模养羊场116家，槐山羊存栏量、出栏量分别增加26万只、41万只，槐山羊系列产品规模化养殖贡献率提高了20%，新增产值65 600万元。主产地沈丘县已形成完善的槐山羊产业链，该县的马五牛羊肉加工厂、沈丘县康福食品厂、沈丘县豫香斋加工厂等企业曾作为清真食品主要供应商，参加了2010年上海世博会。

六、品种评价与展望

槐山羊是中原地区的著名地方山羊品种，具有性成熟早、繁殖力强、板皮品质优良、肉品质佳等优良特性，但存在个体较小、产肉性能较差等缺点。今后应在保持品种优良特性的前提下，着重提高其产肉性能。根据槐山羊生产、科研发展的现状，特提出以下建议。

1. 加强槐山羊种质资源保护工作　在中心产区内，主要保护槐山羊的繁殖性状、肉质、板皮品质、抗逆性等种质特性，扩大保种数量，继续提纯复壮工作，努力推动槐山羊进入国家畜禽保种名录。

2. 坚持纯繁保种，开展品系繁育 为加快遗传育种进展，可采取品系繁育的先进纯繁策略，即采取多系祖建系，构建特优板皮品系、高繁殖力品系、优质羔肉品系等。

3. 提升对槐山羊的科学研究水平 加强产学研合作，提升对槐山羊的科学研究水平。可进一步强化数量遗传育种技术和胚胎生物育种技术应用，将BLUP和MOET技术用于现有核心群育种体系。利用现代生物学技术，开展深度基因组重测序，对槐山羊进行基因组和转录组测序，构建槐山羊DNA库，为地方山羊种质特性遗传机制研究和优良基因挖掘奠定基础。开展槐山羊分子育种研究，应用基因芯片和深度测序技术，对槐山羊的重要经济性状进行GWAS分析，挖掘槐山羊优质板皮、多胎多产、优良肉质相关的基因。对槐山羊MSTN等基因进行编辑，制备具有双肌表型的纯系槐山羊新种质。

4. 强化品牌效应，提高槐山羊的综合效益 通过建设槐山羊、槐皮生产和加工的龙头企业，拉长产业链条，推广羔羊肉进行规模化生产。

七、照片

槐山羊公羊、母羊、群体照片见图3-14至图3-16。

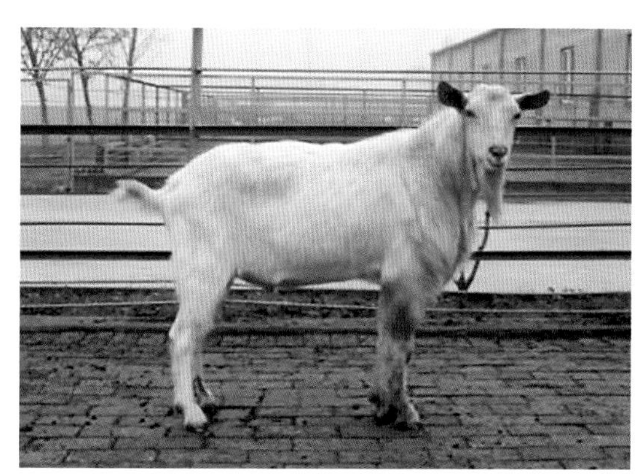

图3-14 槐山羊无角公羊和有角公羊

图3-15 槐山羊无角母羊和有角母羊

图3-16　槐山羊群体

调查及编写人员：

李鹏飞　茹宝瑞　吉进卿　高腾云　刘　贤　过效民　拜廷阳　陈　涛　杨光勇　张新春　杨光勇　刘　军　刘振伟　刘俊明　赵仁义　刘其先　刘从林　王拥庆　韩增峰

太行黑山羊

一、一般情况

太行黑山羊又名修武黑山羊、豫西北山羊，俗称“山牯辘”，因产于河南省太行山区，个体多为黑色而得名。该品种属肉、皮、绒兼用型优良地方品种。

中心产区为焦作市的修武县、博爱县、沁阳市、中站区、马村区等沿山县市区，在新乡市、鹤壁市、安阳市、济源市等地也有分布。中心产区地处河南省西北部，位于北纬34° 50′ ~ 36° 15′、东经112° 00′ ~ 114° 25′。境内地势复杂，由断块、中低山、丘陵和盆地等组成复合地貌。产区气候属北温带大陆性季风气候，四季分明，气候干燥。年均温度14.3 ~ 15.3℃，年日照2 018.8 ~ 2 087.4小时，无霜期216 ~ 230天。年均降水量580.5 ~ 798.3毫米，年蒸发量1 719.6 ~ 2 000毫米，相对湿度60% ~ 68%。冬季多为西北风，风速2 ~ 2.5米/秒；夏季多为东南风，风速1.3 ~ 2.2米/秒。中心产区土壤类型主要是褐土类红壤土、灰钙土，多为弱酸性，适合多种作物及牧草生长。农作物主要有小麦、玉米、水稻、甘薯、大豆、油菜、花生和棉花等。饲草资源丰富，主要有来自草山和草坡的青干草、农作物秸秆、藤蔓等。草场类型包括草丛草场、灌木草丛草场、次生林草丛草场。

二、品种来源与变化

1. 品种形成 太行黑山羊源于蒙古山羊，但何时起源已无从考证。早在20世纪30年代，当地农民就大量饲养山羊，以后受战争影响数量大幅度减少，1949年后种群数量又逐渐恢复。太行黑山羊适应性好，采食能力强，耐粗饲，抗病能力强；善于爬坡攀岩，在海拔500～1 500米的地区皆能正常生长繁殖。为满足多种用途的需要，太行山区农民逐渐培育出适应当地环境条件的绒、肉、皮兼用的地方品种。

2. 群体数量 据2017年调查，焦作及新乡、鹤壁等地太行黑山羊存栏量达到12 086只，其中公羊、母羊数量分别为5 274只和6 812只，能繁母羊占总群体的37.32%。

3. 1982—2017年消长形势

（1）数量规模变化。在20世纪80年代初，太行黑山羊的发展曾达到顶峰。1981年末存栏22.7万只。80年代中期以后，由于封山育林政策的实行，很大程度上制约了太行黑山羊的发展，饲养量逐渐减少。到1997年末，整个产区黑山羊存栏量降到最低点，约5 600余只。近年来，随着农业产业结构调整，以及羊肉、羊绒价格的上涨，太行黑山羊存栏量略有增长。2006年总存栏14 240只，2017年总存栏12 086只。

（2）品质变化大观。长期以来，当地农户一直很重视黑山羊品种选育，喜欢选择体格高大、健壮的公羊作为种公羊，平时将公羊与母羊隔离饲养，在配种季节才合群。为避免近亲交配、防止品种退化，相邻地区农户经常交换使用种公羊。

对比2006年与1982年调查结果，可见太行黑山羊品质发生了明显变化。一是毛色比例变化。1982年时黑色和银灰色占82.9%，白色占4.86%；2006年时，全黑色占60.53%，白色上升到12.50%。二是体重和体尺指标变化。2006年时公羊的体重、体高、体长、胸围分别较1982年对应值显著增加5.48%、4.13%、2.47%、4.31%，而2006年时母羊体重、体高、体长、胸围分别较1982年对应值显著增加5.79%、4.73%、2.48%、3.07%（表3-34）。三是产绒量提高，个体羊只羊绒年产量由原来的0.05～0.1千克，提高到0.1～0.2千克，优秀个体产绒量可达0.4千克。

2017年与2006年调查结果对比也有明显变化。2017年焦作市保种群内黑色山羊达90%以上，较2006年提高了29.47%。在体重和体尺指标方面，2017年公羊体重较2006年对应值显著增加了17.83%，而母羊体重和体尺指标基本与2006年测定值相近（表3-34）。

表3-34 不同年份调查太行黑山羊成年体重和体尺比较

类别	年份	样本量	体重（千克）	体高（厘米）	体长（厘米）	胸围（厘米）	胸宽（厘米）	胸深（厘米）	管围（厘米）
母羊	1982	50	32.48±4.23	56.02±2.53	65.72±3.69	74.54±3.67	13.30±1.84	22.48±2.26	7.86±0.48
	2006	118	34.36±6.85	58.67±4.02	67.35±4.57	76.83±5.21	16.41±1.60	26.86±1.80	—
	2017	66	34.19±5.77	58.84±3.30	65.54±2.91	75.38±4.71	—	—	7.13±0.19
公羊	1982	50	39.02±9.17	59.08±2.49	68.94±5.00	78.88±6.07	15.61±2.46	30.94±2.05	8.77±0.40
	2006	25	41.16±8.01	61.52±4.08	70.64±4.75	82.28±6.15	17.92±2.13	28.26±1.88	—
	2017	25	48.50±2.31	62.85±2.15	68.10±1.70	79.30±4.20	—	—	8.54±0.34

（3）濒危程度。根据2006年版《畜禽遗传资源调查技术手册》中的附录2“畜禽品种濒危程度的确定标准”，太行黑山羊的濒危程度为无危险状态。

三、品种特征和性能

1.体型外貌 太行黑山羊被毛多以黑色为主，少数为白色、土黄色、褐色、青灰色等。体质结实，体格中等，结构匀称，紧凑结实，骨骼粗壮。头中等大，耳直立前伸，耳轮较厚。公羊角圆粗而长，呈扭曲形向外伸展；母羊角扁平而短，多呈倒“八”字形，少数个体仅有角痕。面直嘴尖，公羊、母羊皆有髯。颈粗短，颈肩结合良好。胸深宽，背腰平直。四肢粗壮，蹄质坚实。尾短小，上翘。

2.生产性能

（1）产肉性能。成年公羊平均体重为48.5千克，体高62.85厘米，体长68.10厘米，胸围79.30厘米，管围8.54厘米。成年母羊平均体重为34.19千克，体高58.84厘米，体长65.54厘米，胸围75.38厘米，管围7.13厘米。

在自然饲养条件下对周岁太行黑山羊公羊、母羊各9只进行屠宰测定，结果见表3-35（2006）。太行黑山羊肉色紫红，组织细密，鲜嫩可口，膻味小。据测定，羊肉中干物质含量高，干物质中脂肪含量低，蛋白质、灰分含量较高（表3-36）；太行黑山羊羊肉人体必需脂肪酸较丰富，与其他羊品种相比其赖氨酸含量最高，缬氨酸、亮氨酸较高，酪氨酸、苯丙氨酸含量中等，半胱氨酸、蛋氨酸、组氨酸含量较低（表3-37、表3-38）。

表3-35 太行黑山羊的屠宰性能

类别	胴体重（千克）	净肉重（千克）	内脏脂肪重（千克）	屠宰率（%）	净肉率（%）	肉骨比	大腿肌肉厚度（厘米）	腰部肌肉厚度（厘米）	眼肌面积（厘米^2）
公羊	31.85±7.10	15.05±3.46	11.67±2.85	0.57±0.25	47.25±5.39	36.56±4.88	3.42±0.36	2.76±0.51	2.60±0.46
母羊	25.96±4.89	11.68±2.57	8.98±2.45	0.53±0.30	45.38±8.35	34.94±8.74	3.39±1.01	2.78±0.44	2.37±0.30

表3-36 太行黑山羊羊肉主要营养成分（%）

类别	样本量	水分	干物质	脂肪	蛋白质	灰分
公羊	9	72.45±3.95	27.55±3.95	3.12±1.35	121.65±2.15	1.08±0.13
母羊	9	71.80±4.39	28.20±4.39	2.29±1.87	20.89±1.88	1.04±0.08

表3-37 太行黑山羊肌肉极性氨基酸含量（毫克/克）

类别	样本量	酪氨酸	丝氨酸	半胱氨酸	蛋氨酸	苏氨酸	天冬氨酸	谷氨酸	赖氨酸	组氨酸	精氨酸
公羊	9	25.26±3.51	28.30±5.34	5.52±0.58	6.06±1.42	32.43±6.40	64.12±9.42	114.42±15.88	62.41±9.88	24.08±4.20	47.64±6.97

（续）

类别	样本量	酪氨酸	丝氨酸	半胱氨酸	蛋氨酸	苏氨酸	天冬氨酸	谷氨酸	赖氨酸	组氨酸	精氨酸
母羊	9	25.76 ±3.55	30.20 ±2.25	5.65 ±0.46	6.76 ±1.47	34.84 ±2.73	64.19 ±9.55	119.42 ±13.14	63.12 ±9.25	20.73 ±4.32	47.64 ±6.97

表3-38　太行黑山羊肉非极性氨基酸含量（毫克/克）

类别	样本量	甘氨酸	丙氨酸	缬氨酸	亮氨酸	异亮氨酸	脯氨酸	苯丙氨酸
公	9	34.97 ±5.27	40.88 ±12.59	33.82 ±3.73	60.17 ±8.98	31.77 ±4.86	24.27 ±3.97	33.81 ±4.01
母	9	33.63 ±5.38	41.79 ±11.97	34.74 ±2.72	60.04 ±9.35	32.36 ±5.07	29.94 ±5.97	31.86 ±3.90

（2）产绒性能。太行黑山羊被毛由有髓毛和绒毛组成。一般于清明前抓绒，产绒量不高。公羊平均产绒量0.197千克，最高产绒量达0.4千克；母羊平均产绒量0.098千克。

3. 繁殖性能　太行黑山羊母羊在5月龄时初次发情。通过对118只母羊的调查统计，母羊初配年龄平均为15.9月龄。公羊利用年限一般为4～6年，母羊利用年限一般为6～8年。配种方式以本交为主，一般采用合群放牧，自由交配。繁殖季节多集中在10—11月，配种期为30天左右，配种季节过后公母分群放牧。母羊发情周期为17～19天，发情持续期2天左右，怀孕期150天左右。各胎平均产羔率为126.3%。公羔初生重为1.72千克，母羔为1.72千克。断奶公羔重14.23千克，母羔为12.40千克，断奶羔羊成活率为98.7%。

四、饲养管理

太行黑山羊的饲养以常年放牧为主。每年5—11月在山坡放牧，夜晚不回圈，由头羊带领羊群寻找天然石坳过夜。高温天气每天中午赶羊群到山涧饮水。6—8月每周补一次食盐，其他月份每半月补一次食盐。在冬春季节补饲少量农作物秸秆。在产羔季节，对哺乳母羊每只每天补饲精料100～250克，主要是玉米、麸皮和食盐等。羔羊满月前留在圈舍喂养，满月后随群放牧。种公羊常分群单独饲养。

五、品种保护与研究、利用情况

1. 保种场、保护区及基因库建设情况　为保护太行黑山羊，焦作市划定了太行黑山羊保种区，制订了保种规划和选种选育方案。由于太行黑山羊通常放牧饲养，所以目前主要在农户中活体保种。2018年河南省畜牧总站与河南省农业科学院畜牧兽医研究所联合，采集了太行黑山羊的精液、细胞组织等进行生物技术保种。

2. 列入保种名录情况　河南太行黑山羊与山西黎城大青羊、河北武安山羊同种异名。太行黑山羊1989年被收录入《中国羊品种志》，2009年被收录入《河南省畜禽品种资源保护名录》，2011年被收录入《中国畜禽遗传资源志　羊志》，2014年被列入《中国国家级畜禽遗传资源保护名录》。

3. 制定的品种标准、饲养管理标准等情况 焦作市质量技术监督局于2015年6月制定了焦作市地方标准《太行黑山羊》。2018年，河南省质量技术监督局颁布了地方标准《太行黑山羊》（DB41/T 1506），已于当年3月6日开始实施。目前，尚未制定太行黑山羊营养标准、饲养管理规范等技术性规范。

4. 开展的种质研究情况及取得的结论

（1）太行黑山羊生长发育规律研究。太行黑山羊生后期体重生长发育规律以Gompertz模型为最适模型，表达式为$y=37.074824e^{-e^{0.60556096-0.10332503x}}$，模型拟合度达$R^2=0.98$，拐点月龄为5.86月龄，拐点体重13.63千克，最大月增重1.41千克，极限体重37.06千克。在河南地方山羊品种中，太行黑山羊早熟性相对较好，但生长最慢，成年体重小。

（2）太行黑山羊分子遗传多态性研究。太行黑山羊群体18个微卫星座的PIC为0.773～0.919，He为0.811～0.934；在河南省地方山羊品种中，太行黑山羊与尧山白山羊的遗传距离最近。太行黑山羊中心产区与济源本地山羊群体的PIC有显著差异。选择与绵羊FecX和FecB紧密连锁的7个微卫星基因座以及另外2个微卫星基因座进行分析，发现太行黑山羊群体PIC为0.781，He为0.815 8。可见，太行黑山羊群体遗传多样性比较丰富，太行黑山羊与济源本地山羊存在一定差异性。

（3）太行黑山羊群体微卫星座OarAE101基因型AD 106/130的产羔数的LSM为2.00，比其他基因型的LSM高0.25～1.00个，OarAE101基因型AD 106/130是太行黑山羊产羔数有利基因型。太行黑山羊微卫星位点BMS1248基因型123/123bp可能与体重、体高、体长、胸围呈正相关；MAF70位点基因型155/155 bp与体重、基因型165/192 bp与体高呈正相关。这些位点有望作为分子标记应用于山羊育种。

（4）目前尚未见关于河南太行黑山羊候选基因SNP多态性分析的报道。西北农林科技大学已克隆了山羊绒毛生长发育候选基因*FGF5*，对毛囊生长-退行期皮肤组织差异表达基因的筛选与鉴定；山西学者则克隆了哺乳动物皮肤和毛发颜色相关候选基因Agouti信号蛋白（ASIP）。对山西太行黑山羊的产绒性状候选基因角蛋白辅助蛋白7（KAP7）基因多态性进行分析，在5′调控区鉴定到1个C→G突变；在*KAP1-4*基因CDS区发现1个C→T突变。这些研究对于河南太行黑山羊的研究与开发利用具有重要借鉴意义。

5. 品种开发利用情况 太行黑山羊因生活习性当前主要还是以散养放牧为主，尚未形成规模化饲养及完整的产业链。产区群众曾引进波尔山羊进行盲目杂交改良，对该品种保护造成了一定冲击。鉴于太行黑山羊的优良特性，应着力进行黑山羊育肥、山羊绒生产关键技术研发，发挥黑山羊肉及紫绒的市场潜力。

六、品种评价与展望

太行黑山羊是著名的地方山羊品种，以常年放牧为主，对当地气候干燥、石山陡坡、植被稀疏、水源短缺的自然环境适应性很好；羊肉肉质细嫩鲜美，膻味轻、口感好，肉中氨基酸营养丰富，深受消费者欢迎，供不应求，具有较大的经济开发价值。所产紫绒细长，伸度和弹性好，市场销路顺畅。今后应进一步加强保种场建设和品种选育工作，提高其肉用和绒用性能，改善产品质量和增加数量，提高养殖综合效益。

根据太行黑山羊发展现状，提出以下建议。

1. 建立太行黑山羊保护基地和种羊场 目前，太行黑山羊退化比较严重，因此应进一步加强保种场建设和选育工作。太行黑山羊种质特性保护的重点在于保护其肉质、抗逆性；选育工作的重点在于肉用和绒用性能的改善以及养殖综合效益的提高。

2.加大对太行黑山羊肉质相关优良基因挖掘，培育黑山羊新品系 通过对该品种*ASIP*、*MSTN*等肉色、肉质相关候选基因以及全基因组分析，找到控制产肉量和肉质的主效基因，选育优质肉用新品系。通过对该品种*FGF5*、*KAP7*、*KAP1-4*等紫绒生产相关候选基因以及全基因组分析，找到控制紫绒产量的主效基因，选育优质紫绒新品系。组建不同家系群体进行GWAS分析，定位于黑山羊繁殖相关的主效基因，将产羔率由126%提高到200%左右，培育多胎新品系。在太行黑山羊主产区外的新品系培育工作中，为在保持体型外貌一致性的基础上提高生产性能，可考虑引入黑色努比山羊进行适度杂交，将努比山羊体格大、生长快、繁殖力强的优良特征引入太行黑山羊群体。

3.加强太行黑山羊产业化配套生产技术研发 研究太行黑山羊不同生理阶段的营养需要，开展遗传繁育、饲养管理、疫病防治等方面的试验研究，制定相关技术标准。建立健全产业链条，加大对太行黑山羊产品的开发力度，生产出具有自主品牌的绿色产品。

七、照片

太行黑山羊公羊、母羊、群体照片见图3-17至图3-19。

图3-17 太行黑山羊公羊

图3-18 太行黑山羊母羊

图3-19 太行黑山羊群体

调查及编写人员：
吉进卿　高腾云　刘　贤　过效民　马平安　曹　柯　王　聪　董体学　陈建军
陈春生　张新林　赵先勇　朱东亮　丁有成　陈新国　贺秋霞　王　聪　李志勇
陈荣丽　陈治靖　张　波　陈应战　王世山　刘树军　闫洪祥　李全成　张新林
柴　磊　王小正　靳应富　原学军

伏牛白山羊

一、一般情况

伏牛白山羊原名西峡大白山羊，在1992年出版的《南阳畜牧志》中始称“伏牛白山羊”。该品种属皮肉兼用型地方山羊品种。中心产区为以南阳市内乡县为中心的豫西山区，主要分布区域为内乡、西峡、淅川、镇平、南召等县，伏牛山北麓的卢氏、栾川、嵩县、洛宁、宜阳、伊川等县也有分布。

伏牛白山羊分为南麓型和北麓型，两种类型的伏牛白山羊因产区的气候环境、饲养管理条件和社会经济因素不同而导致生产性能略有差异。南麓型伏牛白山羊分布区地处南阳盆地边缘山区，属于北亚热带半湿润季风气候，以内乡县为中心产区。海拔在190～2 400米，60%以上为低山丘陵，坡度相对平缓。气候比北麓温和湿润，无霜期较长，降水量较大。年平均温度15.2℃，1月平均温度0～2℃，7月平均温度27～28℃。无霜期220～240天，年均日照时间1 663.3～2 269.2小时。相对湿度为67%，年均降水量为893～920毫米。土壤大部分为黄棕土，农业生产以旱地作物为主。主要农作物和经济作物有小麦、玉米、水稻、甘薯、大豆、油菜、花生、芝麻和棉花等，青干草、树叶、各种农作物秸秆及农副产品资源丰富。植被类型以草丛草场和疏林灌丛草场为主，放牧地宽阔，牧场利用率高。北麓型伏牛白山羊产区属暖温带半干旱季风气候。海拔在400～2 400米，其中80%左右为中、低山区，坡度（>45°）比南麓山区大。与南麓山区相比，北麓山区气候相对寒冷干燥，无霜期较短，降水量小。年平均温度12.5℃，1月平均温度－2～0℃，7月平均温度24～27℃。无霜期180～200天，年均日照时间1 210.7～1 570.8小时。相对湿度为45%～67%，年均降水量为520～800毫米。农业生产以旱地作物为主。森林植被类型为针阔叶混交林，灌丛及以羊胡子草、黄白草为主的草甸混合型，放牧地宽阔。

伏牛白山羊产地地形地貌复杂多样。经长期选育，伏牛白山羊形成了适应性强、抗病力强、耐粗饲、易饲养管理等特点。其主产品为羊肉和羊皮。羊肉具有肉质细嫩、肉味鲜美的特点；而板皮则具有皮张大而致密、抗张力强、通透性好等优点，是制革工业的上等原料。

二、品种来源与变化

1.品种形成 据《南阳畜牧志》和《卢氏县志》等记载，明末李自成入豫后，驻扎在内乡县七里坪乡的青山、后沟一带，发现这里依山傍水、气候温和、山草茂盛、适宜养羊，于是从青海省和甘肃省一带引入大白山羊。在交通闭塞的豫西山区，经过风土驯化及群众选育，逐渐形成了适合当地自然条件、遗传性能稳定的伏牛白山羊。

2.群体数量 据调查，2005年底产区伏牛白山羊存栏量为68.9万只，其中内乡、西峡、淅川、镇平、南召县饲养量分别占总存栏量的26.60%、18.64%、18.74%、19.06%、16.94%。在全部存栏羊中，能繁母羊、育成母羊、哺乳母羔分别占总存栏量的19.80%、6.10%、2.29%，而用于配种的成年公羊、育成公羊、哺乳公羔的比例分别为3.50%、6.50%、2.10%。

3.1980—2006年消长形势

（1）数量规模变化。1980—2006年，伏牛白山羊的发展大体经历了两个不同阶段。第一阶段是快速发展阶段，即在1992年后，各级政府重视，多方扶持发展养羊，所以伏牛白山羊存栏量呈现逐渐上升之势。至1997年，产区伏牛白山羊存栏已达到96万只，1996—1997年间增长率为9.09%。第二阶段是持续下降阶段，即自1998年起，各地纷纷引进外来品种进行杂交，导致纯种伏牛白山羊数量逐年下降。到2005年底，整个产区的伏牛白山羊存栏量下降到68.9万只，1997—2005年期间年均降幅为2.96%。

（2）品质变化大观。纯种伏牛白山羊具有颈短、身短、腿短、体格小的特点。近年来，经过选种选育，伏牛白山羊体格变大，肉用性能显著改善。2006年与1980年调查结果相比，成年公羊和母羊体重、体高、体长、胸深等指标均显著增大，只有胸宽没有发生显著改变（表3-39）；公羊和母羊胴体重分别增加20.36%、101.92%，屠宰率分别提高12.65%、19.35%，净肉率分别提高18.71%、23.21%。伏牛白山羊的繁殖性能也有显著改善。1980年调查的产羔率为121.0%～174.4%，2006年调查的平均产羔率提高到211.11%。

表3-39 不同年份调查伏牛白山羊成年羊体重和体尺指标比较

类别	年份	样本量	体重（千克）	体高（厘米）	体长（厘米）	胸围（厘米）	胸宽（厘米）	胸深（厘米）
公羊	1980	82	33.40±7.40	59.54±4.20	65.20±5.14	74.28±5.40	16.89±2.24	29.50±2.26
	2006	20	44.80±5.78	67.25±4.71	75.00±4.19	84.30±4.75	17.50±1.93	33.60±3.07
	增长		34.13%	12.95%	15.03%	13.49%	—	13.90%
母羊	1980	485	26.00±4.00	55.00±3.40	60.70±3.00	68.60±3.10	15.40±1.97	26.80±1.72
	2006	80	37.31±6.24	61.88±4.30	68.75±5.42	78.19±5.53	15.73±1.97	31.95±2.50
	增长		43.50%	12.51%	13.26%	13.98%	—	19.22%

（3）濒危程度。根据2006年版《畜禽遗传资源调查技术手册》附录2“畜禽品种濒危

程度的确定标准”，伏牛白山羊濒危程度为无危险状态。

三、品种特征和性能

1.体型外貌 伏牛白山羊被毛以纯白为主，肤色粉红。北麓型体格稍小，南麓白山羊体格相对稍大。按被毛长度的不同，又可分为长毛和短毛两种类型。长毛羊多来自深山区，短毛羊多产于浅山、丘陵和平原地带。近年来，长毛羊逐渐被淘汰，现存主要为短毛羊。大部分个体有角，角型有顺风角、剑峰角、螺旋角3种，颜色多为灰白色。体质结实，结构匀称，体躯较长。头部清秀，上宽下窄，呈倒三角形。鼻梁稍隆，耳朵小而直立，眼睛大而有神。颈部长度适中，母羊颈略窄，公羊颈粗壮。胸较深，肋骨开张。背腰平直，体躯各部位结合良好，中躯略长，腹部充实，尻部稍斜。乳房结实，乳头短小，个别有副乳头。四肢健壮而端正，蹄质坚实，蹄壳呈蜡黄色或灰黄色。尾短瘦，呈锥形。

2.体尺、体重 伏牛白山羊成年公羊平均体重为44.8千克，体高67.25厘米，体长75.00厘米，胸围84.30厘米；成年母羊平均体重为37.31千克，体高61.88厘米，体长68.70厘米，胸围78.19厘米（表3-39；内乡县畜牧局，2006）。

3.生产性能

（1）肉用性能。2017年，对12月龄伏牛白山羊进行屠宰试验（公羊样本6只，母羊样本4只），试验结果见表3-40。屠宰率，公羊为57.04%，母羊54.75%；净肉率，公羊为49.81%，母羊48.71%。在河南省地方山羊品种中，伏牛白山羊胴体重相对较大，屠宰率和净肉率较高，腿肉和腰肉比例大（表3-40）；肌肉中干物质含量较高，蛋白质含量也很高（表3-41）。另外，与其他羊品种相比伏牛白山羊羊肉蛋氨酸、苏氨酸、赖氨酸、组氨酸、缬氨酸、亮氨酸、异亮氨酸、苯丙氨酸等必需氨基酸含量中等（表3-42、表3-43）。

表3-40 伏牛白山羊的屠宰性能

类别	宰前活重（千克）	胴体重（千克）	净肉重（千克）	内脏脂肪重（千克）	屠宰率（%）	净肉率（%）	肉骨比	大腿肌肉厚度（厘米）	腰部肌肉厚度（厘米）	眼肌面积（厘米^2）
公羊	35.25±5.32	20.10±3.54	17.58±3.29	1.14±0.45	57.04±4.18	49.81±3.69	7.11±1.34	3.98±0.41	4.25±0.27	17.45±2.19
母羊	38.13±9.12	21.00±5.87	18.75±5.59	2.65±2.62	54.75±5.06	48.71±4.29	8.45±2.06	3.76±0.58	3.75±0.31	12.70±2.56

表3-41 伏牛白山羊羊肉主要营养成分（%）

类别	样本量	水分	干物质	脂肪	蛋白质	灰分
公羊	10	73.31±1.69	26.69±1.69	6.60±2.09	23.02±1.01	0.99±0.07
母羊	10	71.25±3.42	28.75±3.42	5.69±3.07	22.81±1.08	0.92±0.08

表3-42 伏牛白山羊肌肉极性氨基酸含量（毫克/克）

类别	样本量	酪氨酸	丝氨酸	半胱氨酸	蛋氨酸	苏氨酸	天冬氨酸	谷氨酸	赖氨酸	组氨酸	精氨酸
公羊	10	24.56±3.00	28.50±3.30	7.41±0.91	5.14±0.91	33.32±4.12	61.82±7.39	116.60±14.31	54.70±6.41	21.19±2.85	43.89±5.26
母羊	10	22.64±1.25	25.64±2.16	6.84±0.38	9.41±3.92	29.87±2.67	54.43±4.02	103.35±7.97	48.83±2.99	18.08±0.70	43.89±5.26

表3-43 伏牛白山羊肉非极性氨基酸含量（毫克/克）

类别	样本量	甘氨酸	丙氨酸	缬氨酸	亮氨酸	异亮氨酸	脯氨酸	苯丙氨酸
公羊	10	32.66±3.82	44.76±4.85	33.26±3.78	57.96±7.06	27.46±2.10	25.98±2.01	29.07±3.15
母羊	10	31.38±6.02	41.28±2.85	30.00±1.72	51.20±4.65	22.64±1.25	26.45±1.21	26.56±1.60

（2）皮用性能。伏牛白山羊板皮皮张面积大、结构致密、抗张力强、通透性良好。一张皮可分为5～6层，是制革工业的上等原料。据对10只成年羊板皮进行测定，板皮平均长91.4厘米、宽73.6厘米、厚度3.04毫米。

（3）泌乳性能。伏牛白山羊产后泌乳量逐渐提高，一般在40天左右达到高峰期。羔羊在45～60天断奶，断奶后泌乳量逐渐减少。

4. 繁殖性能　伏牛白山羊性成熟较早，一般在3～4月龄性成熟，8～10月龄初配。配种方式以本交为主，繁殖利用年限5～7年。母羊四季发情，但多集中在春、秋两季；发情周期在16～20天，以18～19天为多；发情期持续1～2天，青年母羊发情持续时间较短；怀孕期为142～155天；平均产羔率为211.11%，其中初产母羊产羔率163.16%，经产母羊产羔率223.94%；单羔、双羔、多羔比例分别是7.37%、68.42%、24.72%（表3-44）。对公、母羔各40只测定，公羔平均初生重为（2.71±0.18）千克，母羔（2.65±0.14）千克；羔羊断奶体重，公羔为（9.21±0.86）千克，母羔（8.81±0.81）千克；哺乳期日增重，公羔（107.4±12.10）克，母羔（102.43±12.63）克。

表3-44 伏牛白山羊的繁殖性能

胎次	母羊数	产羔数	单羔率（%）	双羔率（%）	多羔率（%）	平均产羔率（%）
1胎	19	31	22.58	70.97	9.68	163.16
2胎	45	103	3.88	73.79	22.33	228.89
≥3胎	26	56	5.36	57.14	37.50	215.38
合计	90	190				

资料来源：内乡县畜牧局，2006。

四、饲养管理

伏牛白山羊适应性强，耐粗饲，适宜终年放牧。北麓山区农民养羊主要以放牧为主，饲养管理水平比较粗放。南麓地区的伏牛白山羊多以放牧结合舍饲方式饲养。农民注重选留体大肥壮的种羊，比较重视山羊的饲养，在放牧之外还注意补饲，以玉米秸、甘薯秧、花生秧、青贮饲料等为主要饲草，并根据年龄、季节、性别、生产阶段不同合理搭配精饲料。

五、品种保护与研究、利用情况

1.保种场、保护区及基因库建设情况 1996年，内乡县划定了伏牛白山羊保种区，并建立了一个小型种羊场。2016年，内乡县政府重新划定板场、下关、七里坪、马山、余关、赤眉六乡镇为伏牛白山羊核心保护区，引导养殖大户组建核心群，制订选育计划，加快伏牛白山羊提纯复壮和选育步伐。目前，保护区内存栏80只以上的专业户有126户，能繁母羊总计2.7万多只。2015年，镇平县建设了省级伏牛白山羊保种场——河南省镇平县伏牛白山羊原种场。保种场现存栏种羊约600只，其中成年公羊、母羊分别有26只和350只。2004年以来，国家畜禽牧草种质资源保存利用中心曾对伏牛白山羊进行血样采集，实施生物技术保种。2018年河南省畜牧总站采集了伏牛白山羊精液、胚胎和组织样，建立细胞系，实施生物技术保种。

2.列入保种名录情况 伏牛白山羊2018年被列入《河南省畜禽遗传资源保护名录》，2011年被列入《中国畜禽遗传资源志 羊志》。

3.品种标准制定情况 2001年，河南省质量技术监督局颁布了地方标准《伏牛白山羊》(DB41/T 265 – 2001)。

4.开展的种质研究情况 2004年以来，河南农业大学、河南科技大学、西北农林科技大学等单位先后对伏牛白山羊生长发育规律、分子遗传特征等进行了研究。

5.选育与开发利用 近年来，有关伏牛白山羊品种保存、杂交利用、优质群选育等方面工作不断取得进展。内乡县鼓励引导保种区内的繁育场开展选育工作，对生长速度快、繁殖性能好、产奶量高、抗病力强的种羊建档立卡，科学选种选配，促进了伏牛白山羊选育工作的进步。2007—2010年，河南科技大学王清义、王玉琴等开展高效优质伏牛白山羊肉羊生产综合配套技术研究与示范。2010年，对伏牛白山羊等地方山羊品种*BMP15*基因以及与高繁殖力主效基因多态性进行了分析，为开展分子标记辅助选择育种提供了参考依据。近几年来，伏牛白山羊产品开发也取得了较大进展。2014年9月，内乡县注册“豫宛伏牛白”商标。2015年11月，内乡县伏牛白山羊获批中国地理标志。

六、品种评价与展望

伏牛白山羊是伏牛山区民众长期选育形成的地方优良品种，主要优点表现在：肉用性能较好，屠宰率和净肉率较高；板皮面积大而致密，拉力强，通透性良好，是制革工业的良好原料；繁殖性能好，常年发情，产双羔或多羔者比例高；耐粗饲，饲养成本低，适应性强，疾病少，适合平原、丘陵、山区等不同地域养殖。

针对伏牛白山羊产业发展现状，应着重改良伏牛白山羊的产肉和板皮性能。同时，要加强伏牛白山羊泌乳和产肉性能优良品种的选育、加强伏牛白山羊产品加工技术研究、健全产业链、打造伏牛白山羊产品品牌。

七、照片

伏牛白山羊公羊、母羊、群体照片见图3-20至图3-24。

图3-20 伏牛白山羊2岁公羊（赵有璋提供）

图3-21 伏牛白山羊公羊（王玉琴拍摄）

图3-22 成年有角母羊（王玉琴拍摄）

图3-23 伏牛白山羊母羊（内乡县畜牧局）

图3-24 伏牛白山羊种公羊群体（王玉琴拍摄）

调查及编写人员：
王建钦　王泰峰　王金遂　赵子印　宋元冬　高腾云　王彩霞　吴胜永　邓有林
李国立　闫晓红　马中群　任　冰　席冬丽　姚巧珍　付俊华　刘太记　赵子印
王金遂　常中克　张晓阳

尧山白山羊

一、一般情况

尧山白山羊原名“鲁山牛腿山羊”，因四肢粗壮、善于攀登而得名。2009年5月，国家畜禽资源委员会进行实地考察，将该品种羊正式命名为“尧山白山羊”。该品种属肉皮兼用型山羊地方遗传资源，具有四肢粗壮、生长发育快、抗病力强、肉质好等特点。

中心产区为平顶山市鲁山县，核心产区为鲁山县四棵树乡，主要分布在四棵树乡、尧山镇、团城乡、赵村等12个山区乡（镇）。鲁山县地处河南省中部偏西的伏牛山东麓，位于北纬33°34′～34°00′、东经112°14′～113°14′。全县西、南、北三面环山，地势西高东低，西部山区尧山最高海拔2 153米，东部平原最低海拔92米，平均海拔300～500米。属北亚热带向暖温带过渡地区，四季分明，具有春暖、夏热、秋凉、冬寒的特点。年平均温度14.8℃，极端最高气温43.3℃，极端最低气温为−18.4℃；无霜期214天左右，平均日照时数为2 068.8小时。降水量充沛，年平均降水量827.8毫米，平均湿度60%，6—9月为雨季。西部山区年平均温度11℃左右，年降水量900～1 300毫米。鲁山县境内三面环山，西部山区小气候明显，冬季寒冷多雪，夏季潮湿多雨，山泉小溪流水长年不断，水源充足，为一类水质。鲁山县属淮河流域颍河水系，大沙河为主干河流，发源于尧山东麓，由西向东贯穿鲁山县全境，流长45千米。境内还有昭平台水库和澎河水库，全县平均水资源总量9.4亿米^3，其中地表径流8.5亿米^3，浅层地下水3.4亿米^3。中心产区土壤包括紫色土、石质土、粗骨土、潮土、砂姜黑土、水稻土、黄棕壤、棕壤和褐土9类。2015年全县土地总面积2 407千米^2，其中农用地1 031.6千米^2，农用地中耕地面积35.94千米^2，草山草坡面积35.55千米^2。四棵树乡位于鲁山县西南山区，耕地面积0.23千米^2，草坡面积7.45千米^2。产区内植物种类繁多，灌木丛生。主要农作物和经济作物有小麦、玉米、水稻、花生、薯类、豆类等。尧山白山羊饲草的主要来源为荒山、荒坡生产的青干草，以及甘薯秧、花生秧等农作物秸秆和树叶等农副产品。

尧山白山羊核心产区四棵树乡地形复杂多变，悬崖峭壁众多，草山草坡广阔，饲草资源丰富。尧山白山羊行动敏捷，活泼、好动，善攀登，适应力强，可在产区严酷的生态环境中正常繁衍生息。

二、品种来源与变化

1. 品种形成 鲁山县四棵树乡三面环山，山势陡峭，交通闭塞，境内有600多年历史的文殊寺。清嘉庆五年（公元1800年）的《河南道汝州鲁山县僧会司俺窟沱文殊庵碑记》中记载："本庵去县正西七十里，有庵名曰文殊……卧羊之岭，高山之巅"，说明当地山羊饲养历史悠久。清道光二十五年（公元1845年）又重修文殊寺，"禅师寂典，欲改故鼎新，以瓦易茅"。当时所用建材就是用山羊驮运上山的。

尧山白山羊是在特殊的自然生态环境和人文环境下，经过漫长的自然选择和人工选择逐渐形成的。首先，产区独特的自然生态环境是尧山白山羊独特生物学特性形成的基础条件。鲁山县四棵树乡平沟村位于海拔2 153米的深山区内，交通闭塞，环境险恶。长期生活在这种生态环境中的尧山白山羊逐渐形成了特别坚强的体质结构特征，以及行动敏捷、擅长攀登的行为学特征。其次，产区草山草坡面积大，饲草料种类繁多，牧草中有丰富的中草药，对于羊的生长发育和抗病能力的提高都有重要的促进作用。另外，产区的自然和经济条件较差，当地群众对养羊特别重视，因此积累了丰富的饲养管理和选种选配经验。由于产区环境相对比较封闭，所以品种形成过程中几乎没有外来血缘混入。在养羊实践中，当地群众有意选留个体大、四肢粗壮、善攀登的羊只。这些因素也对尧山白山羊品种的形成起了重要的作用。

2. 群体数量 2017年，鲁山县共有尧山白山羊22 105只。对其中4 421只羊进行抽查，母羊占总群体的68.65%，包括53.00%的能繁母羊以及15.65%育成母羊和哺乳母羔；公羊数量占总群体的31.35%，包括11.65%的成年公羊以及19.70%的育成公羊及哺乳公羔。

3. 2006—2017年消长形势

（1）数量规模变化。2006年底，鲁山县尧山白山羊存栏量为36 500只。近年来，随着人们生活水平的提高以及山区交通条件的改善，外出务工人数增多而养羊户减少，尧山白山羊整体数量下降。至2017年，全县存栏量减少到22 105只。

（2）品质变化大观。对不同年度调查结果进行分析，可见尧山白山羊的品质出现下降：2017年周岁公羊体高、体长比2006年分别显著下降了19.35%、16.18%，胸围、体重无显著差异；2017年周岁母羊体高、体长、体重比2006年分别显著下降了15.47%、17.26%、12.68%（表3-45）。成年羊体重、体尺也有变化，2岁公羊、母羊体重分别显著降低了40.01%、34.04%。随年龄增大，体重和体尺指标下降幅度增大（表3-46）。

表3-45 尧山白山羊周岁羊不同时期体重和体尺比较

类别	年份	样本量	体重（千克）	体高（厘米）	体长（厘米）	胸围（厘米）
公羊	2006	15	30.80	64.50	71.80	75.90
	2017	11	32	56.45	60.18	76
	相对增长		—	−19.35%	−16.18%	—
母羊	2006	25	27.60	62.70	67.80	73.30
	2017	10	24.10	53.00	56.1	69.9
	相对增长		−12.68%	−15.47%	−17.26%	—

表3-46　不同年份调查尧山白山羊2岁羊体重和体尺指标比较

类别	年份	样本量	体重（千克）	体高（厘米）	体斜长（厘米）	胸围（厘米）	管围（厘米）
公羊	2006	8	53.50±9.50	73.50±6.50	82.80±7.80	89.80±8.80	—
	2017	10	32.09±8.67	58.40±6.40	60.90±7.05	76.30±8.92	7.70±0.67
	相对增长		－40.01%	－20.54%	－26.45%	－15.03%	—
母羊	2006	43	41.10±6.10	68.00±11.60	76.90±3.90	83.70±26.70	—
	2017	22	26.41±5.59	57.55±4.56	61.14±4.16	71.55±6.40	7.00±0.76
	相对增长		－34.04%	－15.36%	－20.49%	14.57	—

（3）濒危程度。根据2006年版的《畜禽遗传资源调查技术手册》附录2“畜禽品种濒危程度的确定标准”，尧山白山羊濒危程度为无危险状态。

三、品种特征和性能

1.体型外貌　尧山白山羊全身被毛纯白，肤色粉红。体格较大，结构匀称，体质结实，骨骼粗壮，肌肉丰满；侧视呈长方形，正视近似圆筒形。头短额宽，公母羊多数有角（占90.69%），以倒八旋型为主，呈蜡黄色；鼻梁隆起，耳小直立。颈短而粗，颈肩结合良好。胸部宽深，肋骨开张良好，背腰宽平，腹部紧凑，后躯肌肉发达。四肢粗壮，肢势端正，筋腱明显，蹄质结实，多为琥珀色或蜡黄色。尾呈锥形，短而小。

羔羊初生重平均为2.23千克；2月龄断奶公羔、母羔平均体重分别为9.84千克、8.24千克。6月龄公羊体重为17.36千克，母羊16.29千克。12月龄公羊体重为31.98千克，母羊27.53千克。成年公羊体重为57.48千克，母羊40.85千克。放牧条件下日增重64.50克，补饲条件下日增重122.83克。不同年龄尧山白山羊的体重、体尺指标测定结果见表3-47。

表3-47　尧山白山羊体重和体尺指标测定

类别	年龄	数量（只）	体高（厘米）	体斜长（厘米）	胸围（厘米）	管围（厘米）	体重（千克）
公羊	1～1.5岁	11	56.45±5.31	60.18±4.41	76.00±7.73	7.55±0.78	31.94±8.23
	2岁	10	58.40±6.40	60.90±7.05	76.30±8.92	7.70±0.67	32.09±8.67
	≥30月龄	7	66.14±7.10	71.71±4.79	93.00±6.53	8.57±0.53	57.45±11.55
羯羊	6～10月龄	3	58.67±4.04	59.00±3.00	70.67±3.06	6.67±0.58	25.67±4.73
	1～1.5岁	7	62.86±1.77	64.29±2.81	79.00±4.04	8.29±0.76	34.64±4.91

（续）

类别	年龄	数量（只）	体高（厘米）	体斜长（厘米）	胸围（厘米）	管围（厘米）	体重（千克）
母羊	6～10月龄	10	49.80±5.35	51.60±5.30	61.80±5.29	6.30±0.48	19.64±5.21
	1～1.5岁	9	53.56±5.03	55.78±8.76	70.33±10.00	7.11±0.93	24.28±10.69
	2岁	22	57.55±4.56	61.14±4.16	71.55±6.40	7.00±0.76	26.41±5.59
	≥2岁	49	60.76±4.26	64.10±4.74	77.90±6.29	7.71±0.82	34.36±8.18

2. 生产性能

（1）产肉性能。尧山白山羊公羊（样本量为5）胴体重15.80千克，屠宰率37.60%，净肉率29.39%，眼肌面积13.15厘米^2。母羊（样本量为5）胴体重12.81千克，屠宰率32.00%，净肉率25.37%，眼肌面积11.59厘米^2（表3-48）。

尧山白山羊的屠宰率、净肉率较低，但大腿、腰部肌肉厚度大。肌肉中含水量高，蛋白质含量较丰富（表3-49）。另外，尧山白山羊羊肉的苏氨酸、缬氨酸、亮氨酸、异亮氨酸、赖氨酸的含量较高，而蛋氨酸、半胱氨酸、组氨酸含量较低（表3-50、表3-51）。

表3–48　尧山白山羊屠宰性能和胴体品质分析

类别	宰前活重（千克）	胴体重（千克）	净肉重（千克）	内脏脂肪重（千克）	屠宰率（%）	净肉率（%）	肉骨比	大腿肌肉厚度（厘米）	腰部肌肉厚度（厘米）	眼肌面积（厘米^2）
公羊	41.50±12.58	15.80±5.58	12.36±4.41	0.21±0.16	37.60±2.07	29.39±1.73	3.60±0.14	3.94±0.73	3.76±0.58	13.15±3.50
母羊	40.10±9.88	12.81±3.06	10.21±2.76	0.48±0.24	32.00±0.80	25.37±0.88	3.91±0.75	3.94±0.36	3.04±0.18	11.59±2.24

表3-49　尧山白山羊羊肉主要营养成分测定（%）

类别	样本量	水分	干物质	脂肪	蛋白质	灰分
公羊	5	76.25±1.59	23.75±1.59	4.88±1.81	21.23±1.55	0.98±0.09
母羊	5	76.55±0.79	23.45±0.79	5.96±0.48	22.18±1.57	0.95±0.03

表3-50　尧山白山羊肌肉极性氨基酸含量分析（毫克/克）

类别	样本量	酪氨酸	丝氨酸	半胱氨酸	蛋氨酸	苏氨酸	天冬氨酸	谷氨酸	赖氨酸	组氨酸	精氨酸
公羊	10	27.81±1.01	32.64±0.48	5.56±0.31	7.12±1.38	37.85±0.67	73.10±1.16	138.15±1.16	63.60±0.64	20.87±1.32	51.71±0.50
母羊	10	26.50±2.19	31.06±3.02	5.81±0.35	7.50±2.53	35.90±3.47	69.06±6.40	129.48±10.70	53.45±18.26	20.41±1.71	51.71±0.50

表3-51 尧山白山羊肉非极性氨基酸含量分析（毫克/克）

类别	样本量	甘氨酸	丙氨酸	缬氨酸	亮氨酸	异亮氨酸	脯氨酸	苯丙氨酸
公羊	10	37.79±2.21	49.52±2.75	37.83±0.49	67.99±1.22	36.89±0.48	29.96±2.51	32.71±0.35
母羊	10	33.72±4.02	46.73±6.57	43.76±18.75	64.41±5.64	34.31±2.81	30.59±4.70	31.18±2.84

（2）产毛性能。尧山白山羊被毛为异质毛。成年公羊体侧部毛长平均为12厘米，成年母羊为11.7厘米。公羊平均每年产毛量为0.62千克，母羊0.32千克。

（3）板皮品质。尧山白山羊板皮面积大而厚实，富有弹性，质地良好。成年羯羊鲜皮平均重量为2.50千克，板皮面积平均为8 436厘米^2，厚度为0.22厘米。

3. 繁殖性能 尧山白山羊母羊3～4月龄性成熟，适配年龄10～12月龄，繁殖年限6年左右；常年发情，以春、秋两季较多；发情周期18天左右，发情持续期24～48小时，产后发情时间为20～40天；妊娠期145～155天，一般一年两胎，产羔率为126%。公羊4～5月龄性成熟，适配年龄12～18月龄，利用年限5年左右；配种方式多为本交，一只成年公羊可担负20～30只母羊的配种任务。

四、饲养管理

尧山白山羊基本全年放牧，很少补饲，仅在冬春季饲草饲料贫乏时饲喂青干草和麻栎树叶，搭配适当精料。妊娠后期的母羊、哺乳期母羊和种公羊除放牧外，补充少量精料。严格按照羊的免疫程序进行免疫，每年春、秋两次定期驱虫，定期注射羊四联疫苗和补饲食盐。

五、品种保护与研究、利用情况

1. 保种场、保护区及基因库建设情况 尧山白山羊目前已划定了保种区，组建了核心群，制订了选育计划，以加快尧山白山羊选育进展。2004年以来，国家畜禽牧草种质资源保存利用中心曾对尧山白山羊进行血样采集，进行基因组保种。2018年河南省畜牧总站与河南省农业科学院畜牧兽医研究所联合，采集了尧山白山羊耳样组织细胞进行生物技术保种。

2. 列入保种名录情况 尧山白山羊2011年被列入《中国畜禽遗传资源志 羊志》，2018年被列入《河南省畜禽品种资源保护名录》。

3. 品种标准制定情况 2018年7月30日河南省质量技术监督局制定并颁布了地方标准《尧山白山羊》(DB41/T 1660—2018)，于2018年10月30日开始实施。相关的营养标准和饲养管理标准目前尚未制定。

4. 开展的种质研究情况及取得的结论

（1）尧山白山羊的生长发育规律及其生产性能测定。尧山白山羊生长发育以Gompertz模型为最佳描述模型，方程表达式为$y=45.929033e^{-e^{1.3450271-0.24630075x}}$，拟合度$R^2=0.99$，拐点月龄为5.46月龄，拐点体重16.90千克，最大月增重4.16千克，极限体重45.93

千克。在河南地方山羊品种中，尧山白山羊成熟早，生长快，成年体重较大。

对尧山白山羊主要生产性能进行测定，并对影响生产性能的各种因素进行分析，发现尧山白山羊体格较大，早熟性强，生长速度快，产羔率偏低，毛品质较好，产肉力好。在2017年11月，平顶山市畜牧站与河南农业大学合作开展尧山白山羊屠宰性能、肌肉品质以及相关基因表达的研究，发现了不同部位肌肉生长发育规律，揭示了尧山白山羊的肉质特征。

（2）尧山白山羊的生化遗传特性研究。对河南省地方山羊群体血液蛋白质多态性进行测定，发现尧山白山羊与西峡羊和南召羊血缘关系较远，遗传距离较大。因此，尧山白山羊应是一个独立的类型。

（3）尧山白山羊分子遗传特性研究。

①微卫星遗传多态性。对18个微卫星位点进行分析，证实尧山白山羊的遗传多样性比较丰富（PIC为0.723 ~ 0.918，He为0.763 ~ 0.931）；尧山白山羊与太行黑山羊的关系相对较近，而与伏牛白山羊关系较远，说明尧山白山羊并非伏牛白山羊的一个变种，而是一个独立的地方山羊群。

②母系遗传。对尧山白山羊线粒体mtDNA D-loop区进行遗传变异分析，证实线粒体遗传多样性丰富。尧山白山羊与槐山羊、伏牛白山羊不同，除含有角骨羊的血统外，还可能有其他不同的母系来源。

（4）尧山白山羊繁殖生物技术研究。对尧山白山羊的细胞保种技术进行研究，建立了细管冻精技术，证明在稀释液中加入浓度为6%的甘油较好，精子解冻后活力较好，同时受精率较高。建立了尧山白山羊胚胎移植技术，采用新西兰产促卵泡素FSH，用羊用孕酮阴道栓（CIDR）同期发情+FSH等量注射法进行超排，可获得（7.17 ± 3.46）个可用胚胎。

5. 品种开发利用情况 尧山白山羊是优良的地方品种，羊肉备受消费者青睐。为发展这一品种，平顶山市畜牧局开展了育肥屠宰试验及种质特性等研究，并通过物化补贴、举办培训班、印发技术手册等方式，激发养羊户养殖尧山白山羊的积极性，提高当地农民养羊技术水平。应以品种培育、经营模式、品牌建立等为主要突破点，进一步加大对尧山白山羊的开发利用力度。

六、品种评价与展望

尧山白山羊是通过长期的自然选择和人工选择而形成的生产性能较好、适应性优良的肉皮兼用型地方品种，具有四肢粗壮、抗病力强、生长发育较快、屠宰率高、肉质好等特点，是我国山羊品种里的宝贵生物遗传资源。受市场因素影响，目前的存栏量虽下降，但体型有向肉用方向发展的趋势，是培养肉用新品种的优良母本，具有良好的开发前景。

七、拍照

尧山白山羊公羊、母羊、群体照片见图3-25至图3-27。

图3-25　尧山白山羊公羊

图3-26　尧山白山羊母羊

图3-27　尧山白山羊羊群

调查及编写人员：

张花菊　孙红霞　王琳琳　石育铭　张理峰　孙文常　耿二强　马桂变　张花菊
高腾云　李志刚　孙红霞　曹彦丕　刘　贤　吉进卿　李　凯　王耀罡　张理峰
李德竹

河南奶山羊

一、一般情况

河南奶山羊是河南省培育的优良奶山羊品种，俗称“奶羊”。在20世纪90年代前，根据产区划分曾有“郑州奶山羊”“开封奶山羊”等称谓。1989年，河南省标准局颁布了地方品种标准《河南奶山羊》(DB41/T 2173)，正式启用“河南奶山羊”这一名称。河南奶山羊属乳用型山羊，具有产奶量较高、繁殖力强、适应性好等优点。

中心产区为郑州市，主要分布在荥阳市、二七区、惠济区和中牟县；南阳市郊区，洛阳市的偃师市、孟津县、新安县，以及开封市郊区等地亦有分布。主产区位于北纬34° 16′ ~ 34° 58′、东经112° 42′ ~ 114° 14′，属于豫西山区向豫东平原过渡地带，西依嵩山，北靠黄河，东南部为黄淮平原。总面积7 446.2千米²，其中山地、丘陵、平原分别占31.9%、30.3%、37.8%，海拔75 ~ 1 512米。属暖温带大陆性季风气候，四季分明，气候干燥。年平均气温14.4℃，无霜期220 ~ 257天，平均220天。年均日照2 400小时，日照率为52% ~ 54%。相对湿度达60% ~ 68%，年均降水量640.9毫米，主要集中在7月、8月、9月这3个月。平均风速为2.8 ~ 3.2米/秒，风向多为东北风和西北风。主产区土地资源总面积为502.17千米²，其中可开发利用的草山草坡和黄河滩涂地面积为6.76千米²。土壤主要是褐土和潮土，较肥沃。水资源丰富，总量达13.39亿米³，其中地表水、地下水分别为8.67亿米³、8.65亿米³，为农业发展提供了有利条件。主要农作物和经济作物有小麦、玉米、水稻、甘薯、大豆、油菜、花生、大蒜、芝麻和棉花等，各种农作物秸秆、藤蔓、树叶和农副产品产量较大。

河南奶山羊产区属丘陵地带和平原地区，以舍饲结合季节性放牧为主。长期的风土驯化和选育，使该品种羊形成了耐粗饲、适应性强、易饲养、抗病性好等特点。主要产品为羊奶，其营养丰富、脂肪颗粒小，易消化，很受市场欢迎。20世纪80年代前，羊奶主要供婴幼儿和老年人食用。近年来，随着乳品加工业发展，羊奶主要用来制作奶粉、冰激凌、酸奶等产品。此外，淘汰公羊常被作为肉羊，去势后育肥出售。

二、品种来源与变化

1. 品种形成 河南奶山羊形成可追溯到20世纪初。据考证，早在1904年，美国传教士路德恩夫妇曾将莎能奶山羊带到郑州市老坟岗教堂和荥阳汜水镇教堂。1919年，美国基督教会中的史艾利把莎能奶山羊带到开封市。1943年，联合国粮食及农业组织工作人员将莎能奶山羊引入中牟县。外国传教士先后又将奶山羊带到南阳、洛阳等地。除莎能奶山羊外，各地引进的奶山羊中还有少量的吐根堡奶山羊。引进的奶山羊与当地山羊交配繁衍，成为河南奶山羊品种培育的基础。1949年以后，随着城乡人民生活水平的逐步提高，对羊奶的需求急剧增加。1952—1954年，郑州市、开封市分别从西北农学院引进莎能奶山羊对本地羊进行改良，到20世纪50年代末进入闭锁繁育阶段。为阻止奶山羊品种退化，于1979年在荥阳建立了奶山羊种羊场。1983年，建立了奶山羊人工授精中心站和22个人工授精站点，组建核心群，制订选育计划，推广人工授精技术，大幅度改善了奶山羊生产性能。在奶山羊养殖过程中，产区群众在选种、饲养管理等方面积累了丰富的经验，为河南奶山羊品种培育作出了重要贡献。

2. 群体数量

(1) 总存栏量。据统计，2006年底河南奶山羊存栏总计8.85万只，其中郑州市、南阳市、洛阳市、开封市分别占71.38 %、15.57%、9.46%、3.59%。

(2) 成年种公羊和繁殖母羊数量及比例。总存栏量中，能繁母羊5.86万只，占66.21%；育成羊2.49万只，占28.14%；种公羊存栏约5 000只，包括成年公羊约3 000

只，成年公羊占群体总存栏量的3.39%。

3.1986—2006年消长形势

（1）数量规模变化。1986—2006年，河南奶山羊的发展大体经历了三个主要阶段。一是急剧增加阶段，即1986—1990年，存栏量急剧增加。到1990年，存栏量达到48.5万只。二是持续下降阶段。1990年后，由于奶牛业迅速兴起，羊奶收购价格下滑，奶山羊饲养效益降低，导致存栏量逐步下降。到2000年，奶山羊存栏量下降到9.20万只，1990—2000年期间降幅达81.03%。三是相对平稳阶段，即2000年以后，随着人们食品安全观念的增强，羊奶、羊肉的消费市场再度活跃，河南奶山羊存栏量不再降低，一直维持在相对稳定的水平。近年来，总存栏量约在8.85万只。在比较偏僻的山区和丘陵地带，河南奶山羊饲养数量出现增长趋势。

（2）品质变化大观。经多年选育，河南奶山羊的品质有了明显改善，体型外貌渐趋一致，体重和体尺明显增大，泌乳性能显著提高（宋云清等，2008）。1982年和1988年调查发现，杂色羊的比例分别为3.19%、0.87%；2006年调查时，已无杂色羊。在体重和体尺方面，1982年与2006年调查数据都有极显著差异，其中周岁公羊体重年均增幅为4.44%，成年公羊体重年均增幅为3.06%（表3-52）。在泌乳性能方面，1982年与2006年各胎次平均泌乳天数[（181.92±11.98）天，（223.07±135.72）天]存在极显著差异，年均增幅为2.94天；1982年与2006年各胎次年均泌乳期产奶量[（313.99±118.85）千克，（433.66±207.83）千克]存在极显著差异，年均增幅为2.72%（表3-53）。此外，2006年与1981年母羊繁殖性能相比也有较大变化（表3-54）。1982年各胎次平均产羔率为190.05%，间性羊率为0.95%；2006年各胎次平均产羔率为209.89%，间性羊率为0.75%。消除胎次的影响后，2006年产羔率极显著高于1982年，两年间性羊率没有发生明显变化。

表3-52　不同年份河南奶山羊成年羊体重和体尺指标的比较

年龄	年份	样本量	体重（千克）	体高（厘米）	体长（厘米）	胸围（厘米）	管围（厘米）
周岁公羊	1982	1 394	25.60±5.48	58.49±4.36	61.03±5.01	70.35±5.60	7.49±0.52
	2006	28	41.52±7.54	68.20±4.16	68.87±4.62	78.30±5.72	8.61±0.57
	增长		62.19%	16.60%	12.85%	11.30%	14.95%
成年公羊	1982年	2 032	35.37±7.72	63.28±3.99	67.77±5.40	78.73±5.76	7.78±0.54
	2006年	67	50.54±6.83	70.14±4.02	72.85±4.77	85.92±4.27	9.00±0.43
	增长		42.89%	10.84%	7.50%	9.13%	15.68%

表3-53　不同年份河南奶山羊产奶性能的比较

胎次	年份	泌乳天数（天）		泌乳期产奶量（千克）	
		样本量	平均数±标准差	样本量	平均数±标准差
1胎	1982	33	180.91±3.62	34	254.44±66.98
	2006	56	205.18±26.23	58	38.66±153.86

（续）

胎次	年份	泌乳天数（天）		泌乳期产奶量（千克）	
		样本量	平均数±标准差	样本量	平均数±标准差
2胎	1982	40	182.75±13.23	44	360.00±105.21
	2006	76	236.25±27.73	55	523.29±181.00
3胎	1982	30	183.02±6.63	33	426.36±102.16
	2006	80	270.69±23.10	43	626.53±162.30
4胎	1982	17	194.17±15.34	16	449.38±97.50
	2006	45	272.33±23.71	42	660.55±164.78
5胎	1982	23	193.82±13.58	23	424.35±111.18
	2006	36	265.42±22.91	41	648.85±186.41

表3-54　不同年度河南奶山羊繁殖性能的比较

指标	第1胎		第2胎		第3胎		第4胎		第5胎	
	1981年	2006年	1981年	2006年	1981年	2006年	1981年	2006年	1981年	2006年
统计窝数	987	150	849	171	666	157	320	54	154	34
产羔率（%）	152.58	170.00	197.64	208.77	216.36	237.58	219.37	237.03	213.64	220.59
公羔率（%）	56.04	45.10	54.89	52.10	52.81	50.40	55.13	50.78	53.80	49.33
母羔率（%）	42.96	54.90	44.46	47.34	45.73	48.02	44.30	48.44	45.29	50.67
间性率（%）	1.00	—	0.66	0.56	1.46	1.58	0.57	0.78	0.91	—

（3）濒危程度。河南奶山羊存栏量虽下降幅度较大，但目前存栏仍有8万多只。根据2006年版《畜禽遗传资源调查技术手册》的附录2“畜禽品种濒危程度的确定标准”，河南奶山羊濒危程度为无危险状态。

三、品种特征和性能

1.体型外貌　被毛白色，毛短无底绒，部分羊肩部、背部和股部生有长毛。随着年龄增长，耳鼻和乳房上常出现大小不等的灰褐色斑点。具有乳用家畜特有的楔形体型，体格高大，体躯修长，结构匀称，细致紧凑，有头长、颈长、体长、腿长等“四长”特征。母羊清秀，头长额宽，鼻梁平直，鼻孔扁大，眼大凸出，耳长、薄、灵活且伸向前方。公羊、母羊均有须，有的颌下有肉垂（占群体的37.07%），大多数羊无角（占群体的

75.86%）（表3-55）。母羊颈扁长，公羊颈粗壮。胸部宽广，肋骨拱圆，背腰平直，腹部圆大而不下垂，尻部宽长，部分羊有尖尻或斜尻。母羊乳房发达，质地柔软，基部宽广，下部稍向前倾斜，前后区发育良好，乳头大小适中。四肢健壮，肢势端正，蹄质坚实，蹄壁蜡黄色。

表3-55　河南奶山羊的羊角和肉垂性状统计

类别	样本量	羊角				肉垂			
		有角（只）	占比（%）	无角（只）	占比（%）	有肉垂（只）	占比（%）	无肉垂（只）	占比（%）
公羊	21	2	9.52	19	90.48	8	38.10	13	61.90
母羊	95	26	27.37	69	72.63	35	36.84	60	63.16

据2017年对21只1.5岁以上种公羊体重和体尺进行测定，体高78.76厘米，体长80.74厘米，胸围93.95厘米，胸宽18.81厘米，胸深34.64厘米，管围10.12厘米，体重66.81千克。对95只母羊体重和体尺进行测定，3岁以上母羊体高70.69厘米，体长73.23厘米，胸围86.64厘米，胸宽20.52厘米，胸深32.42厘米，管围9.06厘米，体重53.00千克（表3-56）。

表3-56　河南奶山羊体重和体尺指标

类别	年龄	样本量	体重（厘米）	体高（厘米）	体长（厘米）	胸围（厘米）	胸宽（厘米）	胸深（厘米）	管围（厘米）
成年母羊	1岁	28	41.52±7.54	68.2±4.16	68.87±4.62	78.3±5.72	18.11±1.91	30.48±1.93	8.61±0.57
	2岁	35	48.29±6.05	69.64±4.19	72.5±4.69	85.26±4.35	19.64±1.7	31.93±1.56	8.94±0.41
	≥3岁	32	53.00±6.78	70.69±3.75	73.23±4.82	86.64±4.06	20.52±1	32.42±1.51	9.06±0.48
成年公羊	≥1.5岁	21	66.81±5.69	78.76±3.48	80.74±4.79	93.95±5.17	18.81±4.17	34.64±1.75	10.12±0.63

2.生产性能

（1）产奶性能。河南奶山羊的泌乳性能以第4胎为最佳，平均泌乳期248.84天，平均泌乳期产奶量544.29千克（表3-57）。对41只羊鲜奶成分进行测定，蛋白质含量为（4.52±0.44）%，脂肪含量（4.22±0.85）%，非脂乳固体（9.69±0.93）%，密度（1.030 5±0.003 6）克/毫升，冰点（－0.53±0.06）℃。

表3-57　河南奶山羊泌乳性能

胎次	泌乳天数（天）		泌乳期产奶量（千克）	
	样本量	平均数±标准差	样本量	平均数±标准差
1胎	56	205.18±26.23	58	348.66±153.86
2胎	76	236.25±27.73	55	523.29±181

（续）

胎次	泌乳天数（天）		泌乳期产奶量（千克）	
	样本量	平均数 ± 标准差	样本量	平均数 ± 标准差
3胎	80	270.69±23.1	43	626.53±162.3
4胎	45	272.33±23.71	42	660.55±164.78
5胎	36	265.42±22.91	41	648.85±186.41

（2）产肉性能。对20只10～12月龄河南奶山羊（公羊10只、育成母羊10只）进行屠宰测定，公羊屠宰率50.98%，母羊屠宰率49.39%；公羊净肉率43.59%，母羊净肉率41.92%（表3-58）。在河南省地方山羊品种中，河南奶山羊胴体重较大，屠宰率、净肉率较高；肌肉中脂肪、灰分含量最高，蛋白质含量较为丰富（表3-59）。另外，河南奶山羊羊肉含硫氨基酸（半胱氨酸、蛋氨酸），芳香氨基酸（酪氨酸、苯丙氨酸），以及组氨酸含量特别高，异亮氨酸含量比较高（表3-60，表3-61）。

表3-58　河南奶山羊屠宰性能测定

类别	宰前活重（千克）	胴体重（千克）	净肉重（千克）	内脏脂肪重（千克）	屠宰率（%）	净肉率（%）	肉骨比	大腿肌肉厚度（厘米）	腰部肌肉厚度（厘米）	眼肌面积（厘米^2）
公羊	37.25±2.58	19.00±1.83	16.25±1.67	1.15±0.53	50.98±2.82	43.59±2.85	5.92±0.56	3.63±0.32	2.95±0.41	10.44±1.20
母羊	33.15±4.83	16.43±2.98	13.96±2.76	1.14±0.37	49.39±3.26	41.92±3.50	5.68±0.88	3.79±0.44	2.88±0.77	10.01±2.71

表3-59　河南奶山羊羊肉主要营养成分测定（%）

类别	样本量	水分	干物质	脂肪	蛋白质	灰分
公羊	10	73.01±2.38	26.99±2.38	7.93±1.63	22.38±1.59	1.10±0.13
母羊	10	72.43±2.74	27.57±2.74	6.65±1.79	21.71±2.17	1.16±0.20

表3-60　河南奶山羊肌肉极性氨基酸含量测定（毫克/克）

类别	样本量	酪氨酸	丝氨酸	半胱氨酸	蛋氨酸	苏氨酸	天冬氨酸	谷氨酸	赖氨酸	组氨酸	精氨酸
公羊	10	49.26±3.99	26.43±2.23	55.56±11.89	62.98±22.05	34.52±2.41	35.11±4.77	35.52±5.43	40.49±1.12	47.55±3.18	46.34±1.34
母羊	10	47.10±4.18	26.93±2.54	44.86±16.28	56.30±19.17	34.72±3.08	36.86±3.07	37.42±3.23	40.08±2.74	46.65±4.22	46.34±1.34

表3-61　河南奶山羊肉非极性氨基酸含量测定（毫克/克）

类别	样本量	甘氨酸	丙氨酸	缬氨酸	亮氨酸	异亮氨酸	脯氨酸	苯丙氨酸
公羊	10	19.51±2.35	24.19±4.08	31.78±1.30	35.14±0.87	36.49±1.01	28.57±3.65	44.45±1.69
母羊	10	20.44±1.73	25.54±2.29	31.80±2.34	34.84±2.29	35.99±2.49	30.30±1.79	44.34±2.26

3.繁殖性能　河南奶山羊约在4月龄时性成熟，8～10月龄初配，繁殖利用期限为5～7年。多在每年9—12月进行配种，主要配种方式为本交。发情周期为16～22天，以18～19天居多。发情持续期为1～2天，青年母羊发情持续期较短。妊娠期150天，各胎平均产羔率204.21%（表3-62）。初生重，公羔为（2.09±0.49）千克，母羔为（2.10±0.54）千克；断奶重，公羔为（5.13±1.13）千克，母羔为（5.39±1.55）千克；断奶前日增重，公羔为101.33克，母羔为109.67克。对60只母羊产羔及羔羊断奶情况统计，共产羔126只，断奶成活118只，羔羊断奶成活率达93.65%。

表3-62　河南奶山羊的繁殖性能调查

胎次	母羊数	产羔数	产羔率（%）	单羔数	单羔率（%）	双羔数	双羔率（%）	多羔数（三羔以上）	多羔率（%）
1胎	28	47	167.86	11	23.40	30	63.83	6	12.77
2胎	35	79	225.70	1	1.27	48	60.76	30	37.97
≥3胎	32	68	212.50	5	7.35	38	55.88	25	36.76
合计	95	194		17		116		61	

四、饲养管理

河南奶山羊性情活泼，行动敏捷，合群性强，母性较好，易饲养，好管理。多采用拴系舍饲与季节性放牧相结合的方式饲养。在春、夏、秋三季一般在山地、丘陵、黄河滩涂等处放牧，在深秋至早春季节则全部进行舍饲。羔羊跟随成年羊群饲养，种公羊则分栏单独拴系舍饲。

河南奶山羊适应性好，对饲养管理条件要求不高。在舍饲期间，可以青干草、干树叶、农作物秸秆为主饲养。对断奶前后羔羊，妊娠后期、产奶高峰期（产后第2～4泌乳月）母羊以及高产母羊，多补饲适量的玉米粉、麸皮、饼渣、维生素、矿物质元素等，以保证其正常生长发育或产奶的营养需要。

五、品种保护与研究、利用情况

1.保种场、保护区及基因库建设情况　郑州市曾建立荥阳奶山羊种羊场，但1990年后该种羊场名存实亡，种羊登记制度和选育工作早已停止。目前，既未建立精液、胚胎、基因组等生物保种库，也未重建活体保种场；缺乏统一的品种选育标准，也无切实可行的本品种选育计划，遗传进展缓慢，品种退化现象严重。

2. 列入保种名录情况 1986年被列入《河南省地方优良畜禽品种志》，2018年被收录入《河南省畜禽遗传资源保护名录》。

3. 制定的品种标准、饲养管理标准等情况 1989年10月1日，河南省质量技术监督局正式颁布地方品种标准《河南奶山羊》，该地方标准于2021年重新修订发布，标准号为DB41/T 2173—2021。目前尚未制定营养标准、饲养管理技术规范等。

4. 开展的种质研究情况及取得的结论

（1）河南奶山羊血液生化指标测定。对青年母羊、青年公羊、妊娠期母羊（怀孕3个月）和哺乳期母羊各7只的血液生化指标进行测定，发现青年公羊、母羊谷草转氨酶和谷丙转氨酶高，说明生长期羊肝功能旺盛；母羊碱性磷酸酶含量高，且妊娠母羊肌酐水平最高，反映其分解代谢旺盛；公羊合成代谢旺盛，故血清总蛋白、前白蛋白、钙含量高，血清磷水平低。

（2）河南奶山羊生长发育规律分析。河南奶山羊后期生长发育规律以Gompertz模型为最适描述模型，表达式为$y=52.157116e^{-e^{1.0421719-0.12133422x}}$，拟合度$R^2=0.99$；拐点月龄为8.59月龄，拐点体重19.19千克，最大月增重2.33千克，极限体重52.16千克。在河南地方山羊品种中，河南奶山羊体成熟相对较晚，但成年体重较大。

（3）河南奶山羊初乳和常乳乳酶活性分析。对10只河南奶山羊乳酶活力和乳蛋白组分进行分析，观察到初乳中γ-谷氨酰转肽酶（γ-GT）、碱性磷酸酶（AKP）、过氧化物酶（LP）、淀粉酶（AMY）4种酶活性均明显高于常乳（王玉琴,2010；表3-63、表3-64）。

表3-63 河南奶山羊初乳和常乳中乳酶活力测定

类别	γ-GT活力（U/100毫升）	AKP活力（U/100毫升）	LP活力（U/毫升）	AMY活力（U/100毫升）
初乳	322.46±33.33	248.62±41.36	281.76±45.30	71.20±16.24
常乳	247.71±43.39	200.14±31.81	205.07±39.98	22.15±6.18

表3-64 河南奶山羊初乳和常乳中主要蛋白组分相对含量比较（%）

类别	样本量	血清白蛋白	免疫球蛋白-L	酪蛋白	免疫球蛋白-H	β乳球蛋白	α乳清蛋白
初乳	50	5.48±0.12	7.52±1.34	11.29±0.04	6.95±0.79	18.78±3.64	4.52±0.14
常乳	34	5.39±0.24	3.95±1.91	11.49±0.17	4.07±1.92	9.59±5.09	4.51±0.09

（4）河南奶山羊分子遗传多态性分析。对河南省5个山羊品种的18个微卫星位点分析，观察到河南奶山羊的相关位点总体呈高度多态（PIC为0.653～0.885）、高度杂合（He为0.709～0.905），说明河南奶山羊群体遗传变异丰富。在河南省地方山羊品种中，河南奶山羊与其他品种的距离相对较远。

5. 品种开发利用情况 20世纪80年代前后，河南省畜牧局曾组织进行大规模调查研究，制定了发展规划和措施。农业部、轻工业部、商业部曾确定郑州市郊区、开封市郊区、南阳、偃师、荥阳、中牟、孟津等地为全国奶山羊基地县；各级财政加大投入，支持当地兴建乳品加工厂；各级畜牧技术部门开展了一系列的生产科研项目，“河南省提高奶山羊产奶量综合利用技术”项目获得1988年农业部丰收奖三等奖、“山羊养殖技术开发和奶山羊冷冻精液颗粒制作与应用研究”项目获得1989年河南省政府科技进步三等奖；河南科技大学王玉琴主持的“河南奶山羊种质特性研究与应用”获得2013年洛阳市科技进步二等奖。1990年以后，由于奶山羊市场持续萧条，河南奶山羊产业逐渐走向没落。近年来，河南奶山羊产业品种开发利用有回暖迹象。2018年，洛阳羊妙妙牧场有限公司成立，目前养殖奶山羊3 000多只，年产原奶2 000多吨。2017年成立河南羊妙妙生物科技股份有限公司，年产销消毒包装鲜奶1 800吨及功能性益生菌酸羊奶2 000吨。

六、品种评价与展望

1.对品种的评估　河南奶山羊是莎能奶山羊与本地山羊杂交，经过长期选育和风土驯化而形成的一个地方良种，具有适应性好、抗病力强、生长发育快、泌乳量高、繁殖性能好等优点。河南奶山羊乳、肉、皮等产品质量优，消费市场广，开发前景广阔。河南奶山羊养殖投资少，容易饲养，饲养效益较高，是山区丘陵地带农民脱贫致富的好门路。但由于缺乏系统选育，群体内个体间一致性较差，生产性能差异较大。此外，不便实行机械挤奶以及羊奶膻味较大、羊奶产品开发滞后等因素都对河南奶山羊发展有一定的不利影响。

2.建议

(1) 尽快建立保种场。近年来，由于市场因素的影响，奶山羊饲养数量降低，种公羊品质退化和数量减少，近交现象严重，严重影响奶山羊业发展。建议各级财政拨出专款，尽快建立奶山羊保种场，确保河南奶山羊不至于完全消亡。对河南奶山羊的保护，应着重保护其产奶性能、肉质等种质特性。

(2) 加快羊乳产品开发。羊奶营养价值高，但膻味较大。建议加强羊奶脱膻工艺技术的研究与推广应用，并根据羊奶营养特点，丰富产品花色，强化羊奶品牌，促进河南奶山羊产业持续、稳定发展。

(3) 选育乳肉兼用新品系。与奶牛产业相比，奶山羊产业市场竞争力较差，经济效益较低。应继续推广“先改奶，后改肉”的山羊改良策略，加强河南奶山羊在羊肉生产中的应用；也可借鉴西门塔尔牛的选育经验，选育乳肉兼用新品系。

(4) 推动河南奶山羊通过国家相关机构审定。河南奶山羊被认定为河南省地方优良畜禽品种，但尚未通过国家级审定。目前应加强核心场、核心群建设，推广先进的繁育技术，积极开展品种选育，不断提高种群质量和数量。在此基础上，及早申报国家级品种。

七、照片

河南奶山羊公羊、母羊、群体照片见图3-28至图3-30。

图3-28　河南奶山羊公羊

图3-29　河南奶山羊母羊

图3-30　河南奶山羊群体

调查及编写人员：

蔡仲友　高腾云　茹宝瑞　吉进卿　刘　贤　王　琦　黄春生　宋云清　刘　星
张　玉　齐会贤　陈兴龙　孔　曦　樊彦超　王书召　杨书峰　李乃果　任文周
马媛姝　汪聪永　崔海军　鲍惠霞　李俊凡

第四部分 猪

淮 南 猪

一、一般情况

淮南猪具有繁殖力强、耐粗饲、适应性好、肉质优良等特性，1980年第一次畜禽品种资源调查时被正式命名为淮南猪。淮南猪原产于淮河上游以南、大别山以北的信阳广大地区，中心产区为信阳市的商城县、固始县、光山县、罗山县、新县5县，饲养量占全部饲养量的80%左右。除中心产区外，信阳市浉河区、潢川县、平桥区等地亦有少量分布。

淮南猪原产地信阳市位于河南省东南部，地处东经113° 45′ ~ 115° 55′、北纬30° 23′ ~ 32° 27′。东接安徽，南连湖北，西与南阳为邻，北与驻马店接壤。西有桐柏山，南有大别山，地势自西向东逐渐下降。海拔最高为1 582米，最低为22米，平均海拔700m。气候属亚热带季风气候，全年四季分明。年平均气温15.2℃，历史最高气温42℃，最低气温－11℃；年平均湿度70%～80%；无霜期在3—11月，年均220 ~ 230天；全年日照时数1 940 ~ 2 180小时，年平均日照时数2 068小时，降水量900 ~ 1 300毫米，平均1 100毫米；全年干燥指数为82，夏季干燥指数73；冬季常为北风或西北风，平均风速为3米/秒，风力1 ~ 3级；夏季常为南风或东南风，平均风速为6米/秒，风力2 ~ 6级。产区生态条件良好，饲料资源丰富，气候温和，降水量充沛，土壤肥沃，当地农民以种植水稻、小麦为主，耕作制主要为稻麦两熟。历史上被称为“淮南稻麦区”，其他作物为玉米、豆类、甘薯等，粮食产量高，农副产品丰富，豆饼、花生饼、稻糠、水生植物（水花生、水葫芦、水浮莲）等饲料来源也很充足，为该猪种的形成奠定了良好的物质基础。

二、品种来源与变化

1. 品种形成 淮南猪形成历史悠久，据《固始县志》记载，当地群众饲养淮南猪已有上千年的历史。该地区历史上养猪业很发达，素有养母猪的习惯，迄今流传着“黑毛猪，家家有”“无猪不成家”之说。产区群众以食用大米为主，对猪肉需求量相对较高，冬季有自制腌肉和腊肉的习惯，固始县制作的皮丝是筵席上的美味佳肴。良好的生态环境和丰富的饲料资源使劳动人民在长期生产实践中积累了丰富的选种选配经验，促进了淮南猪的形成。

2. 群体数量 2006年，信阳市总存栏淮南猪约6 000余头，其中固始、商城、光山有公猪200头，母猪1 000多头，成年公猪20头，成年母猪300头。保种核心群在固始县淮南猪原种场，场内公猪10头、母猪200多头。其他种用能繁公猪、母猪均由当地群众饲养。随着外来品种的引进和冲击，淮南猪数量急剧下降。2017年，信阳市最新调查显示固始县淮南猪保种场存栏167头，成年种公猪9头，能繁母猪154头；社会饲养分布2 084头，成年种公猪6头，能繁母猪196头。

3.1990—2017年消长形势 自20世纪80代末以来，随着当地瘦肉型猪养殖的兴起与发展，外来良种公猪不断被引进，当地淮南猪被大量杂交，纯种淮南猪饲养量急速下降。据1990年的调查，中心产区的固始县、商城县两县含有淮南猪血统的商品猪30多万头，淮南猪母猪2.6万头，公猪300余头。2000年统计显示，全市淮南猪饲养量由20世纪80年代最高饲养量300万头下降到20万头。1991—2006年，由于杜长大瘦肉型猪生产的迅速发展，淮南猪母猪存栏量进一步减少。2005年，全市淮南猪存栏量约为6 000余头，其中固始县、商城县、光山县有公猪200余头，母猪1 000多头。2017年，信阳市最新调查显示，固始县淮南猪保种场及周边存栏量为2 151头，成年种公猪15头，能繁母猪350头。保种核心群在固始县赵岗乡淮南猪原种场，公猪存栏量10头，母猪200余头（表4-1）。

表4-1 淮南猪1990—2017年的消长形势

年份	1990	1991	1992	1993	1994	1995	1996	1997	1998
数量（万头）	300	280	250	210	180	150	120	80	60
年份	1999	2000	2001	2002	2003	2004	2005	2017	
数量（万头）	50	20	10	4	2	1	0.6	0.21	

注：信阳市畜牧局统计。

三、品种特征和性能

1.体型外貌

（1）外貌特征。淮南猪体型中等，体质强健。全身被毛为黑色。头中等大小，额部有菱形皱纹，嘴筒中等，耳大下垂。背腰较平直，腹大、稍下垂，臀部倾斜，四肢结实，肢势正常。乳头8～9对，排列较整齐。尾较长、超过飞节，一般30厘米以上，毛、鬃稀，皮薄。

（2）体尺和体重。2006年和2017年，河南农业大学和河南省信阳市畜牧工作站对成年淮南猪公猪和母猪的体重、体长、胸围等性状进行了实地个体调查及测定，详细测定数据见表4-2。

表4-2 淮南猪体尺体重登记

项目	2006年			2017年		
	公猪	母猪	平均	公猪	母猪	平均
调查头数	12	50	—	20	50	—
体重（千克）	153.40±11.84	120.30±9.81	136.85±10.83	82.5±6.3	92±2.8	87.5±4.5
管围（厘米）				16.1±1.4	18±0.5	17.1±0.9

（续）

项目	2006年			2017年		
	公猪	母猪	平均	公猪	母猪	平均
体高（厘米）	78.20±1.48	66.95±2.04	72.58±1.76	72.15±2.01	61.64±1.12	66.90±1.09
体长（厘米）	139.30±3.53	128.80±5.55	134.03±6.11	88.7±11.3	111±3	99.7±2.06
胸围（厘米）	128.10±2.56	122.95±5.01	125.53±10.50	89.8±11.2	115±3.9	104.8±7.55

2. **生产性能** 根据固始县淮南猪原种场、光山县淮南猪种猪场的多次测定，在含粗蛋白14.8%、可消化粗蛋白质114.5克/千克、可消化能11.89兆焦/千克、粗纤维6.9%的日粮营养水平下，淮南猪肥育期平均日增重约490克，料重比3.63 ：1，9月龄育肥猪宰前活重106千克，胴体重73.9千克，屠宰率69.72%。

河南农业大学和信阳市畜牧工作站2006年12月在固始县对20头淮南猪进行了屠宰性能测定，结果见表4-3。

表4-3 淮南猪屠宰性能

年份	宰前活重（千克）	胴体重（千克）	屠宰率（%）	眼肌面积（厘米^2）	6～7肋背膘厚（毫米）	皮厚（毫米）	瘦肉率（%）	脂率（%）	皮率（%）	骨率（%）
2006	104.70	73.90	70.58	20.30	28.0	7.0	46.10	29.10	12.90	11.70
1981	90		69.37	21.08	35		44.66			

3. **繁殖性能** 淮南猪性成熟较早，易配种，繁殖力强，产仔多，育成率高。淮南猪在农家饲养条件下，公猪120日龄体重30千克即可进行交配，母猪120日龄开始发情，体重25千克即发情配种繁殖后代；公猪交配日龄为180～210日龄，母猪为120～150日龄。工厂化饲养发情明显，母猪乳头发育良好，乳头8～10对，后备母猪4月龄出现初情，体重60千克开始配种。母猪发情周期为18～23天，发情持续期为2～4天，发情期平均为20.8天；妊娠期平均113.8天。繁殖力高，淮南猪初产母猪产仔数9.8头，经产母猪产仔数12头以上。核心群经产母猪产仔数达13头以上。公猪一般利用年限为7年，母猪为10年。2017年，淮南猪繁殖性能调查结果见表4-4。

表4-4 淮南猪繁殖状况比较

项目	2006年	2017年
发情周期（天）	20.8±0.83	21.57±0.77
妊娠期（天）	113.8±0.89	112.9±0.90
窝产仔数（天）	14.9±4.6	14.2±5.1
窝产活仔数（天）	13.2±3.38	12.9±2.78
断奶成活率（%）	96.5±3.2	97.1±2.4

（续）

项目	2006年	2017年
断奶日龄（日龄）	42 ± 3.4	45 ± 3.4
泌乳力（克）	36.1 ± 5.01	35.4 ± 5.31

四、品种保护与研究利用现状

1. 保种场、保护区及基因库建设情况 1978年信阳市在固始县城郊乡建成淮南猪原种场，场区占地面积3 500米^2，基础母猪群550头，核心群300头。自建场以来，通过与河南农业大学、河南省畜牧局、河南省农业科学院、信阳农林科技学院、信阳市畜牧局等科研院所合作，对淮南猪的提纯复壮、杂交利用、群体继代选育和新品种猪培育开展研究，制订了选育计划。2016年，河南农业大学养猪科研团队对当前现存的淮南猪公猪和母猪进行了组织采样，提取了DNA，建立了淮南猪基因库。

2. 列入保护名录情况 1986年被收录入《中国猪品种志》，2014年被收录入《中国国家级畜禽遗传资源保护名录》。

3. 制定的品种标准 为加强和规范对淮南猪品种标准，实施标准化生产，信阳市畜牧局2002年开始申请立项，申报制定淮南猪地方标准。河南省质量技术监督局于2003年12月16日发布地方标准《淮南猪》，并于2004年1月1日起正式实施，标准号为DB41/T 333—2003。

4. 开展的种质研究情况 1978—1982年，固始县淮南猪场建场不久，主要对初选猪群进行了提纯复壮和性能指标测定工作，1982年成立了河南省淮南猪育种委员会。1983—1986年主要开展了淮南猪杂交育肥试验研究，以淮南猪为母本，分别以杜洛克猪、大白猪和长白猪为父本，进行二元杂交组合试验。经测定，杜淮、约淮、长淮二元杂交育肥猪体重达90千克时，平均日增重分别为442克、446.22克、433.77克，比淮南猪分别提高了103.79克、108.01克、94.79克；胴体瘦肉率分别为59.13%、56.79%、55.28%，比淮南猪提高了12.4%、10.26%、8.55%；饲料转化率比淮南猪分别提高了33%、33%、24%。通过试验，筛选出杜淮杂交为二元杂交最佳组合。

1986—1992年，由河南省畜牧局主持，河南农业大学、河南省农业科学院、信阳地区农牧局、固始县农牧局、固始县淮南猪场、光山商城种猪场等12个单位，近百名科技人员参加了淮南猪群体继代选育与推广研究。经历6年，各项生产技术指标达到或超过了方案设计要求，其结果在国内同行业中处于领先水平。项目结束后，群体近交系数达到10.33%，育肥期日增重由零世代的390克，提高到五世代的483.3克，增加了93.3克，世代改进量为18.66克、每克增重耗料由4千克降为3.65千克，胴体瘦肉率由46.77%提高到50.72%，世代改进量为0.79个百分点；母猪初产产仔数10.67头，增加2.75头，20日龄窝重增加11.47千克；60日龄窝重增加21.77千克。6月龄体重、体长、腿臀围相应增加了23.12千克、25.48厘米和9.68厘米。选育后的淮南猪背腰趋平直，后臀较丰满，皮薄毛稀，卧系、腹下垂明显减轻。

1995—2007年，利用淮南猪作母本，导入杜洛克猪血液，进行新品种选育工作，从零世代基础群的产仔和测定发现具有“黑色杜洛克”特征，命名为“豫南黑猪”，外形符合瘦肉型猪标准，毛色纯黑整齐，体格健壮，日增重500克以上，瘦肉率50%以上，而且基本保持了淮南猪产仔数高、肉质好、味香浓的特点。经过9个世代选育后，遗传性能得到了很好的固定，2008年通过了农业部国家畜禽遗传资源委员会新品种审定。豫南黑猪投放市场以来，以其特有的性能取得了很大的社会效益和经济效益，对我国地方品种猪的开发利用作出了新的贡献。

五、品种开发利用情况

淮南猪原种场在稳步提高生产性能的前提下，保持淮南猪优良肉质，为生产安全优质畜产品提供种源；以淮南猪为品牌，以开发优势安全猪肉为突破口，以建立区域优势经济和增加农民收入为目标，依靠科技进步，发挥大别山的天然屏障优势，依托山区群众养殖黑猪的传统习惯，走“公司+基地+农户”的产业化经营路子，用现代企业的管理理念，打造品牌产品，培植支柱产业，建立了长久的淮南猪资源保存、开发和利用计划。

六、对品种的评价和展望

淮南猪具有性情温顺、母性好、繁殖力强、耐粗饲、抗病性能好、肉质优良等特性，是河南省地方优良猪种之一。

七、照片

淮南猪公猪、母猪、群体照片见图4-1至图4-3。

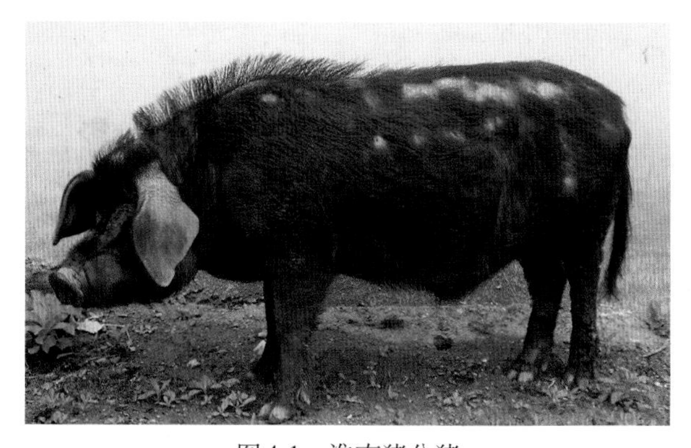

图4-1　淮南猪公猪

图4-2　淮南猪母猪

图4-3　淮南猪群体

调查及编写人员：
魏 锟 付兆生 梁 莹 张 斌 胡建新 张晓峰 丁 宁 侯以强 林 琳
戴文洲 郑海春 张璐璐 宋元冬 刘太记 李 平 晏辉宇 李 兵 喻宝炎
徐 谦 晏慎友 陈 坤 竹学军 陈立新 沈宏霞

南阳黑猪

一、一般情况

南阳黑猪，原名师岗猪，后因其脸部有“八”字眉，也有八眉猪、宛西八眉猪等称谓。在1983年全国畜禽遗传资源调查中，为避免与西北八眉猪异种同名，正式定名为“南阳黑猪”。

南阳黑猪原产区集中在淅川县、邓州市和内乡县接壤的三角地带，尤以内乡县师岗、瓦亭，淅川县厚坡、香花，邓州市张村等乡镇数量多。由于外来猪种大量引入，目前邓州基本无存栏，内乡县存栏量不足400头，主要零星分布在师岗、瓦亭、七里坪、夏关等乡镇。淅川县存栏7 000余头，主要分布在荆紫关、寺湾、西簧、马蹬、毛堂、大石桥等乡镇偏远山区。淅川县厚坡镇原南阳黑猪保种场周围群众有零星养殖。

南阳黑猪主产区淅川县位于秦岭山系东延部分的伏牛山南麓，豫西南边陲，豫、鄂、陕三省结合部，地理坐标为东经110° 58′ ～ 111° 53′、北纬32° 35′ ～ 33° 23′。境内地形复杂，山川相间，河流纵横，最高海拔1 086米，最低海拔120米。产区水利资源丰富，主要农作物和经济作物是小麦、玉米和油菜，占农作物总量80%；饲料作物主要为玉米、甘薯、南瓜，产量很大。属北亚热带大陆性季风气候，气候温和、四季分明、降水量充沛，春秋漫长、冬季较短。年平均气温15.8℃，极端最高温42.6℃，极端最低温－13.2℃。＞10℃的年平均积温为5 323.2℃，＞10℃的时间为235.3天，无霜期为230天，热量多、霜期短。年平均降水量为804.3毫米，年平均相对湿度70%，年平均日照时间为2 046.7小时，太阳平均辐射总量为4 800兆焦/米^3。年平均风力2 ～ 3级，最大风力为8级，但很少见。这些优越的气候条件，对南阳黑猪生产十分有利。

二、品种来源与变化

1.品种形成 南阳黑猪的来源已无从考证。淅川县曾出土西汉时期（公元前206年至公元25年）形态逼真的陶猪和精巧合理的陶猪圈模型，表明早在两千多年前，产区的养猪业已具有相当的水平。历史上“猪客”成批收购当地肥猪，由李官桥（现为丹江口水库淹没区）或湖北省的老河口装上贩猪船，沿汉江而下，畅销汉口等地，或者西至商洛，东到周口，散销豫、陕、鄂各地。

2.1986—2006年群体消长 1986年，据淅川县畜牧局的调查资料，南阳黑猪存栏22万余头，其中，淅川县8万余头、邓州市9万余头、内乡县5万余头。后由于外来种猪的引进，二元、三元杂种猪经济效益较好，南阳黑猪群体数量锐减。2006年底，产区南阳黑猪存栏不足1万头，淅川县存栏7 020头，其中成年公猪26头、能繁母猪464头；内乡县存栏386头，其中成年公猪3头、能繁母猪23头（表4-5）。目前，南阳黑猪能繁母猪数占产区能繁母猪总数的2%左右，南阳黑猪与外来种公猪的杂种母猪占本地能繁母猪的80%以上。

表4-5　1986—2006年产区南阳黑猪年底存栏量统计（头）

地点	1986年	1990年	1995年	2000年	2005年	2006年
淅川	80 618	64 460	42 376	20 644	7 600	7 020
邓州	92 113	42 871	19 189	4 998	0	0
内乡	51 017	30 957	14 961	3 114	1 045	386

三、品种特征和性能

1. 体型外貌

（1）外貌特征。南阳黑猪体型中等，体质结实，结构匀称。嘴筒中等，面微凹，下颌较宽、形似木碗，有少量嘴筒长；额较宽，额部有菱形皱纹，最上两条皱纹形似“八”字；耳较大，下垂至嘴角，耳根较硬。身腰长，背宽平，腹大、不下垂，四肢粗壮，无卧系。被毛黑色，鬃毛长9 ~ 15厘米；皮肤以灰色为主。尾根粗，尾端扁平。乳头7 ~ 8对。群众曾将南阳黑猪的外貌特征概括为：木碗头，瓠子嘴，耳根硬直，耳轮垂，菱形皱纹“八”字眉，腰平直，双脊背，毛黑鬃粗皮肤灰，鲫鱼肚子蓑衣奶，四肢直立扫帚尾。

（2）体尺和体重。1980年，淅川县畜牧场（南阳黑猪保种场）对本场饲养的14头成年种公猪和65头成年母猪进行了体尺、体重测量。2006年10—11月，河南农业大学和淅川县畜牧局对本县西簧乡关帝村、白庄村、龙岗村，荆紫关镇娘娘庙村、菩萨堂村、孙家湾村、狮子沟村、大扒村，毛堂乡朱家营村，盛湾镇袁坪村等农民散养的20头成年公猪和50头成年母猪进行了体尺、体重测量。

2017年，河南农业大学对南阳黑猪20头公猪、50头母猪进行了体尺、体重测量，与2006年的测量结果相比，体长、体高、胸围均有所提高。结果见表4-6。

表4-6　南阳黑猪体尺、体重统计

年份	项目	公猪	母猪
1980	样本量	14	65
	体高（厘米）	25.55 ± 5.02	70.82 ± 5.29
	体长（厘米）	136.54 ± 8.53	133.57 ± 10.07
	胸围（厘米）	123.04 ± 10.55	121.69 ± 13.2
	体重（千克）	131.86 ± 26.71	130.35 ± 34.02

（续）

年份	项目	公猪	母猪
2006	样本量	20	50
	体高（厘米）	75.8±4.61	73.22±5.1
	体长（厘米）	139.4±8.19	132.22±9.31
	胸围（厘米）	129.2±7.32	124.72±8.95
	体重（千克）	165.3±34.12	145.88±34.28
2017	样本量	20	50
	体高（厘米）	78.2±6.72	71.22±2.26
	体长（厘米）	135±3.26	131.3±3.6
	胸围（厘米）	139.6±6.4	156.52±9.86
	体重（千克）	159.15±18.89	164.68±14.34

2. 生产性能 南阳黑猪饲养方式基本上为传统的粗放散养。在农村主要饲料为玉米、甘薯、南瓜、麸皮和糠类，生熟均可，粗细皆宜，繁殖方式全部为本交。对饲养条件没有特殊的要求，对圈舍要求不高，可圈养也可拴养，甚至可放牧，与牛、羊同舍同群同牧。近年来，这种“一盆泔水、一瓢糠”“稀汤灌大肚”的养殖习惯已逐步改变，养殖方式由以糠为主向以粮为主转变。

南阳黑猪肥育性能较好，有后期蓄脂能力强的特点。淅川县畜牧局分别于1980年和2000年对南阳黑猪进行了育肥试验，结果见表4-7。对比不同年代的数据，日增重略有提高。

表4-7 南阳黑猪肥育试验统计

年份	样本量	开始日龄	开始体重（千克）	结束体重（千克）	饲养天数	净增重（克）	日增重（克）	料肉比
1979	4	83	14.03	84.13	142	70.10	493.66	4 ∶ 1
1980	2	96	11.90	76.75	150	64.85	432.33	4 ∶ 1
2006	6	116	22.10	87.67	125	65.57	524.57	3.8 ∶ 1
2017	353	90	30	103	170	73	423.53	3.44 ∶ 1

1980年，淅川县畜牧场屠宰试验，南阳黑猪屠宰率70%左右，宰前体重在80千克以上的，屠宰率相应增加，脂肪率26.79%。2007年1月，河南农业大学对南阳黑猪肥育猪进行屠宰试验，结果与淅川县畜牧场结果相比，基本无大的出入，结果见表4-8。

表4-8 南阳黑猪屠宰性能统计

年份	样本量	项目	宰前体重（千克）	胴体重（千克）	屠宰率（%）	瘦肉率（%）	背膘厚度（厘米）	眼肌面积（厘米^2）	皮厚（厘米）
1980	2	平均值	92.50	69.78	75.43		4.05	22.85	0.35
1980	2	平均值	74.25	49.15	66.20	49.01	2.39	19.70	0.42
2007	9	平均值	96.06	72.66	75.84	44.84	3.37	25.66	
		标准差	5.33	2.01	1.04	0.74	0.27	2.96	

3. **繁殖性能** 南阳黑猪性成熟较早，小母猪3～4月龄、体重20千克左右，即可接受交配而受孕。民间公猪使用频繁，旺季每天配种高达6～7头，使用年限短，通常3岁以前就淘汰。母猪利用年限为7～8年，最长可达20年左右。1980年，淅川县畜牧场对场内65头后备母猪发情试验观察，初情期为101～112日龄，发情周期为18～24天，哺乳期内很少有母猪发情。妊娠期平均为113天左右。初产母猪的产仔数平均为7.43头，经产母猪的产仔数平均为9头以上。

南阳黑猪能耐受一定程度的近交。淅川县畜牧场从1978年冬季开始至1980年12月，在场内组织进行近亲交配试验，共试验成年近交母猪10头，近交系数0.125～0.325，其中试验期内最多产4胎。与场内平均数相比，近交母猪产仔数稍高，仔猪初生重稍低，其余各项指标到3～4胎时都达到或超过平均水平，近交猪有相对稳定的遗传性，后代的体型外貌和生长发育比较整齐。

2006年10—11月，淅川县畜牧局分别在荆紫关、寺湾、西簧等乡镇，对农村20头散养公猪和50头散养母猪繁殖性能进行调查，除窝产仔数有所提高外，其他无大的变化，结果见表4-9。

表4-9 南阳黑猪繁殖性能调查统计

项目	1980年		2006年	
	平均值	标准差	平均值	标准差
样本量			♂ 20	♀ 50
性成熟日龄			♂ 137.75 ♀ 108.75	♂ 11.86 ♀ 11.46
配种日龄			♂ 231.5 ♀ 168.4	♂ 16.39 ♀ 14.72
发情周期（天）	20.33		20.8	1.84
妊娠期（天）	113.72	2.20	113.56	0.99
窝产仔数（头）	9.9		10.9	1.18
窝产活仔数（头）	7.85		10.48	0.97

（续）

项目	1980年		2006年	
	平均值	标准差	平均值	标准差
断奶日龄	45		43.04	1.91
初生窝重（千克）			8.06	0.71
母猪泌乳力	21.2		22.96	4.19
仔猪平均初生重（千克）	0.84		0.74	0.04
仔猪断奶重（千克）	5.87		4.83	0.63
断奶仔猪成活数（头）	7.30		10.1	1.01
仔猪成活率（%）			96.37	1.04

注：1980年数据为淅川县畜牧场71胎初产、52胎二产、110胎3～11产繁殖记录平均值，2006年调查未区分胎次。

四、品种保护与研究利用现状

1. 保种场、保护区及基因库建设情况 从1976年南阳黑猪保种场建立开始，建立有品种登记制度。自2004年始，淅川县畜牧局设置荆紫关、寺湾、西簧等保护区，重新建立了品种登记制度，内容包括种猪补贴办法、配种登记制度、补饲栏登记制度等。目前，内乡县建立了南阳黑猪保种场1个，存栏3 000多头；方城县建立南阳黑猪保种场1个，存栏2 000多头。

2018年8月，河南农业大学养猪科研团队对现存的南阳黑猪公猪和母猪进行了组织采样，提取了DNA，建立了南阳黑猪基因库。

改革开放后，随着引进外来良种公猪、母猪发展瘦肉型猪生产进程不断推进，外来猪种逐步占领养猪市场，南阳黑猪饲养量迅速下降。南阳黑猪与外来猪杂交后代虽在耐粗饲、抗病力等方面表现良好，但杂交后毛色复杂并不受外地市场欢迎。盲目无序的杂交使南阳黑猪纯种保护面临危机，存栏锐减，已失去群体规模优势。2006年调查时，因农户散养猪情况复杂，多零散分布深山区，故未进行杂交试验。调查统计数据表明，现存南阳黑猪杂交率在93%以上，纯种繁育率在7%以下。

2. 列入保种名录情况 1986年被收录入《中国猪品种志》；2012年2月6日在国家工商行政管理总局商标局注册了“南阳黑猪”地理标志证明商标（总第1394期第31类第11232388号公告）；2015年南阳黑猪入选“中国地理标志”；2018年被列入河南省地方优良品种保护名录。

3. 制定的品种标准、饲养管理标准 1985年，原南阳地区行政公署标准办公室批准发布了南阳黑猪企业标准，标准号为豫Q/南地069-85。本标准适用于南阳黑猪品种鉴别和分级评定，主要包括品种特征、等级标准、种猪评定方法等内容。2016年经河南省质监局颁布实施了河南省地方标准《南阳黑猪》（DB41/T 1341—2016）。

4. 开展的种质研究情况

（1）南阳黑猪种质资源的亲缘关系研究。2018年，河南农业大学采用测序技术，测定了南阳黑猪线粒体DNA的D-loop区段的多态性，通过与杜洛克猪、长白猪、大白猪，以及邻近地区的淮南黑猪、确山黑猪、豫西黑猪、二花脸猪、莱芜猪相比较，探讨南阳黑猪现存个体的亲缘关系。结果表明，与参考序列（NC_000845.1）相比，南阳黑猪存在31个单核苷酸位点变异，分为13种单倍型，聚为10个分支，其中，Hap5为优势单倍型，存在于27个个体中。同时结果显示，南阳黑猪品种内存在母系血缘分离，但与邻近地区猪种相比则相对集中。南阳黑猪亲缘关系整体与中国地方猪较近，与国外商业猪种关系较远。相对于二花脸猪，南阳黑猪与莱芜猪关系稍近；相对于杜洛克猪和长白猪，南阳黑猪与大白猪关系稍近。

（2）南阳黑猪的保种情况。自1976年开始，淅川县畜牧场设南阳黑猪保种场，也是产区唯一一个南阳黑猪保种场。组织专业技术人员到南阳黑猪中心产区搜集选购种公猪、母猪。1986年保种群有7个血统的种公猪9头，37个血统的繁殖母猪78头。1990—2000年只留7个血统的公猪7头，31个血统的繁殖母猪48头。2001年以后，畜牧场改制，保种场被个体承包，保种群7个血统的7头公猪、31个血统的48头母猪改由周边乡镇农户饲养。

五、品种开发利用情况

1978年淅川县畜牧场在南阳黑猪产区最早引进外来瘦肉型种猪大白猪和长白猪，并于1979年、1980年进行杂交繁殖试验和杂种一代育肥试验。经产母猪杂交繁殖的窝产仔数、窝产活仔数、21天泌乳力等与纯种繁育相比有所提高。

2006年调查时，南阳黑猪杂种率在93%以上，纯种繁育率在7%以下。

六、对品种的评价和展望

南阳黑猪性情温顺，适应性强，杂交配合力强，繁殖性能好，耐近交，肉味鲜美，是具有河南地方特色的优良品种。南阳黑猪和瘦肉型猪的杂种后代生长速度加快，瘦肉比例提高。

今后应加强南阳黑猪保种工作，尤其要注意培育优秀种公猪，利用其优良肉质性状。

七、照片

南阳黑猪公猪、母猪、群体照片见图4-4至图4-6。

图4-4　南阳黑猪公猪

图4-5 南阳黑猪母猪

图4-6 南阳黑猪群体

调查及编写人员：
王建钦 王冠立 刘德奇 郑应志 李 君 王金遂 刘晓阳 朱红霞 王 东
任广志 李新建 吉进卿 刘 贤 茹宝瑞 郑春雷 刘家欣 刘保国 寇元祯

确山黑猪

一、一般情况

确山黑猪，20世纪80年代农业区划时，在河南省确山、桐柏、泌阳三县交界地区发现的地方猪品种。因原产地在河南省驻马店市确山县而得名。确山黑猪主要产于确山县西部的竹沟、瓦岗、石滚河及其周围的三里河、任店、李新店等乡镇，泌阳县的大路庄乡、老盆河乡，南阳市桐柏县的回龙、吴城、毛集等乡镇亦有分布。

主产区确山县位于北纬32° 27′ ~ 33° 03′、东经113° 37′ ~ 114° 14′，地处河南省南部，淮河上游，东临黄淮平原，西为桐柏山、伏牛山的连接地带。地势西南高隆，东北低平。西部为山区，重峦叠嶂，罗列如屏。中部为丘陵过渡地带，东部为平原。山区海拔150 ~ 800米，丘陵海拔110 ~ 200米，平原海拔2 ~ 105米。确山县地处亚热带与暖温带过渡区，属大陆季风性湿润气候。年平均气温15.6℃，极端高温40.1℃，极端低温−12.3℃。全年＞0℃，积温5 636℃，日平均大于10℃的有225天左右，积温4 962℃。无霜期年平均234天，降水量年平均927.9毫米。

二、品种来源与变化

1. 品种形成 确山人民历来有饲养黑猪的习惯。《三国·魏志·齐王纪》中，记载“使太常以太牢祭孔子于辟雍，以颜渊配。”《三国志·魏书》中，记载“民家二狗逐猪，猪惊走，头插栅间，号呼良久。”可见1 700多年前当地已养猪。清末记载有群众成立青苗会，防止牲畜吃庄稼，唯山区居民依山傍水放牧猪、牛、羊，“其生息颇称繁盛，亦可获利”。产区交通不便，形成自然隔离，经当地劳动人民长期选育逐步形成确山黑猪。1982年，确山县在畜牧业资源调查中，于西部山区发现了这一分布面积较大、数量较多、体型外貌一致、生产性能良好而且深受群众欢迎的地方猪种。省、市、县多次组织畜牧科技人员，对该品种的形成历史、群体分布、生态环境、体型外貌、体尺体重以及生产性能等进行深入细致的调查研究，并进行屠宰实验。

1984年，河南省农牧厅组织有关专家和科技人员，对该品种进行了鉴定。一致认为，确山黑猪群体规模较大，被毛全黑，体型外貌基本一致，体躯较长，后躯发育良好，产仔数多，繁殖力强，耐粗饲，肉质好，符合一个地方品种应具备的条件，确认确山黑猪是一个地方优良品种。2009年10月被国家畜禽遗传资源委员会鉴定为地方畜禽遗传资源（中华人民共和国农业部第1278号公告）。

2. 群体数量 据调查统计，2017年确山黑猪中心产区存栏8 000多头，其中基础母猪1 100多头，种公猪63头。

3. 1984—2017年消长形势 1982—1984年为确山黑猪调查鉴定期；1984—1990年，为确山黑猪的发展期，存栏量由18 987头（成年母猪2 560头，种公猪46头）发展到31 000头（成年母猪存栏4 520头，公猪78头）。1990—1998年为下降期，1990年以后随着瘦肉型猪生产基地的建设，加强了对瘦肉型猪的品种改良力度，确山黑猪存栏量开始逐步下降，1998年以后确山黑猪存栏量逐步下降到5 600头（成年母猪550头，成年公猪32头）。1999—2005年，由于外来猪种的大量引进，二元、三元杂交优势带来较好经济效益，农户纷纷淘汰原先的确山黑猪，确山黑猪存栏量下降到历史最低水平，只有零星分散饲养，存栏量下降到1 360头，其中成年母猪存栏162头、成年公猪存栏15头。2006年确山县畜牧局组织调查组对全县确山黑猪存栏情况进行了调查，中心产区的确山黑猪存栏量为2 600头，其中成年母猪存栏386头，成年公猪存栏41头。

2009年，农业部畜禽遗传资源委员会将确山黑猪正式确定为畜禽遗传资源后，引起了各级政府的高度重视，出台了一系列政策措施，加大了确山黑猪遗传资源的保护力度，确山黑猪数量有一定增长。据2016年统计，全县共有确山黑猪保种场1个，确山黑猪养殖场户66户，群体数量12 210头，基础母猪1 301头。受生猪市场行情的影响，2017年确山黑猪养殖场户减少到20多户，群体数量8 000多头，总体呈下降趋势。

三、确山黑猪品种特征和性能

1. 体型外貌特征

（1）外貌特征。确山黑猪体型中等，全身被毛黑色，鬃毛粗长，皮肤灰黑色。面部微凹，额部有菱形皱纹，中间有两条纵褶；按头型分为长嘴和短嘴两种。耳大下垂，背腰较长，体质结实。母猪腹大下垂不拖地；臀部较丰满，稍倾斜；乳头数8对左右，乳头粗，母性强。四肢粗壮有力，腿较长，部分母猪有卧系。

（2）体尺和体重。2017年确山县畜牧局组织技术人员对成年确山黑猪（公猪20头，母猪50头）进行了现场测定，结果见表4-10。

表4-10 确山黑猪成年体尺、体重

年份	性别	头数	体重（千克）	体长（厘米）	胸围（厘米）	体高（厘米）	管围（厘米）
2017	公	20	136.9±27.59	146.85±12.20	121.6±10.61	72.2±5.34	21.58±2.67
	母	50	134.51±26.00	146.68±11.70	122.23±8.77	70.84±4.85	19.96±1.78

2. 生产性能 据1984年调查，在中心产区农户粗放的饲养条件下，确山黑猪肥育性能表现良好。据对15头不同育肥天数猪的调查，其平均日增重为291.2 ~ 543.1克（表4-11）。

表4-11 确山黑猪不同育肥天数增重情况

育肥天数	调查头数	育肥初重（千克）	育肥末重（千克）	平均日增重（克）
80	2	10.5	53.95	543.1
137	7	13.43	71.90	426.7
200	4	12.50	80.50	340.0
260	4	14.30	90.00	291.2

1984年河南省农牧厅组织专家对确山黑猪鉴定时对10头确山黑猪进行了屠宰实验，1987年河南省农业科学院畜牧兽医研究所养猪研究室对27头确山黑进行了屠宰实验，2006年畜禽资源调查时，河南农业大学养猪教研室对10头确山黑猪进行了屠宰实验，测定结果见表4-12。

表4-12 确山黑猪屠宰性能

年份	宰前活重（千克）	胴体重（千克）	屠宰率（%）	胴体长（厘米）	眼肌面积（厘米^2）
1984	119.25±8.44	86.65±7.98	71.01±2.16	90.95±2.24	29.2±2.18
1987	86.2±1.31	63.57±2.20	73.75±0.40	78.87±0.64	26.78±0.42
2006	95.09±4.31	70.55±4.48	74.19±0.75	97.80±1.70	26.37±1.84
2017	121.70±16.92	91.80±12.87	75.46±2.35	87.30±5.27	23.29±4.70
年份	平均背膘厚（毫米）	瘦肉率（%）	脂率（%）	骨率（%）	皮率（%）
1984		47.96	27.03	12.36	12.65
1987	28.0±0.9	47.45±0.88	27.62±0.96	13.53±0.43	11.47±0.34
2006	23.3±2.0	46.06±1.10	27.75±1.52	13.89±0.56	12.3±0.62
2017	41.20±5.26	43.82±3.33	30.18±4.08	8.43±2.13	13.90±3.49

1984年河南省农业科学院畜牧兽医研究所养猪研究室对11头猪的肉质进行了测定，2006年和2017年河南农业大学分别开展了确山黑猪肉质测定，测定结果见表4-13。

表4-13　确山黑猪肉质测定结果

测定项目	1987年	2006年	2017年
肉色(分)	3.5	3.0	4.15±0.39
大理石纹(分)	3.5	3.5	4.60±0.44
pH	6.35±0.3		6.35±0.34
失水率(%)	10.17±8.61		1.05±0.35
熟肉率(%)	58.43±3.95	60.87±3.05	
干物质(%)		70.06±2.08	
蛋白质(%)		21.46±1.55	23.93±1.15
脂肪(%)		6.10±2.32	3.95±2.17
灰分(%)		0.89±0.05	2.11±0.50
嫩度(N)		3.01±0.68	3.22±1.12

3. 繁殖性能　确山黑猪性成熟较早，初情期在120日龄左右，发情周期18～21天。妊娠期114天左右。初产母猪产仔数平均7～9头，经产母猪产仔数12头左右，最高可达18头。

四、品种保护与研究利用现状

1. 保种场、保护区及基因库建设情况　2006年下半年，确山县拨出专款进行确山黑猪的保种工作，把符合品种条件的确山黑猪集中到竹沟镇肖庄村，建立了确山黑猪选育基地和核心群。2013年建设了确山县大王山确山黑猪选育场。2017年与河南枫华种业股份有限公司合作，成立了河南菁华种猪育种公司，专门从事确山黑猪遗传资源保护和开发利用，并通过了河南省畜牧局地方畜禽遗传资源保种场验收。目前，保种场种公猪存栏42头，核心群母猪达到120多头。2017年11月，河南农业大学养猪科研团队对当前现存的确山黑猪公猪和母猪进行了组织采样，提取了DNA，建立了确山黑猪基因库。

2. 列入保护名录情况　2009年10月被国家畜禽遗传资源委员会鉴定为地方畜禽遗传资源（中华人民共和国农业部第1278号公告）。2018年被列入《河南省畜禽遗传资源保护名录》。

3. 制定的相关标准、规范　2011年12月27日在国家工商行政管理总局商标局注册了“确山黑猪”地理标志证明商标（总第1293期第31类第9786796号公告）。2015年3月1日省质量技术监督局公布了河南省地方标准《确山黑猪》（DB41/T 978—2014）。2019年5月，制定了《确山黑猪饲养管理技术规范 》（DB41/T 1851—2019）。

4. 开展的种质研究情况　为了解确山黑猪群体亲缘关系以及与其他品种猪亲缘距离，河南农业大学养猪创新团队基于线粒体DNA的D-loop区段的多态性，与商业猪种杜洛克猪、长白猪、大白猪，以及邻近地区的淮南黑猪、南阳黑猪、豫西黑猪、二花脸猪、莱芜猪进行了对比。结果表明，与参考序列（NC_000845.1）相比，确山公猪存在17个单核苷酸位点变异。共有9种单倍型，聚为7个分支，其中，Hap1为优势单倍型，存在于21个个体中。同时，结果显示，确山黑猪品种内存在母系血缘分离，但与邻近地区猪种相比，则相对集中。确山黑猪亲缘关系整体与中国地方猪较近，与西方商业猪种关系较远。相对于莱芜黑猪，确山黑猪与二花脸关系稍近；相对于杜洛克猪和长白猪，确山黑猪与大白猪亲缘关系稍近。

五、品种开发利用情况

1988年瘦肉型猪改良以来，主要引进了杜洛克猪、长白猪、大白猪等优良品种对本地猪进行改良。1991—1994年，为了充分利用确山黑猪的优势性状，克服生长慢、饲料转化率低、瘦肉率低的缺点，河南省畜牧局、河南农业大学、驻马店市畜牧局以及确山县畜牧局等单位，以确山黑猪为母本，杜洛克猪、长白猪、大白猪和汉普夏为父本开展二元杂交试验；选取长 × 确为母本，杜洛克猪和大白猪为父本开展三元杂交试验，比较分析不同杂交组合后代的屠宰性能和胴体性状。结果显示，长 × 确二元杂交后代的平均日增重440.53克/天、屠宰率75.05%、瘦肉率53.19%、眼肌面积34.51厘米^2，均显著高于确 × 确和其他杂交组合（$P<0.05$）；大 × 长 × 确三元杂交后代平均日增重663.76g/d显著高于杜 × 长 × 确（$P<0.05$），其他指标均差异不显著（$P>0.05$）；三元杂交组合的日增重629.60克/天、瘦肉率57.46%、眼肌面积33.89厘米^2，显著高于二元杂交（$P<0.05$）。试验结果表明，长 × 确二元和大 × 长 × 确三元杂交组合与其他杂交组合相比均具有一定优势，是确山黑猪较好的杂交方式。

六、品种评价与展望

确山黑猪有较强的适应性，耐粗饲，抗病力强，繁殖力高，肌内脂肪含量丰富，大理石纹明显，肉质优良，作为地方优良品种遗传资源有很大保护利用价值。

确山黑猪目前存栏量较少且呈下降趋势，需要加强品种保护，扩大核心群，加大对该品种的选育和开发利用力度。

七、照片

确山公猪、母猪、群体照片见图4-7至图4-9。

图4-7　确山黑猪公猪

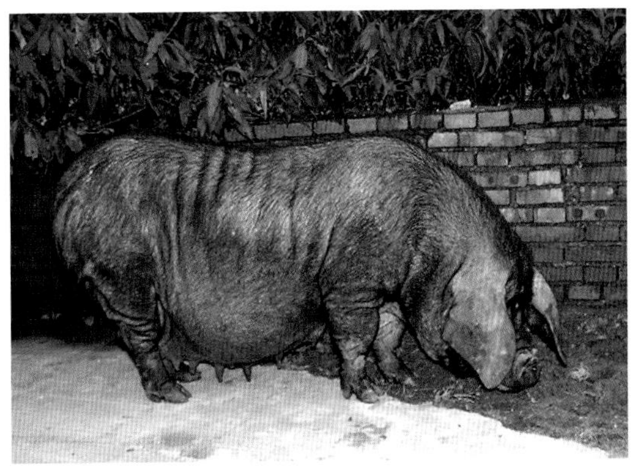

图4-8　确山黑猪母猪

图4-9 确山黑猪群体

调查及编写人员

韩崇江 李军平 黄晓燕 李新建 屈 强 单留江 李振清 王占领 刘大刚
刘文中 杨 华 闫立新 郭永丽 徐家未

豫南黑猪

一、一般情况

豫南黑猪是由河南省畜禽改良站（现河南省畜牧总站）、河南农业大学、固始县淮南猪原种场、信阳市畜牧局等单位共同培育而成。2008年5月通过国家畜禽遗传资源委员会审定，是河南省自主培育的第一个国家级优质猪新品种。

豫南黑猪育成于河南省信阳市固始县，分布于光山县、商城县、新县、潢川县、平桥区、罗山县等淮河以南大别山以北的广大地区。现已推广到驻马店及安徽阜阳等地的部分区域。豫南黑猪育成地信阳市位于河南省东南部，地处东经113° 45′ ~ 115° 55′、北纬30° 23′ ~ 32° 27′，东接安徽，南连湖北，西与南阳地区为邻，北与驻马店接壤，西有桐柏山，南有大别山，自西向东逐步下降，海拔最高为1 582米，最低为22米，平均海拔700米。气候属亚热带季风气候，全年四季分明。年平均气温15.2℃，历史记录最高气温42℃，最低气温－11℃；年平均湿度70%～80%；无霜期在3—11月，年均220 ~ 230天；全年日照时数1 940 ~ 2 180小时，年平均日照时数2 068小时，降水量900 ~ 1 300毫米，平均1 100毫米；全年干燥指数为82，夏季干燥指数为73；冬季常为北风或西北风，平均风速为3米/秒，风力1 ~ 3级；夏季常为南风或东南风，平均风速为6米/秒，风力2 ~ 6级。产区生态条件良好，饲料资源丰富，气候温和，降水量充沛，土壤肥沃，当地农民以种植水稻、小麦为主，耕作制度主要为稻麦两熟。历史上被称为“淮南稻麦区”，其他作物为玉米、豆类、甘薯等，粮食产量高，农副产品丰富，豆饼、花生饼、稻糠、水生植物（水花生、水葫芦、水浮莲）等饲料来源也很充足，为该猪种的培育奠定了良好的物质基础。

二、品种来源与变化

1.品种形成　豫南黑猪以淮南猪作母本、杜洛克猪作父本，其中母本育种素材是从河南省固始县淮南猪原种场的选育核心群中选择的146头优秀母猪，父本育种素材是由河南省正阳种猪场引进的13头美系杜洛克公猪。自1995年开始，通过杂交和横交固定，经13年9个世代培育而成，含淮南猪血统37.5%、杜洛克猪血统62.5%。2018年12月国家畜禽遗传资源委员会审定通过了豫南黑猪新品种，颁发畜禽新品种证书（中华人民共和国农业农村部公告第1102号）。

2.技术路线

（1）育种目标。1986—1992年河南省畜牧局牵头成立淮南猪选育协作组，对淮南猪进行纯种选育并取得较大进展；1996年提出了淮南猪导入杜洛克猪血统培育新品种的育种方案。确定的选育目标是改善淮南猪的体长、生长速度、后躯丰满度和胴体瘦肉率。主选性状确定为日增重、胴体瘦肉率和6月龄体长。选育后达到以下指标。

①被毛黑色，体躯较长，腿臀丰满，肢蹄结实，有效乳头数7对以上；抗病能力强，适应性好。

②初产母猪窝产仔数10头以上，经产母猪12头以上。

③在中等营养水平下（每千克饲粮含消化能12.97～13.37兆焦，粗蛋白14%～16%），6月龄体重达80千克以上，育肥猪30～90千克阶段平均日增重600克以上，料重比3.1以下，平均背膘厚28毫米以下，胴体瘦肉率55%以上。

④肉色鲜红，肉质良好，肌内脂肪较多，大理石纹明显。

（2）杂交组群阶段。从1995年开始先后陆续选用正阳种猪场经过系统选育的美系杜洛克猪公猪13头，与固始县淮南猪原种场的146头淮南猪母猪杂交或级进杂交，到1996年底共繁育杜淮母猪182头、杜杜淮母猪133头。再将这两个组合（杜×杜×淮和杜×淮）进行后裔测定，经综合评定，以引入杜洛克猪血统62.5%的比例为最佳，继而对育种核心群进行不完全闭锁的群体继代选育。

（3）世代选育阶段。1997年从杜×淮猪群中挑选窝产仔数在11头以上、乳头数在7对以上、体型较好的母猪46头和公猪5头；从杜×杜×淮猪群中挑选生长快、体较长、后躯较丰满的母猪32头和公猪7头。两个组合进行正反交，最终选育出理想个体（含杜洛克猪血统62.5%，淮南猪血统37.5%）组成育种基础群。1997年选择12个血统公猪、90头母猪组成零世代选育基础群，进行世代选育。每世代育种群规模保持母猪80头以上、公猪10个血统以上。

（4）选择方法。各世代从分娩和带仔正常的母猪中每窝选取1～2头公猪、2头母猪进入测定栏，测定结束时测量体重、体尺以及应激敏感性，计算平均日增重、耗料量及选择指数值，最后按照血缘、体型外貌、乳头质量、健康状况、应激敏感性及指数高低进行严格选择，选留最优秀的公猪、母猪组成下一个世代繁育群。

（5）世代间隔和留种比例。组建育种群后，1997—2007年实行多世代不完全闭锁的群体继代繁育制度，世代间隔实行较严格的一年一个世代，在每世代留种时允许少量的世代重叠。选育期间公猪留种率13%～20%，母猪留种率48%～58%。

（6）配合力测定。从四世代选育开始，选择优秀的外来猪种进行杂交育肥试验，测定新品种的配合力测定，为推广利用提供依据。2000年完成四世代选育及五世代的配种工作；开始开展与长白猪、大白猪的配合力测定。

（7）建立繁育体系。为了加快新品种的培育和推广利用，2003年完成五世代选育及六世代的配种工作；开始尝试中试推广，建立三级繁育体系。

通过杂交筛选、横交固定和不完全闭锁的群体继代选育，历经13年9个世代育成豫南黑猪，并于2008年5月通过国家畜禽遗传资源委员会审定，2008年10月22日获国家畜禽资源委员会颁发的新品种证书，是河南省自主培育的第一个国家级优质猪新品种。

3. 群体数量　2017年固始县豫南黑猪原种场存栏3 047头，其中基础母猪300头、种公猪36头。

三、豫南黑猪品种特征和性能

1. 体型外貌

（1）外貌特征。豫南黑猪体型中等，被毛黑色，头中等大，颈短粗，嘴较长直，耳中等大、耳尖下垂，额部较宽、有少量皱纹。背腰平直，腹稍大，臀部较丰满。四肢健壮，蹄质坚实，系部直立。乳头7对以上，排列整齐，乳房发育良好，公猪睾丸发育良好，尾细长。

（2）体尺和体重。根据2007年农业部种猪质量监督检验测试中心（武汉）测定，18头24月龄公猪体重157千克、体长148厘米，21头24月龄母猪体重144千克、体长151厘米。2017年河南农业大学养猪科研团队对豫南黑猪进行了体尺、体重测量，结果见表4-14。

表4-14　2017年豫南黑猪体尺、体重登记

项目	公猪	母猪
调查头数	20	50
日龄	240	240
体重(千克)	113±3.4	100±14.2
管围(厘米)	25±0.8	23±0.7
体长(厘米)	125±1.8	115±3.7
胸围(厘米)	111±2.5	111±5

2. 生产性能　2000年固始县淮南猪原种场测定，60头育肥猪在中等营养水平下，九世代育肥猪在29.02～99.14千克阶段，饲养108.3天，日增重648.10克，料重比2.94 ：1。

2007年国始县淮南猪原种场对九世代豫南黑猪进行了屠宰性能测定，在每千克饲粮含消化能12.97～13.37兆焦、粗蛋白质16%～14%的条件下，180日龄体重达80千克以上，30～90千克阶段平均日增重600克以上。

2007年农业部种猪质量监督检验测试中心（武汉）测定豫南黑猪肌肉品质，屠宰率73.24%，胴体瘦肉率59.21%，肉色3.33，pH为6.29，系水力93.33%，肌内脂肪4.11%，大理石纹3.65，特别是肌内脂肪分布理想，含量是国外良种猪肉的2倍多。

3.繁殖性能　2006年经过8个世代选育后的豫南黑猪初产母猪（93窝）窝产仔数10.97头，窝产活仔数10.21头；2007年经产母猪（80窝）窝产仔数12.34头，窝产活仔数11.78头。2018年经产母猪（527窝）窝产仔数12.68头，窝产活仔数11.65头。

四、品种保护与研究利用情况

1.保种场、保护区及基因库建设情况　目前，在固始县建有豫南黑猪原种场1座、扩繁场2座，在建扩繁场2座，存栏核心群母猪约3 000头。

2.列入保种名录情况　2018年被列入《河南省畜禽遗传资源保护名录》。

3.制定的品种标准、饲养管理标准等情况　地方标准《豫南黑猪》由河南省质量技术监督局于2009年10月20日发布，2009年12月1日实施，标准号为DB41/T 590—2009。该标准规定了豫南黑猪的品种特性、外貌特征、生产性能、等级评定标准，适用于豫南黑猪的品种鉴别、选育和豫南黑猪的分级审定。

《豫南黑猪饲养管理技术规程》由河南省质量技术监督局于2009年10月20日发布，2009年12月1日实施，标准号为DB41/T 591—2009，规定了豫南黑猪的饲养管理技术。

4.开展的种质研究情况

（1）肉质性状相关分子遗传标记研发。河南农业大学养猪团队通过高通量测序技术及关联分析，测定了*H-FABP*、*PHKG1*、*VRTN*等基因在豫南黑猪群体中多态性分布，并鉴定了影响肌内脂肪含量、猪肉糖原分解以及产肉率的分子遗传标记。这些研究成果为加快提高豫南黑猪肌肉品质及产肉率提供了重要技术支撑。

（2）繁殖性状相关分子遗传标记研发。猪繁殖性状是复杂的经济性状之一，采用常规育种技术遗传进展较慢。因此，河南农业大学养猪团队采用高通量测序技术及关联分析，分别测定了*FSHβ*、*PRLR*、*NCOA1 ADAMTS1*、*BMB7*等基因在豫南黑猪群体中的多态性分布，并进行了与繁殖性能的关联分析，鉴定了影响产仔数、产活仔数等繁殖性状的关键变异位点。这些成果为加快提高豫南黑猪繁殖性能提供了重要技术支撑。

（3）豫南黑猪肉质性状及营养成分特性研究。在相同饲养管理条件下，与杜洛克猪、巴克夏猪和苏太猪开展了猪肉常规肉质性状、营养成分、氨基酸组成、必需氨基酸评分及脂肪酸组成情况比较分析。结果表明，豫南黑猪的肌肉脂肪、5种鲜味氨基酸和8种必需氨基酸的含量均高于其他品种。豫南黑猪肉质优良，其鲜味氨基酸和不饱和脂肪酸含量丰富。

五、品种开发利用情况

1.品系选育情况　豫南黑猪新品系的选育向着生长速度较快的节粮型（BY）、肉质更优的优质型（LY）和产仔数较多的高产型（SY）3个方向进行。节粮型（BY）种母猪存栏112头（其中后备猪16头）、优质型（LY）种母猪存栏83头（其中后备猪7头）、高产型（SY）种母猪存栏106头（其中后备猪18头）。豫南黑猪核心群数量达到了301头规模（其中经产猪260头、后备猪41头），种公猪12头（其中后备猪7头）。

2. 杂交组合试验、屠宰试验和品系间杂交试验 2016年开展了节粮型新品系和高产型新品系、优质型新品种的配种生产和屠宰试验测定工作，节粮型以BY猪群为父母本开展杂交纯繁，高产型以SY猪群为基础开展纯繁，优质型以LY × YH后代为基础群开展纯繁，生产屠宰结果统计见表4-15至表4-18。

表4-15 杂交组合生产性能比较

杂交组合	产窝数	产总仔	窝均产仔	产健仔	窝均产健仔	杂毛数	杂毛比例
BY	75	821	10.94	759	10.12	41	5.4%
SY	71	881	12.4	737	10.38	28	3.8%
LY	74	891	12.04	762	10.29	22	2.9%

表4-16 杂交组合屠宰性能比较

品种	左胴体重（千克）	左板油重（千克）	骨重（千克）	皮重（千克）	瘦肉率（%）	平均背膘厚（毫米）
BY	37.6	0.53	4.11	2.35	58.68 ± 2.21	26.81 ± 2.97
LY	36.7	0.52	4.06	2.35	49.55 ± 4.21	32.41 ± 3.67
SY	38.4	0.53	4.10	2.35	51.47 ± 2.41	30.11 ± 1.49

表4-17 杂交组合肉质分析

品种	粗蛋白（%）	水分（%）	肌内脂肪（%）
BY	22.79 ± 0.91	71.51 ± 1.49	3.85 ± 1.47
LY	22.84 ± 0.84	69.06 ± 1.37	5.47 ± 1.53
SY	22.79 ± 0.84	70.06 ± 1.37	3.47 ± 1.53

表4-18 品系间杂交组合试验

杂交组合	产窝数	产总仔	窝均产仔数	产健仔	窝均产健仔数	杂毛数	杂毛比例
BY × SY	23	243	10.57	228	9.91	29	11.93%
BY × LY	21	229	10.90	213	10.14	14	6.11%

通过开展生产和屠宰试验，节粮型新品系、高产型新品系，以及优质型新品种培育基本达到预期。对小试验群展开横交固定工作，目前以巴克夏猪为父本配套推广和以巴克夏猪、豫南黑猪培育优质型新品种工作都在开展。

3. 开发情况 豫南黑猪适应性强，易饲养，抗病性好，耐寒冷，具有很强的推广应用前景。既适合集约化猪场饲养，也适合农村小规模饲养或散养。河南三高农牧股份有限公司为充分开发利用豫南黑猪这一国家级新品种优势资源，结合企业自身的行业、技术、市场优势，采取“公司+基地（合作社）+农户”的模式，在平原地区实行集约化养殖，在浅山丘陵地区实行生态放养模式，大力发展豫南黑猪的规模养殖，为促进农民脱贫增收致富发挥了巨大作用。以豫南黑猪肉为原料生产的冷鲜肉、香肠、风味肉制品等特色产品深受广大消费者青睐。

六、品种评价与展望

豫南黑猪适应性强，易饲养，耐粗饲，抗病力强，繁殖力高，肌内脂肪含量丰富，大理石纹明显，肉质优良，作为河南省第一个自主培育的优质瘦肉型新品种具有很好的推广价值。

七、照片

豫南黑猪公猪、母猪照片见图4-10、图4-11。

图4-10　豫南黑猪公猪

图4-11　豫南黑猪母猪

调查及编写人员：

魏　锟　付兆生　任广志　陈　斌　张春雷　张　斌　胡建新　竹学军　张璐璐
陶泽忠　徐　谦　张俊萍　陈　坤　陈立新　张柏成　曾照军　梁　莹　魏云华
付　晓　李孝法　赵传法　易秀云

第五部分 家 禽

固 始 鸡

一、一般情况

固始鸡属肉蛋兼用型地方鸡品种。中心产区为河南省固始、潢川、商城、罗山等县，现分布于全国28个省、自治区和直辖市，饲养量较大。

固始县位于河南省东南端，豫皖两省交界处，南依大别山，北临淮河，属华东与中原交融地带。位于北纬31°46′～32°35′、东经115°21′～115°56′。地势南高北低，从西南向东北倾斜，海拔最高1 025.6米，最低23米，平均海拔80米。固始县地处江淮西部，淮河南岸，属北亚热带向暖温带过渡的季风性气候区，气候学上的0℃等温线压境而过，是我国的南北气候过渡地带。年气温最低－11℃，最高41.5℃，平均为15.2℃；相对湿度70%～80%；年降水量900～1 300毫米；无霜期220～230天；全年日照时数平均2 139小时。固始县境内河流、库塘密布，水资源十分充足。有史河、灌河、泉河、白露河、春河、长江河、急流涧河、石槽河和羊行河等。土壤主要为黏土和红棕壤。

固始鸡适应性强，喜欢群居，可圈养也可放养。在自然放养情况下，依靠当地丰富的饲料资源就能够正常生长发育。据当地群众反映，在大雪冰封的时节不用补给任何饲料，固始鸡依旧能在野外觅到足够的食物。固始鸡抗病力强，除新城疫和禽流感外，当地散养户很少对固始鸡进行防疫，但一年四季也很少生病。

二、品种来源与变化

1. 品种形成 固始鸡在当地有上千年的饲养历史。据《固始县志》记载，固始鸡在清代乾隆年间就作为贡品上贡朝廷。产区优厚的生态条件、丰富的自然与生物资源以及群众传统的养禽习惯，加上过去交通不便，外来鸡品种难以进入，促进了固始鸡品种的形成。

2. 2005—2017年消长形势

（1）数量规模变化。2005年保种群原种鸡约5万套，父母代鸡约50万套，保种育成鸡约20万只。2017年10月，固始县畜牧局对中心产区固始鸡存栏情况进行调查，固始鸡存栏30.7万只，其中公鸡3.9万只、母鸡26.8万只。固始鸡育种场存栏5万只，固始鸡原种场存栏21.7万只。

（2）品质变化大观。固始鸡育种场在对固始鸡每一世代进行外貌特征、体重、体尺等表型性状进行监测的同时，也进行了生产性能的选育。在保持固始鸡品种特征的基础上，生产性能有所提高。目前，固始鸡已选育11个世代，与零世代相比，体型外貌一致；20周龄公鸡平均体重增加了69克，母鸡增加了62克，变异系数降低；体尺性状在世代间没有发生显著变化；产蛋性能及繁殖性能均有所提高。固始鸡零和十一世代产蛋及繁殖性能比较见表5-1。

表5-1 固始鸡零世代和十一世代产蛋及繁殖性能比较

世代	开产日龄	开产蛋重（克）	43周龄饲养日产蛋数（枚）	43周龄蛋重（克）	66周龄饲养日产蛋数（枚）	66周龄蛋重（克）	种蛋受精率（%）	受精蛋孵化率（%）
零	161±12.89	37.4±3.82	80.3±8.56	52.8±5.65	161.0±15.78	55.1±6.23	92.1	89.3
十一	157±11.75	38.4±3.54	80.5±7.54	53.3±4.42	162.2±14.53	55.6±4.46	94.7	90.3

（3）濒危程度。根据2006年版的《畜禽遗传资源调查技术手册》附录2“畜禽品种濒危程度的确定标准”，固始鸡濒危程度为无危险状态。

三、品种特征和性能

1. 外貌特征 固始鸡雏鸡绒毛呈黄色，头顶有深褐色绒羽带，背部黄羽或沿脊柱及其两侧有深褐色绒羽带。成年公鸡为红色或黄色，成年母鸡为黄羽或黄麻羽色。成年固始鸡的体躯呈三角形，属中等体型，羽毛丰满，体态匀称，外观秀丽。喙短略为弯曲，喙尖带钩，呈青黄色。胫、趾呈青色。公母鸡皮肤颜色多为白色。公鸡以佛手尾为主，母鸡兼有佛手尾和直尾。头大小适中，多为单冠，少部分有豆冠。冠直立，6个冠齿，最后一个冠齿有分叉现象。冠、肉髯、耳垂均呈鲜红色。眼大有神，稍向外突出，虹彩为浅栗色。

2017年，固始县畜牧工作站与河南三高农牧股份有限公司对固始鸡保种场的固始鸡进行了体尺等指标的测量，测定结果见表5-2。

表5-2 固始鸡体重和体尺测定数据

项目	公鸡	母鸡
数量（只）	30	30
日龄	280	280
体重（千克）	2.329±0.155	1.841±0.198
体长（厘米）	21.8±0.5	19.7±0.8
胸宽（厘米）	8.3±0.3	7.3±0.2
胸深（厘米）	10.8±0.4	9.4±0.3
胸角(°)	72±1.2	78±3.1
龙骨长（厘米）	13.1±0.3	11.3±0.6
骨盆宽（厘米）	8.9±0.2	8.1±0.4

（续）

项目	公鸡	母鸡
胫长（厘米）	9.8±0.3	8.3±0.4
胫围（厘米）	4.6±0.2	3.8±0.2

2. 生产性能

(1) 生长性能。在传统原粮和生态放养条件下，固始鸡生长相对较慢。在配合饲料和专业化饲养的情况下，快速型品系68日龄公鸡体重2.0千克、母鸡1.65千克，料肉比2.30 ： 1。依据河南三高农牧股份有限公司《固始鸡饲养管理手册》提供的数据，优质型固始鸡商品代生长发育情况见表5-3。

表5-3 优质型固始鸡商品代生产性能

日龄	体重（千克）		料肉比
	公鸡	母鸡	
70	1.20	1.05	2.60 ： 1
80	1.35	1.20	2.75 ： 1
100		1.35	2.90 ： 1
120		1.45	3.20 ： 1

(2) 产肉性能。固始鸡肉质细嫩，味美可口，营养含量丰富。经测定，固始鸡胸肌含可溶性蛋白质高达6.73%，游离氨基酸0.50%，不饱和脂肪酸7.23%，牛磺酸0.20%。固始鸡屠宰性能测定数据见表5-4，肉质指标测定数据见表5-5。

表5-4 不同年份固始鸡产肉性能测定

项目	1980年		2006年			
	公	母	公		母	
日龄	6月龄	临开产前	90	300	90	300
数量（只）	25	28	30	30	30	30
活重（千克）	1.33	1.16	1.69±0.23	2.93±0.19	1.56±0.18	2.05±0.19
屠体重（千克）	1.162	1.029	1.44±0.21	2.55±0.19	1.41±0.18	1.76±0.19
半净膛重（千克）	1.078	0.922	1.32±0.20	2.43±0.16	1.25±0.13	1.65±0.15
全净膛重（千克）	0.984	0.822	1.13±0.18	2.13±0.15	1.05±0.13	1.43±0.14
腹脂重（千克）			0	0	0.08±0.004	0.20±0.01
翅膀重（千克）			0.06±0.003	0.10±0.003	0.05±0.002	0.09±0.004
腿重（千克）			0.20±0.01	0.22±0.01	0.15±0.008	0.25±0.013

（续）

项目	1980年		2006年			
	公	母	公		母	
腿肌重（千克）			0.15±0.007	0.13±0.003	0.11±0.003	0.16±0.005
胸肌重（千克）			0.08±0.004	0.13±0.004	0.06±0.002	0.10±0.003
肌肉嫩度			5.69±0.23	6.30±0.25	3.74±0.18	4.22±0.20

注：2006年数值由河南农业大学和信阳市畜牧工作站于当年12月联合测定。

表5-5　固始鸡肉质测定

性别	水分（%）	灰分（%）	肌内脂肪（%）	蛋白质（%）
母	72.05	1.29	1.50	25.20
公	72.05	1.29	1.50	25.20

注：表中数据由河南农业大学2006年12月测定。

（3）蛋品质量。固始鸡商品代蛋品质测定数据见表5-6。

表5-6　固始鸡蛋品质测定

项目	1980年		2006年
数量（枚）	25	500	56
蛋重（克）	51.0	50.43±3.08	52.20±2.87
比重（克/厘米^3）			1.12±0.01
纵径长（厘米）			5.47±0.21
横径长（厘米）			4.15±0.09
钝端蛋壳厚度（毫米）			0.33±0.02
中间蛋壳厚度（毫米）			0.34±0.02
锐端蛋壳厚度（毫米）			0.35±0.03
蛋壳重量（克）	6.29		5.79±0.50
蛋黄重量（克）	15.83		18.13±1.33
蛋白高度（厘米）			0.61±0.6
哈氏单位			80.07±4.30

注：表中2006年数值由郑州牧业高等专科学校于当年12月测定。

（4）繁殖性能。固始鸡繁殖能力较强，在当地自然生态条件下，160～180天开产，开产体重1.54～1.62千克。在自然交配时，种蛋受精率为90%～93%。农村一般采取自然孵化，受精蛋孵化率为90%～95%；机器孵化时，受精蛋孵化率可达95%～97%，且雏鸡整齐度高。正常情况下育雏成活率90%～95%，育成期成活率92%～96%。开产蛋重43克，平均蛋重52.2克。68周龄产蛋数158～168枚。在农村散养的情况下，母鸡就巢率和就巢性较强，笼养时就巢率和就巢性显著降低。

四、饲养管理

固始鸡具有觅食力强、体质健壮、抗病力强等特点。在集中产区，目前仍然以传统散养和生态放养为主。随着集约化笼养和配合饲料的应用，固始鸡的生产性能得到了充分发挥，大大提高了养殖业的经济效益。河南三高农牧股份有限公司在推广应用中，编写了《固始鸡饲养管理手册》，对不同发育阶段营养需求给予了建议。

五、品种保护与研究、利用情况

1. 保种场、保护区及基因库建设情况 固始鸡原种场一直从事固始鸡的保种工作，始建于1977年，原场址位于固始县秀水区藕塘村，隶属固始县畜牧局；2004年改制后隶属河南三高农牧股份有限公司，于2008年搬迁至固始县段集乡赵营村。固始鸡原种场保种群个体笼位4 032个，繁育群可饲养种鸡31 300只。三高农牧股份有限公司为确保固始鸡原种不丢失，划定固始县汪棚、草庙、马岗等乡镇为固始鸡原种保护区，实行品种登记制度，严禁外来鸡种引入保护区内，确保区内纯种繁育。实行随机交配制度，把所有的遗传基因作为基因库保留下来，为将来的选种选育提供原始素材。扬州家禽保种中心保存有固始鸡活体群体。河南农业大学家禽种质资源场也保存着固始鸡群体，以确保其基因不丢失。

2. 列入保种名录情况 1986年固始鸡被列入了《河南省地方优良畜禽品种志》，2001年被列入《河南省优良畜禽品种资源保护名录》，2003年被列入《中国家禽地方品种资源图谱》，2006年被收录入《中国畜禽遗传资源志》，于2009年被收录入《河南省畜禽遗传资源保护名录》，2018年再次被收录入《河南省畜禽遗传资源保护名录》。

3. 制定的品种标准、饲养管理标准 为加强和规范对固始鸡品种的界定，实施标准化生产，2004年1月1日河南省质量技术监督局发布了地方标准《固始鸡》，标准号为DB41/T 331—2003。该标准规定了固始鸡的品种特性、生产性能、等级评定标准，适用于固始鸡的品种鉴别、选育和固始鸡的分级审定。

4. 开展的种质研究情况及取得的结论 河南农业大学家禽课题组对固始鸡的肉蛋品质的遗传资源、优异性状的形成、新品种选育等开展系列研究。相关结果表明，固始鸡肉蛋品质优良，对其相关优异性状进行发掘创新，培育出了3个核心新品系。

5. 品种开发利用情况 河南三高农牧股份有限公司在固始鸡保种的同时，利用其资源先后培育了13个品系。历时8年培育了“三高青脚黄鸡3号”肉用配套系，2012年通过国家审定，于2013年2月获得新品种证书（证书编号：农09新品种证字第51号）。历时14年培育了“豫粉1号”蛋用配套系，2014年通过国家审定，于2015年12月获得新品种证书（证书编号：农09新品种证字第62号）。

六、品种评价与展望

固始鸡是我国优良地方鸡品种之一，体型中等，具有觅食能力强，耐粗饲，抗病、抗逆性强，产蛋较多，蛋黄大，蛋白浓，蛋壳厚，蛋品质高，肉质好，风味好，遗传性能稳定等特点。固始鸡以其优良的特性、独有的风味在全国享有盛名，是河南省存栏量最多、分布较广的优良品种，是发展我国养鸡事业的宝贵财富。可为其他品种鸡肉质改良提供优良的基因。在当地政府和畜牧部门的重视和扶持下，在龙头企业河南三高农牧股份有限公司的带领下，固始鸡已进入产业化快速发展阶段，并显现出良好的发展前景。

七、照片

固始鸡公鸡、母鸡、群体照片见图5-1至图5-3。

图5-1　固始鸡公鸡

图5-2　固始鸡母鸡

图5-3　固始鸡群体

调查及编写人员：

张　斌　吴天领　胡建新　李鹏飞　康相涛　侯以强　李　平　晏辉宇　张璐璐
李　莉　白跃宇　竹学军　陈立新　魏　锟　付兆生　祝　伟　陈功江　陈　萍
王本乐　张　军　徐继钊　戴文洲　刘运振

正阳三黄鸡

一、一般情况

正阳三黄鸡因产于河南省驻马店市正阳县而得名，属蛋肉兼用型地方鸡品种。中心产区位于驻马店市正阳县的文殊河流域、淮河流域，在正阳县的慎水、大林、皮店、陡沟、兰青、铜钟等几个乡镇。临近的汝南县、确山县，信阳市平桥区、罗山县等县区也有分布。

正阳三黄鸡产区主要分布在北纬32° 16′ ~ 32° 48′、东经114° 11′ ~ 114° 58′的平原地区，平均海拔35米。产区气候属大陆性气候，为北亚热带向暖温带过渡地区，四季分明，气候温和，适宜种植的农作物种类有小麦、水稻、花生和大豆等。土壤类型为灰钙土与黑壤土，草地类型为温带湿润草地，优势植物群落为禾本科植物。产区内年均温度14.9℃，年极端最高温度41℃，年极端最低温度−17.5℃，平均相对湿度55%，无霜期217 ~ 235天，年降水量950 ~ 1 122毫米，雨季主要集中在每年的7月、8月、9月3个月，年日照时数2 082 ~ 2 226小时，冬季风向为西北风或偏北风，风力3 ~ 4级，平均风速2.5米/秒，夏季风向为东南风或偏南风，风力为2 ~ 3级，平均风速3米/秒，年蒸发量250毫米。主产区南临淮河，北靠汝河、文殊河，境内还有闾河、清水河、黄大港、慎水河、田白河等。水质为Ⅱ类水，水的pH 6.5 ~ 7.5。

正阳三黄鸡耐粗饲、抗病力强，宜饲养、好管理，对环境适应性强，圈养、放养皆可，目前以野外散养为主。

二、品种来源与变化

1.品种的形成 正阳三黄鸡具有悠久的驯养历史，是该地区长期自然选择和人工选育的结果，属地方良种。主产区位于正阳、汝南、确山三县交界的文殊河流域，20世纪70年代之前，当地群众把养鸡作为家庭副业，每户少则养15 ~ 20只，多的养40 ~ 50只，甚至上百只。农民养鸡主要靠散放饲养，鸡在村庄周围、树林及田间觅食草籽、嫩草、昆虫等各种饲料资源。终日觅食和运动锻炼使正阳三黄鸡逐渐形成体质健壮、体态匀称、活泼敏捷、觅食力强、耐粗饲、抗病力强的特点。由于该品种蛋品质量好，在20世纪该品种产区是我国传统重要的鲜蛋出口基地之一。

当地群众长期有意识地选留产蛋多、蛋个大、肉质鲜美、羽毛和腿为黄色的个体作种用，如此经过世世代代的挑选和培育，使三黄鸡的品种特性逐渐形成并稳定下来。在1978年，河南省组织地方畜禽资源调查时发现了这一群体大、外貌特征明显、分布较为集中、产品质量好的鸡群，并命名为正阳三黄鸡。1981年，经河南省畜禽品种鉴定委员会认定，该鸡种符合地方良种标准，被列入《河南省地方畜禽品种志》。

2.1981—2017年消长形势 1981年正阳三黄鸡育种场存栏7 500只，1986年当地农户饲养量达到125万只，成为存栏量最多的年份；之后，由于受外来高产品种（配套系）

的冲击，该品种的存栏量急剧下降，1996年下降到6万只，2004年的存栏量只有2万只。2006年新建保种场重新选育核心群2 000只，社会群体总量约5万只。核心群公鸡用于人工授精，其他公鸡采用自然交配。保种场现存栏种公鸡300只，母鸡1 200只。正阳三黄鸡1996—2017年存栏量变化见表5-7。

表5-7 正阳三黄鸡1996—2017年存栏情况

年份	1996	1997	1998—1999	2000—2003	2004	2005	2006	2010	2015	2017
存栏量（万只）	6.0	5.0	4.0	3.0	2.0	3.0	5.0	3.5	4.0	5.0

3. **品质变化大观** 通过多次的测定，正阳三黄鸡的肉、蛋品质没有明显变化，仍然保持原有的风味。

4. **濒危程度** 目前整个种群存栏约5万只，根据2006年版《畜禽遗传资源调查技术手册》附录2“畜禽品种濒危程度的确定标准”，正阳三黄鸡处于无危险状态。

5. **品种选育情况** 从1978年开始选育，经过40多年科技人员的辛勤工作，已选育成功蛋肉兼用型的品系1个、建立家系80个。1982年，“正阳三黄鸡阶段选育”项目获河南省科技进步二等奖。1987年，正阳三黄鸡在国家工商局进行了注册登记，注册商标“三黄牌”。2006年通过与技术质监部门进行合作，制定了正阳三黄鸡品种标准与养殖技术规范。

三、品种特征和性能

1. **体型外貌** 正阳三黄鸡属小型肉蛋兼用品种。公鸡体躯发达、匀称，结构紧凑，胸部宽广突出，背腰平直，头尾高翘，腿粗壮，骨骼粗壮结实，肌肉发育适中。母鸡体躯匀称、结实，胸部发育适中，背腰平直，腹部宽大，后躯发达、腿细结实，骨骼细且结实，肌肉发育适中。黄羽、黄喙和黄腿（黄胫）是正阳三黄鸡的主要外貌特征。公母雏鸡的羽毛颜色均为淡黄色。成年公鸡羽毛颜色为金黄色，成年母鸡羽毛颜色为浅黄色。成年公母鸡的皮肤颜色30%为浅黄色，60%为白色，10%为杂色。无论是雏鸡还是成年鸡，胫均为黄色，喙为米黄色。成年鸡喙短粗、稍弯曲，呈米黄色，基部黄褐色，少数个体的喙部为纯黄色。头大小适中。冠、肉垂发达，威武雄壮，冠、肉垂、脸面、耳叶皆为鲜红色，冠型有单冠、复冠（主要为玫瑰冠）2种，单冠居多，复冠只占14%左右。单冠直立，有5～7个冠齿，部分母鸡冠基前中部呈波形弯曲，肉垂发达。耳叶红色。眼睛大而圆，突出、明亮有神，虹彩呈橘红色。正阳三黄鸡体质健壮、结实、活泼敏捷。在放养过程中，突遇惊吓等意外，可原地腾空10多米高，在空中飞翔100～300米，且能在天空中盘旋观察地面情况后落地。放养情况下，正阳三黄鸡夜里多栖息于树杈、房顶、墙头等高处，很少在地面栖息，即使在寒冷的冬季也是如此，具有“野珍”之称。

2. **生产性能**

（1）体重、体尺。2017年对保种场内的成年正阳三黄鸡进行随机抽测体重和体尺，结果见表5-8。

表5-8　正阳三黄鸡的体重和体尺测定结果

性别	只数	日龄	体重（克）	体斜长（厘米）	胸宽（厘米）	胸深（厘米）	胸角（°）	龙骨长（厘米）	骨盆宽（厘米）	胫长（厘米）	胫围（厘米）
公	30	210	1 615.7±211.2	21.3±0.87	6.4±0.89	10.4±0.62	68±3.48	11.7±0.83	8.2±0.53	10.7±0.67	4.3±0.28
母	30	210	1 446.8±156.9	19.3±1.12	6.1±0.65	9.6±0.69	72±4.84	10.8±0.66	7.8±0.52	9.0±0.58	3.8±0.22

（2）生长速度。正阳三黄鸡生长发育速度较慢，农户散养条件下，7月龄公鸡平均体重1.62千克，母鸡体重1.45千克；在圈养并饲喂配合饲料的情况下，4月龄的公鸡体重为1.5～1.6千克，母鸡体重为1.25～1.35千克；绝对增重最快时期为60～120天，平均月增重0.35千克。一般当地群众把该鸡的上市时间定为4个月。母鸡开产前的1个月，鸡群采食量猛增，体重迅速增长，为整个青年鸡阶段生长最快的时期，平均月增重可达0.4千克，为产蛋储备了足够的营养物质。

（3）屠宰性能。正阳三黄鸡具有皮薄、骨细、肉质细嫩多汁、风味鲜美、营养丰富、屠体美观等特点。对300日龄正阳三黄鸡进行测定，结果见表5-9。

表5-9　正阳三黄鸡300日龄屠宰性能测定

性别	活重（克）	屠体重（克）	半净膛重（克）	全净膛重（克）	腹脂重（克）	腿肌重（克）	胸肌重（克）	肌肉嫩度（%）
公	1 498.7±236.28	1 330.1±219.68	1 232.4±195.03	1 057.3±173.79	12.2	149±25	67.8±13.07	3.9±0.68
母	1 400±312.67	1 231.7±296.09	1 068.5±208.51	940.4±192.86	83.4	108±19.96	69.4±14.5	3.4±0.5

（4）产蛋性能与蛋品质。正阳三黄鸡农户散养年产蛋量为140～160枚，产蛋时间集中在3—10月，春季是产蛋旺季，秋季产蛋也较多，夏、冬季产蛋较少。根据农户反映，该品种连产性良好，一般连产2～5枚蛋休息一天，少数优秀个体可连产34枚。初产蛋重42.81克，蛋形规则，大小均匀一致，蛋黄比例大。蛋壳浅褐色或粉红色，厚而致密，不易破碎，适合于包装进行长途运输、保存和机械化生产。测定60枚正阳三黄鸡蛋，其蛋品质主要指标见表5-10。

表5-10　正阳三黄鸡蛋品分析测定

蛋重（克）	蛋纵径（厘米）	蛋横径（厘米）	蛋形指数	蛋壳厚度（毫米）	蛋比重	蛋黄色泽	哈氏单位	蛋黄比率
50.37±0.97	5.38±0.19	4.12±0.17	1.31	0.30±0.11	1.11±0.01	9.11±2.07	79.15±4.27	33.73%

3. 繁殖性能

（1）性成熟期。公鸡性成熟较早，青年公鸡3月龄开啼，4月龄有交配行为；母鸡性成熟较晚，平均开产日龄在194天左右，某些早熟的个体为165天。

（2）适时配种期。公鸡150日龄，母鸡180日龄。

（3）配种比例。一般公母配比为1 ：（12～15）。

（4）利用年限。公母鸡最佳种用年限均为1～2年。

（5）就巢性。正阳三黄鸡有就巢性。据统计，第一年开产的母鸡就巢性较弱，就巢母鸡约占全群母鸡的18%左右；第二年母鸡就巢性增强，就巢母鸡占全群的25%～30%；部分老母鸡有1年就巢2次的现象。每次就巢持续时间约60天，醒巢后身体恢复要半个月左右，可继续产蛋。多在春季产蛋旺季过去后5—6月出现就巢，7—9月仍有就巢现象发生。

四、饲养管理

正阳三黄鸡育雏期适宜圈养，后期野外散养。1月龄前室内圈养，1月龄后群众将鸡放养在村庄周围、田野、树林中。夏、秋季节基本全靠放养，寻找各种农作物籽实、草籽、嫩草叶和昆虫等，以满足其身体正常代谢、产蛋的营养需要。冬、春季节田野可食的饲料甚少，只靠采食麦苗、草籽、草根，不能维持正常的营养需要，一般早、晚补饲2次原粮，供给鸡体所必需的营养物质。育肥期平均日耗料量100克，全程饲料转化率3.9：1。饲养水平要求一般，饲养容易，抗病力较强。

五、品种保护与研究、利用情况

1. 保种场、保护区及基因库建设情况　2006年正阳县新建一个3万笼位的正阳三黄鸡保种场，制订有保种选育计划。目前，采用本品种选育的方式进行保种繁育，同时划定5个乡镇为自然繁育区。正阳三黄鸡品种鉴定仍采用原来的地方品种标准。

2. 列入保种名录情况　1981年被收录入《河南省地方优良畜禽品种志》；2009年被列入《河南省畜禽品种资源保护名录》，2010年被列入国家地理标志产品保护，2011年被收录入《中国畜禽遗传资源志　家禽志》。在国家商标总局申请有“三黄”“诸美三黄”商标。于2009年被收录入《河南省畜禽遗传资源保护名录》，2018年再次被收录入《河南省畜禽遗传资源保护名录》。

3. 品种标准与饲养管理标准　2016年颁布了河南省地方标准《正阳三黄鸡》（DB41/T 1334—2016）；正阳三黄鸡保种场制定了《正阳三黄鸡质量技术要求》。

4. 开展的种质研究情况及取得的结论　20世纪80年代，河南省一些高校教师和企业技术人员已经开始对正阳三黄鸡开展了初步的资源调查、生产性能观察，并进行纯种选育和杂交实验。进入新世纪以来，一些专家学者对正阳三黄鸡的遗传资源保护和利用进行了系统调研、测定，从分子生物学层面进行了遗传多样性分析，对于加强品种资源保护和开发利用提供了良好的技术支撑。

5. 品种开发利用情况　目前，正阳县已经申报并通过了国家地理标志产品保护。组建了正阳三黄鸡发展股份有限公司，实施了“公司+基地+农户”产业化运作模式，发展了大批专业村与专业户。针对市场需求，开发了方便、速食的真空包装卤鸡、风干鸡等特色食品。

六、品种评价及展望

正阳三黄鸡是河南省一个产蛋较多、蛋大质优、肉质鲜美、耐粗饲、抗病力强、经济价值较高的蛋肉兼用型优良地方良种。该品种属于小型高产类型鸡种，体型较小，生产性能较好，饲养经济价值较高。正阳三黄鸡生长慢，早期肥育性能差，有就巢性，某些个体过于轻小有待进一步改良。

正阳三黄鸡群内有部分个体为玫瑰冠，约占群体的14%左右，这种冠型相对于单冠属于显性。通过选育建立玫瑰冠母本或父本种群，与其他优质肉鸡品系（种群）杂交，后代均表现为玫瑰冠。对于禁止活禽交易的城市消费者来说，玫瑰冠是一个辨识该优质肉鸡的重要指征。

七、照片

正阳三黄鸡公鸡、母鸡、群体照片见图5-4至图5-6。

图5-4　正阳三黄鸡公鸡

图5-5　正阳三黄鸡母鸡

图5-6　正阳三黄鸡群体

调查及编写人员：
江道合　牛　岩　康相涛　李军平　魏　政　刘占辉　马崇耀　王晓峰　代常青
邹运山　杨新民　张　隽　王　俊　熊俊强　江春蓉　刘战辉

卢　氏　鸡

一、一般情况

卢氏鸡因产于河南省三门峡市卢氏县而得名，属蛋肉兼用型地方鸡品种。卢氏鸡原产地和中心产区均在河南省卢氏县，主要分布在卢氏县除城关镇以外的18个乡镇，周边县、市也有少量分布。

卢氏县地处河南省西部，位于北纬33° 33′ ~ 34° 23′、东经110° 35′ ~ 110° 22′，东西宽约72千米，南北长约92千米。全县地势西高东低，南高北低。伏牛山、熊耳山、崤山自西部入境，由南至北呈扇形向东展开，并逐渐下降。全县平均海拔800米，最高为玉皇尖达2 057.9米，最低为洛河出境处仅482米，伏牛、熊耳、崤山等山地海拔一般在800 ~ 1 800米，形成了“八山一水一分田”的基本地貌，植被、森林覆盖率多在80%以上。卢氏县地处亚热带与暖温带的过渡带，具有大陆性气候的共同特点，季节性变化明显，日照时数少，积温少，气候因素垂直变化大，小气候多，干旱、暴雨、冰雹等自然灾害频繁。高温期短，春秋两季气温平和。年平均气温12.8℃，年最高气温39.3℃，年最低气温 -13.5℃，相对湿度为71.6%，无霜期历年平均为184天，日照季节变化特点是夏长冬短，7月最长，1月最短，年降水量648.8毫米，雨季集中在7月、8月、9月。全年主导风向多为东北风。水源丰富，属黄河水系的有洛河、杜荆河等，流域面积占70%；属长江水系的有老灌河和淇河等，流域面积占30%。土质以褐土、棕壤、黄棕壤为主，分别占49.4%、22.6%和10.6%，适宜多种农作物、林木、灌木和牧草生长。卢氏鸡经过长期饲养、驯化和选育，具有个体轻巧、温顺喜群居、善飞、耐粗饲、觅食力强、抗病力强和生态适应性广等特点。笼养、放养皆可。

二、品种来源与变化

1. 品种形成 卢氏县山高林密，以往交通闭塞，家禽养殖受外来鸡种影响较小，气候湿润，人烟稀少，工业欠发达，生态环境优良，自然饲草饲料资源丰富，当地百姓有养鸡卖蛋、卖公鸡补贴家用的习惯。经当地劳动人民长期饲养、驯化、选育逐渐形成卢氏鸡这一古老的原始鸡种，以其适应性强、耐粗饲、繁殖性能高、肉质好、蛋品好、味道美、营养价值高等优点，受到群众钟爱。在农户散养情况下，以产浅褐色壳蛋、粉壳蛋为主，3.6%个体产绿壳蛋。

2. 群体数量 2016年全县卢氏鸡存栏90.6万只，其中卢氏绿壳蛋鸡存栏65.3万只，占比为72.08%。在双龙湾镇官木村、久富村，东明镇当家村，文峪乡窑子沟村，范里镇何窑村，杜关镇郭家村、龙王庙村7个卢氏绿壳蛋鸡散养基地，共存栏卢氏绿壳蛋鸡38.5万只。

3. 1985—2016年消长形势

（1）数量规模变化。卢氏鸡存栏量，1985年为52.33万只，到2016年为90.6万只，主要是产绿壳蛋鸡数量增加明显，由1985年仅1.88万只增加到2016年65.3万只（表5-11）。

表5-11　卢氏鸡绿壳蛋鸡品种1996—2016年存栏量（万只）

年份	1996	1997	1998	1999	2000	2001	2002	2003	2004	2005	2006
存栏量（万只）	1.88	1.38	1.73	1.81	1.97	2.89	4.24	8.5	12.9	15.7	16.8
年份	2007	2008	2009	2010	2011	2012	2013	2014	2015	2016	
存栏量（万只）	22.3	28.1	45	48.6	56.2	75.4	71.5	78.4	76.3	65.3	

（2）品质变化大观。通过近些年的选育，卢氏鸡在体尺、体重和产蛋量等方面都有很大提升。2006年与1981年相比，成年公母鸡体重普遍提高10%以上，体斜长、胸深、胸宽、龙骨长等普遍提高3.5%以上，产蛋量从自然散养的110～150枚增加到集约笼养、生态放养的140～180枚。通过对卢氏绿壳蛋鸡品系的开发选育，培育出的卢氏绿壳鸡种群产绿壳蛋比例达95%，产绿壳蛋特性稳定遗传。

（3）濒危程度。2000年前，虽然卢氏鸡群体数量达50万只，但群体中3.6%产绿壳蛋，绿壳蛋鸡处于濒危程度。2001年起，实施保种计划和绿壳蛋鸡选育开发项目后，2016年全县卢氏鸡存栏90.6万只，卢氏绿壳蛋鸡存栏65.3万只。根据2006年版《畜禽遗传资源调查技术手册》附录2“畜禽品种濒危程度的确定标准”，卢氏鸡的濒危程度为无危险状态。

三、品种特征和性能

1.体型外貌 卢氏鸡属典型的蛋肉兼用型品种。个体较小，体重轻，体形呈楔形，紧凑结实，后躯发育良好，羽毛紧密，头小而清秀，眼大、圆而有神、微凸，颈细长，背平宽，翅紧贴。尾部翘起，腿长，反应灵敏，警觉性强，善飞。卢氏鸡毛色鲜艳，公鸡以黑红色为主，黄色与红色次之，白色及其他杂色少见。母鸡以麻色为多，主要为黄麻、黑麻和红麻，其次是黑色和白色，黄色仅占8.0%。头型多为平头，凤头占3%；冠型以单冠为主，占81%，其次是豆冠。喙短略为弯曲，喙以青色为多，粉色次之，少数为黄色。虹彩主要有橘黄色和棕褐色，冠脸及肉髯皆为鲜红色，个别鸡为乌面绿耳。胫多为青色，其次是粉红色，四趾灵巧锐利。肤色以粉白色为主，肉色与黄色次之，乌色皮肤仅占0.5%。尾型以直尾翘立为主。12月龄卢氏鸡体尺、体重指标见表5-12。

表5-12 卢氏鸡（12月龄）体尺、体重指标

性别	样本量	体重（千克）	体斜长（厘米）	胸深（厘米）	胸宽（厘米）	龙骨长（厘米）	骨盆宽（厘米）
公	18	1.65±0.37	21.49±1.9	10.99±1.0	7.69±1.0	11.61±1.1	6.56±0.7
母	25	1.42±0.25	19.12±2.3	10.3±0.9	7.11±0.7	10.2±1.3	6.52±0.7

注：测定时间为2007年4月，由河南省畜禽改良站、河南农业大学、三门峡市畜牧局、卢氏县畜牧局联合测定

2.生产性能

（1）产肉性能。卢氏鸡在120日龄前生长发育较迅速，以后逐渐缓慢下来。与饲养条件、育雏季节等因素密切相关。体重、屠宰指标和肉品质等见表5-13至表5-15。

表5-13 卢氏鸡绿壳蛋品系不同周龄体重

性别	初生重（克）	4周龄体重（克）	8周龄体重（克）	12周龄体重（克）	16周龄体重（克）	20周龄体重（克）
公	36.43	259.76	596.8	1 100.8	1 447.1	1 796.4
母	35.6	224.83	530.6	867.8	1 121.5	1 315.2

注：测定时间为2007年2月，由河南省畜禽改良站、河南农业大学测定。

表5-14 卢氏鸡屠宰性能

项目	公鸡	母鸡	平均
活重（克）	1 752.2±26.47	1 779±26.20	1 765.6±28.57
屠体重（克）	1 590.92±20.30	1 628.85±23.99	1 609.86±58.94
半净膛重（克）	1 428.08±48.33	1 353.06±36.4	1 390.57±56.48
全净膛重（克）	1 213.7±54.86	1 216.32±18.47	1 215.01±38.62
胸肌重（克）	161.0±8.60	177.56±8.07	169.28±8.99
腿肌重（克）	353.04±12.07	269.4±5.66	311.22±23.76
屠宰率（%）	90.8±0.76	91.6±0.61	91.18±0.76
半净膛率（%）	81.5±2.03	76.1±2.85	78.08±4.28
全净膛率（%）	69.3±2.39	68.4±0.67	68.81±1.72
胸肌率（%）	13.3±0.93	14.6±1.34	13.92±1.29
腿肌率（%）	29.1±1.08	22.1±0.79	25.62±3.75

表5-15 卢氏鸡胸肌成分分析

项目	公鸡	母鸡	平均
水分（%）	71.6±0.16	71.52±0.42	71.60
灰分（%）	1.28±0.03	1.18±0.00	1.23
肌内脂肪（%）	2.17±0.01	2.23±0.23	2.19
蛋白质（%）	24.95±0.16	25.04±0.64	25.00

注：测定时间为2007年2月，由河南省畜禽改良站、河南农业大学测定。

（2）蛋品质量。卢氏鸡蛋蛋形规则，蛋壳颜色为粉红色、绿色或浅绿色，蛋黄较大，占蛋重30%左右，呈橘黄色。蛋品质量相关指标见表5-16。

表5-16 卢氏绿壳蛋品质物理性状的测定结果

蛋重（克）	蛋的比重	蛋形指数	蛋壳厚度（微米）	蛋壳重（克）	哈氏单位	蛋黄重（克）	蛋黄色泽	蛋黄pH	蛋白pH	蛋黄占全蛋比例（%）
54.74±4.87	1.085±0.007	1.314±0.103	356.8±31.61	4.811±0.521	83.60±6.42	16.36±1.47	9.61±3.64	5.846±0.132	8.895±0.137	33.16±2.56

注：测定时间为2007年2月，由郑州牧业工程高等专科学校测定。

（3）繁殖性能。卢氏鸡开产日龄为170天，母鸡开产体重1.17千克，初产蛋重44克，平均蛋重54.74克。公鸡88日龄开啼，体重平均657克。在野外自由采食情况下，每年2—3月开始产蛋，4—7月为盛产期，9—10月仍有一个小盛产期。母鸡每产1～2枚蛋休息一天，盛产期中可连产5～6枚蛋休息一天。卢氏鸡第一年很少就巢，第二年之后就巢性增强，就巢期多在初夏、秋两季。自繁自养多选择2岁以上老母鸡抱孵。

四、饲养管理

卢氏鸡的适应能力强，既可舍饲也可放牧饲养。

五、品种保护与研究、利用情况

1. 保种场、保护区及基因库建设情况 2001年卢氏鸡纯种繁育中心和三特牧业有限公司成立，2002年建立卢氏鸡育种登记制度。2008年，该公司改制成立卢氏县博康卢氏鸡发展有限公司，2015年企业变更为卢氏菜源卢氏鸡生态养殖公司。2016年，公司在官道口镇杨眉河村开工建设10万套卢氏鸡育种场，重点开展卢氏绿壳蛋鸡种群开发选育，核心育种群体数量保持在3万只/年，其中种公鸡数量保持在1 000只/年。2011年完成卢氏绿壳蛋鸡十一世代选育。卢氏县开展了卢氏鸡绿壳蛋品系遗传资源保护区建设，把木桐、潘河、徐家湾、双龙湾、官坡，狮子坪、瓦窑沟、双槐树、汤河、朱阳关10个乡镇作为绿壳蛋品系的自然繁殖保护区，禁止引入外来鸡种。2015—2016年建成官道口镇庄科村、新坪村、金架沟村，双龙湾镇西虎岭村、东虎岭村，官坡镇蔡家沟村，朱阳关镇槐树村，东明镇小湾村、蒋渠村，杜关镇郭家村，狮子坪乡颜子河村11个卢氏绿壳蛋鸡保护区，投放卢氏绿壳蛋鸡鸡苗21 500只，参与保种农户达1 039户。河南农业大学构建了地方鸡保护利用技术体系，在其下属的种质资源场建立1 000只卢氏鸡核心群。

2. 列入保种名录情况 1986年被列入了《河南省地方优良畜禽品种志》，2001年被列入《河南省优良畜禽品种资源保护名录》，2003年被列入《中国家禽地方品种资源图谱》，2011年被列入《中国畜禽遗传资源志　家禽志》，于2009年被收录入《河南省畜禽遗传资源保护名录》，2018年再次被收录入《河南省畜禽遗传资源保护名录》。

3. 制定的品种标准、饲养管理标准 2006年4月，卢氏鸡获国家质量监督检验检疫总局批准为地理标志保护产品；2005年制定发布了地方标准《卢氏鸡饲养管理技术规范》(DB4112224/T 1—2005)。

4. 开展的种质研究情况及取得的结论 2002年，农业部家禽监测中心及中国农业大学在卢氏县采集卢氏鸡血液进行了生化和分子遗传测定；2006年，河南农业大学在卢氏县采集卢氏鸡血液进行了生化和分子遗传测定。

5. 品种开发利用情况 目前，河南农业大学已经利用卢氏鸡培育出高产绿壳蛋鸡和矮小型绿壳蛋鸡配套系。通过与卢氏鸡原种配套生产，保护了卢氏鸡原种，同时也提高了卢氏鸡绿壳蛋系的供苗能力。

六、品种评价与展望

卢氏鸡作为蛋肉兼用品种，产蛋量高，蛋品质好，肉品质风味好，有产绿壳蛋特性，符合多元化市场需求，深受消费者喜爱。进一步加大地方品种保护利用力度，开展粉壳蛋鸡品系、肉鸡品系、观赏鸡品系研究，开展产品深加工，拉长生产、加工、销售链条，提高卢氏鸡品牌、产品附加值，提高卢氏鸡产业的核心竞争力。

七、照片

卢氏鸡公鸡、母鸡、群体照片见图5-7至图5-9。

图5-7　卢氏鸡公鸡

图5-8　卢氏鸡母鸡

图5-9　卢氏鸡群体

调查及编写人员：

牛　岩　康相涛　韩海军　陈碾管　莫占民　徐新月　苏建方　陈喜英　高灵照
田亚东　刘　贤　王晓峰　肖赞奇　赵生武　宋敏学　王丽芳　杨五洲　张世刚
黄留柱　陈占友　赵卢平　张春花　武　靖

淅川乌骨鸡

一、一般情况

淅川乌骨鸡属肉蛋兼用型地方鸡品种，同时具有一定的药用价值。淅川乌骨鸡中心产区为淅川县的盛湾、仓房、老城、大石桥等乡镇，全县其他乡镇也有分布，毗邻的西峡县也有少量分布。淅川县地处秦岭山系东延部分的伏牛山南麓，是南水北调中线工程的核心水源地和渠首工程所在地，地理坐标为北纬32° 35′ ~ 33° 23′、东经

110° 58′ ~ 111° 53′，境内地形复杂、山川相间、河流纵横，最高海拔1 086米，最低海拔120米。淅川县地处亚热带与暖温带气候过渡地带，气候温和，四季分明，降水量充沛，境内年平均气温15.8℃，极端最高气温42.6℃，最低气温−13.2℃。年平均相对湿度70%，无霜期228天，年平均日照时数为2 046.7小时，年平均降水量为804.3毫米，年平均风力2 ~ 3级。淅川县属长江流域汉江水系，丹江自西北向东南纵贯全境，水利资源丰富，水质多在Ⅱ类以上，局部达Ⅰ类标准。境内黄褐色沙壤土和黄黏土分布较多。主要农作物和经济作物是小麦、玉米、甘薯和油菜，占农作物总量80%，其次是谷子、大豆、绿豆等杂粮作物；主要饲料作物为玉米、甘薯及南瓜。

淅川乌骨鸡幼雏体小，体质弱，抗逆性差。成鸡行动敏捷，善飞跃，夜晚喜栖于树上，野性明显，胆小易“炸群”，觅食性强，对环境适应性强，抗病力强，喜群居，耐严寒，饲料消耗少。

二、品种来源与变化

1.品种形成 淅川乌骨鸡形成历史悠久，过去民间常将淅川乌骨鸡作为一些慢性和虚损性疾病恢复的滋补品，具有补虚、活血、治“伤力”的功能。产区素有以白羽公乌鸡祭祀的习俗，经长期选择形成了以白羽为主的乌骨鸡群体。产区气候温和，森林茂密，野果、昆虫、中草药等各种生物资源丰富，为淅川乌骨鸡种群的形成提供了物质基础。经过长期的自然选择和人工选育逐渐形成了这一独特的地方品种。

2.群体数量 据2017年10月调查，全县淅川乌骨鸡存栏约10万只，其中石板沟、秀子沟、花棚、袁坪、金池保种区存栏近2万只。淅川县盛源生态养殖有限责任公司（淅川乌骨鸡保种场）存栏5 000套，已经过9个世代提纯复壮和主要疫病初步净化，成为淅川乌骨鸡的核心群。

3.2005—2017年消长形势

（1）数量规模变化。2005年调查统计存栏量为16.5万只，主要存在于县内一些偏远山区，以农户自孵、散养为主。后由于南水北调近20万群众迁移、县内生态移民和打工潮出现，养殖数量急剧下降。至2011年底，全县存栏不足8万只，原来规划的余关、山根、茅坪保种区由于人民迁移而不复存在。2009年淅川乌骨鸡保种场初步建成，2017年全县淅川乌骨鸡存栏约10万只，但农村散养混养严重。

（2）品质变化。随着当地生产生活条件改变，淅川乌骨鸡生产从主要依赖野外自由觅食转为人工喂食，由散养到圈养，体重和产蛋量均有所提高。农村散养每年产蛋70 ~ 80枚，规模场年产蛋可达110枚左右。

（3）濒危程度。根据2006年版《畜禽遗传资源调查技术手册》附录2“畜禽品种濒危程度的确定标准”，淅川乌骨鸡的濒危程度为无危险状态，但纯粹依赖民间和民营企业保种有一定风险。

三、品种特征与性能

1.体型外貌

（1）外貌特征。淅川乌骨鸡体型小而紧凑，羽毛以白色片羽为主，有少量的黄羽、黑羽、黄麻羽；具有“乌皮、乌腿、乌喙、乌骨、乌肉”特征。体质结实，结构匀称，胸部宽深，胸肌、腿肌发达；光胫，乌色，4～5爪。单冠，冠齿5～8个，冠、髯、面部紫红色或紫黑色，喙乌色带钩，耳叶多呈绿色或暗红色，极少数白色。成年公鸡头高昂，肉髯深而较薄，尾羽高翘，主尾羽下弯，状如镰刀；母鸡头清秀，羽毛紧凑，尾羽尖束状上翘。淅川乌骨鸡1～5日龄雏鸡在双翅根部，因羽毛尚未丰满，常露出两个对称的豌豆大小“黑”点。

（2）体尺和体重。2006年8月至9月，测量25只成年淅川乌骨鸡体尺和体重，结果见表5-17。

表5-17 成年淅川乌骨鸡体尺和体重

性别	体重（克）	体斜长（厘米）	胸宽（厘米）	胸深（厘米）	龙骨长（厘米）	胸角（°）	骨盆宽（厘米）	胫长（厘米）	胫围（厘米）
公	1 389±1.6	18.3±1.1	7.2±1.0	10.4±1.3	11.2±1.4	81.8±4.8	8.1±1.2	10.3±0.9	4.1±0.2
母	1 245±1.3	17.6±0.8	6.6±0.8	8.9±1.1	9.9±0.7	81.0±5.6	6.8±1.0	8.7±0.7	3.7±0.1

注：2006年9月由河南农业大学和淅川县畜牧局测定360日龄公鸡12只、母鸡13只。

2. 生产性能

（1）肉用性能。淅川乌骨鸡生长期不同阶段体重见表5-18，屠宰性能见表5-19，肌肉主要化学成分见表5-20。

表5-18 淅川乌骨鸡生长期不同阶段体重（克）

初生体重（克）	2周龄体重（克）	4周龄体重（克）	6周龄体重（克）	8周龄体重（克）	10周龄体重（克）	12周龄体重（克）	14周龄体重（克）
27.7±1.4	83.1±9.3	169.4±19.0	283.3±37.9	404.2±63.5	670.7±100.5	760.8±106.5	905.4±127.9

注：2009年由河南农业大学种鸡站测定淅川乌骨鸡40只（公母混合称重）。

表5-19 淅川乌骨鸡屠宰性能

性别	宰前活重（克）	屠体重（克）	屠宰率（%）	半净膛率（%）	全净膛率（%）	腿肌率（%）	胸肌率（%）	腹脂率（%）
公	1 359±163	1 224±144	90.1±1.3	80.1±2.7	68.3±2.4	26.5±1.9	17.1±1.1	—
母	1 194±181	1 093±160	91.5±2.6	79.5±3.8	67.6±2.7	22.9±2.1	17.6±2.2	4.1±2.6

注：2009年8月由河南农业大学测定350周龄公鸡7只、母鸡11只。

表5-20 淅川乌骨鸡肌肉主要化学成分

性别	水分（%）	干物质（%）	粗蛋白（%）	粗脂肪（%）	粗灰分（%）
公	72.3±1.3	27.7±1.3	24.8±1.1	1.6±0.1	1.1±0.1
母	72.1±1.4	27.9±1.4	24.2±1.4	2.4±0.5	1.1±0.1

注：2009年8月由河南农业大学测定350周龄公鸡7只、母鸡11只的胸肌样。

（2）蛋品质量。淅川乌骨鸡蛋均重（47.4±2.8）克，鸡蛋品质见表5-21。

表5-21　淅川乌骨鸡鸡蛋品质

蛋重（克）	蛋形指数	蛋壳强度（千克/厘米^2）	蛋壳厚度（毫米）	蛋壳色泽	哈氏单位	蛋黄比率（%）
47.4±2.8	1.29±0.12	3.74±0.33	0.34±0.03	绿色或粉色	87.6±5.7	34.9±2.4

注：2009年6月由郑州牧业工程高等专科学校测定350日龄淅川乌骨鸡蛋40个样品。

（3）繁殖性能。淅川乌骨鸡开产日龄为（172±8）日龄，年产蛋数90～120枚，开产蛋重平均43.6克，生产群平均蛋重46.9克，蛋壳绿色居多，少数粉色。种蛋受精率93%左右，受精蛋孵化率88%。散养条件下就巢率7%左右，公母比例1 ∶ 20。

四、饲养管理

淅川乌骨鸡抗病性、抗逆性较强，在育雏阶段因体型较小需要加强管理，其他阶段较容易饲养，无特殊饲养管理要求。目前在中心产区主要为农民野外散养，很少进行免疫，自由觅食，傍晚补饲原粮，饲养水平较低，年产蛋80枚左右，公鸡6个月体重1 350克左右即出售上市。在规模化笼养条件下，需要满足其营养需要，以提高生产性能，年产蛋110枚左右。淅川县盛源生态养殖有限责任公司采用的营养标准见表5-22。

表5-22　淅川乌骨鸡不同生长阶段的营养需要

项目	1～4周龄	5～8周龄	9～13周龄	14～17周龄	18～25周龄	产蛋前期	产蛋后期
代谢能（兆焦/千克）	12.14	11.93	11.51	10.89	10.26	11.72	11.30
粗蛋白质（%）	21	19	17	15.5	13.5	17～18	16
钙磷比						3 ∶ 0.6	3.2 ∶ 0.6

五、品种保护与研究利用情况

1. 保种场、保护区及基因库建设情况　2006年，淅川县畜牧局划定石板沟、秀子沟、花棚、余关、山根、茅坪6个保种区，但后来由于南水北调中线工程移民，余关、山根、茅坪保种区于2012年不复存在。目前有石板沟、秀子沟、花棚、袁坪、金池5个保种区，面积约61千米^2，存栏近2万只淅川乌骨鸡，因缺乏政策约束机制，局部仍有杂种鸡存在。

2009年，淅川县盛源生态养殖有限责任公司在盛湾镇李湾村建设淅川乌骨鸡保种场，后由于南水北调禁养区划分影响，于2013年按种鸡场建设要求迁移至盛湾镇旗杆岭村新建保种场，2014年取得河南省畜牧局颁发的“种畜禽生产经营许可证”，经几年配套，软硬件条件均得到较大提升。目前有种鸡5 000套，已经过9个世代提纯复壮和主要动物疫病初步净化。河南农业大学家禽种质资源场存栏有淅川乌骨鸡资源群。

2. 列入保种名录情况　2006年，淅川县畜牧局在我国第二次畜禽遗传资源调查中发现淅川乌骨鸡。2009年3月农业部家禽遗传资源委员会专家现场考察和鉴定，专家组一致认为，淅川乌骨鸡资源群胸肌腿肌发达、长期闭锁近交的表征明显，是一个非常宝贵的地方鸡品种资源。2010年1月15日，经国家畜禽遗传资源委员会审定通过，农业部1325号公告将淅川乌骨鸡正式列入《国家畜禽遗传资源名录》。2011年，淅川乌骨鸡被收录入《中国畜禽遗传资源志　家禽志》。2018年，淅川乌骨鸡被列入《河南省畜禽遗传资源保护名录》。

3. 制定的品种标准、饲养管理标准　2016年12月河南省质量技术监督局发布地方标准《淅川乌骨鸡》(DB41/T 1335—2016)。该标准规定了淅川乌骨鸡的品种特性、生产性能、等级评定标准，适用于淅川乌骨鸡的品种鉴别、选育和固始鸡的分级审定。地方标准《淅川乌骨鸡饲养管理技术规范》正在制定中。

4. 开展的种质研究情况　2010年5月，在河南省家禽种质资源创新工程研究中心的技术支撑下组建了淅川乌骨鸡原始资源群，并同时开展了品种选育及种质资源特性研究。2017年，河南牧业经济学院在淅川县采集血液进行了生化和分子遗传测定。

5. 品种开发利用　淅川乌骨鸡具有较好的营养滋补性能，蛋白质含量高，氨基酸种类齐全，同时富含多种维生素与微量元素，胆固醇含量较低。2013年，淅川县盛源生态养殖有限公司为淅川乌骨鸡产品注册了“中线渠首”商标。2014年12月，淅川乌骨鸡肉蛋产品作为“水的伴娘”首批进入北京市场，目前与北京、深圳等地多家销售公司建立了稳定的合作关系。淅川乌骨鸡正在积极申报地理标志产品。2019年，淅川县人民政府投资建设淅川乌骨鸡孵化中心。

六、品种评价与展望

淅川乌骨鸡具有遗传性能稳定、觅食力强、抗应激能力强、耐寒性强、适应性广、肉蛋品质好等特点，是目前报道的国内外唯一产绿壳蛋的白羽乌骨鸡。特别是丹江口水库中心盛湾镇石板沟区域的淅川乌骨鸡种群，所产绿壳蛋的占比高。今后可从优质肉用、绿壳蛋用配套系和保健药用等方向进行淅川乌骨鸡的开发利用。同时，淅川乌骨鸡大多数属于慢羽性状，可以考虑培育专用母本种群（品系），与快羽型父本进行配套杂交。

七、照片

淅川乌骨鸡公鸡、母鸡、群体照片见图5-10至图5-12。

图5-10　淅川乌骨鸡公鸡

图5-11　淅川乌骨鸡母鸡

图5-12　淅川乌骨鸡群体

调查及编写人员：

李鹏飞　康相涛　田亚东　孙桂荣　黄炎坤　刘　健　王建钦　刘家欣　刘保国
杨　滋　卢国伟　牛　岩　茹宝瑞　吉进卿　刘　贤

河南斗鸡

一、一般情况

河南斗鸡，又称中原斗鸡。20世纪80年代初，河南省地方优良畜禽品种资源调查时，将“中原斗鸡”更名为“河南斗鸡”。河南斗鸡属玩赏型地方鸡品种。河南斗鸡原产地及中心产区为河南省开封市，主要分布在北道门到北关一带，老虎门、大厅门以西到西关一带，以及曹门、宋门、寺门一带。洛阳市、郑州市、周口市、南阳市等地也有广泛分布。开封市4县6区（包括兰考县）饲养的河南斗鸡占全国的一半，存栏约1万只。河南省内存栏总量占全国的2/3。山东、安徽、浙江、新疆等地也有零星分布。

河南斗鸡主产区开封市位于河南省中部黄河下游冲积平原南端，主要养殖区域位于北纬34° 12′ ～35° 12′、东经113° 52′ ～115° 16′。全市总人口460万人，土地面积6 444千米^2，耕地面积550万亩，草场面积110万亩。开封市地形较平坦，地势由西北向东南倾斜，海拔在53～78米。开封市属暖温带大陆性季风气候，四季分明，冬季寒冷、少雨雪，春季干旱而多风，夏季炎热多雨且集中，秋季天气晴朗凉爽。年最高气温42.9℃，最低气温−16℃，全年平均气温14.24℃，相对湿度69%，无霜期214～223天，年降水量680毫米，雨季主要集中在7—8月。全年日照时数2 267小时，日照率51%。

开封市境内，除黄河滩地外属淮河流域，淮河水系主要河流有惠济河、贾鲁河和涡河等，淮河水系在开封的流域面积5 886.61千米^2。土壤多为沙壤土，少量混合土、黏土及盐碱土，适宜多种农作物和各类畜禽生长繁殖。主要农作物和经济作物有小麦、花生、玉米、水稻和棉花等。

二、品种来源与变化

1.品种形成 开封市的自然生态条件和七朝古都的特殊历史地位，对斗鸡品种的形成产生了很大的影响。斗鸡在我国民间最早只是用于观赏娱乐，近一千多年来，人们从外貌、体型、斗性、斗法等方面兼优的鸡群中精心选育，逐步形成遗传稳定、斗性顽强的斗鸡品种。

我国斗鸡出现较早，历史悠久。春秋时期，奴隶主赏玩斗鸡已很盛行。曹魏时代，曹植《名都篇》有“斗鸡东郊道，走马长楸间”之句；魏明帝曹叡为了斗鸡，在邺都（今河北省临漳县）筑起了“斗鸡台”。唐玄宗李隆基喜欢民间清明斗鸡，设鸡场于两宫之间。到了宋代，坊市制被打破，京都百业俱兴，八方辐辏、盛况空前。

在北宋时期斗鸡之风盛行，但是由于斗鸡在玩赏的同时还是一种赌博工具。拥有好斗鸡的养户绝不出手，严密加以控制，即使多余，宁可杀掉吃掉，也不许外传或转送他人喂养，对鸡种实行“垄断”；甚至驯养方法也非常保守，虽为挚友，也不轻易传授。另外，由于交通条件的限制，斗鸡在全国的分布并不广泛。我国斗鸡大都集中于中原地区，因此常被斗鸡爱好者称为中原斗鸡。在中原地区斗鸡已经成为广泛流传的民间娱乐形式，在封建社会最为盛行，这是河南斗鸡形成的主要原因。

随着时代的发展和交通条件的改善，斗鸡作为丰富人们精神文化生活的一项重要内容，广泛发展起来。据了解，分布于全国各地的斗鸡体型外貌、生产性能，尤其斗性等主要性状大体相似，追根溯源，无不来自河南开封，且唯有河南省饲养、存栏量最多（20世纪80年代尚存栏3万～4万只）。开封又长期为河南省政治、经济、文化中心，故称河南斗鸡。

2.群体数量 2016年，在开封市祥符区朱仙镇建立首家河南斗鸡原种繁育场，目前存栏约4 500只。据开封市斗鸡协会统计，截至2017年10月，全国存栏河南斗鸡2万只左右，河南省存栏约1.5万只，其中开封市存栏1万只左右，占河南斗鸡存栏的50%。

3.1988—2017年消长形势

（1）数量规模变化。20世纪80年代，河南斗鸡在全国分布有3万～4万只，大都集中在开封、郑州、洛阳、周口、新乡和南阳等中原地区，以开封市最多。1990年之后，纯种河南斗鸡数量一直处于下降趋势。据开封市斗鸡协会统计，2005年底，全国存栏河南斗鸡6 000只左右，河南省存栏约5 000只，其中开封市存栏3 000只。存栏量下降的主要原因是河南斗鸡长期封闭繁育，体型较小、打斗耐力差、抗击打能力不强。因此，广大斗鸡爱好者大多用河南斗鸡与国外高大强壮型斗鸡进行杂交，以提高其竞斗力。同时，改革开放以来经济发展任务重，养殖和玩赏斗鸡人员的时间及精力显著减少，导致斗鸡存栏量持续下降。自2006年河南省地方畜禽遗传资源调查以来，河南斗鸡饲养量、存栏量快速提高。由于斗鸡协会及斗鸡爱好者修订了斗鸡打斗规则，再加上国家对畜禽品种资源保护力度的加大，河南斗鸡的存栏量反弹，饲养量逐步提升。1988—2017年我国纯种河南斗鸡的存栏量变化情况见表5-23。

表5-23　1988—2017年河南斗鸡存栏量变化情况（万只）

年份	1988	1992	1996	1998	2000	2002	2004	2005	2017
存栏量（万只）	4.5	4.1	2.4	2.0	1.3	0.8	0.65	0.6	2.0

（2）品质变化大观。长期以来，广大斗鸡爱好者一直使用特殊的保种选育方法，使纯正的河南斗鸡基因和基本特征特性得以延续。2016年，河南长兴农牧有限公司河南斗鸡原种繁育分公司成立。该公司与高校和科研单位合作制订了详细的选育方案，期待运用现代育种技术，加快河南斗鸡保种、育种和开发利用工作。

（3）濒危程度。斗鸡比赛在开封市属于体育局管理下的传统体育项目，由于受保种选育资金的限制，特别是市场经济的影响，纯种河南斗鸡只保存在极少数斗鸡爱好者手中，有的被盗、有的主人过世后散失、有的发病死亡、有的被杂交利用。2009年11月，河南省畜牧局第6号公告将河南斗鸡确定为河南省地方畜禽资源保护品种，保种工作得到了包括畜牧部门、社会的大力支持，河南斗鸡数量得到了恢复性增长。根据2006年版《畜禽遗传资源调查技术手册》附录2“畜禽品种濒危程度的确定标准”，河南斗鸡的濒危程度为无危险状态。

三、品种特征和性能

1.体型外貌　河南斗鸡腿粗长，颈粗直，站立挺拔，胸长深宽，背宽长，爪锋利，毛层薄。河南斗鸡大致可分为4种体型，即粗糙疏松型、细致型、细致紧凑型和紧凑型。现有纯种河南斗鸡以紧凑型和细致紧凑型为主。紧凑型的斗鸡占70%，体格结实，毛薄、能打能挨、出腿快而重。公鸡标准体重在3.5千克左右，母鸡2.8千克左右。公鸡站立时头颈和胸部上抬，尾部斜向下，呈昂首挺胸的姿势。河南斗鸡的羽毛色泽种类较多，为斗鸡爱好者所讲究。公鸡以青、紫、红为主，青、紫、红、皂、白纯色鸡为上品，黄、麻、芦花等杂色鸡次之；母鸡以青、皂、白、芦花、豇豆红、豇豆白为主。要求成年鸡各种羽色正，光泽好，有白纱尾，带白边翅。喙多为黄色或黄褐色，少数白色。皮肤和胫部颜色以黄色为主。成年斗鸡头小呈半梭形，头皮薄而紧，细毛、脸坡长。经长期人工选择，冠、肉髯退化变小，冠型以豆冠（又称顶头、平冠）为主，有少量花冠。喙短粗呈半弓形，形如蒜瓣，上下喙宽厚一致，咬合紧密。大弓形喙和过细过长的喙（俗称竹签喙）不多见。鼻孔大，呈椭圆形。两眼有神，目光锐利，眼窝深，眼眶高，眼珠小，眼睛虹彩一般分为白、黄、红3种，以纯白色为上品。耳孔小，耳叶红色呈椭圆形。河南斗鸡骨骼结构与一般的鸡种不同，骨骼粗壮发达，最突出的是脑壳骨厚，1周岁公鸡的头顶脑壳骨厚度为0.5厘米，比普通鸡厚2倍。龙骨长，龙骨与耻骨间的距离只有2～4厘米。脚趾间的距离比普通鸡显宽，四趾近乎呈"十"字形。

2. 生产性能

（1）体尺、体重。2018年，开封市畜禽遗传资源调查组对开封市河南斗鸡原种场和河南斗鸡协会的成年河南斗鸡体尺、体重进行了测量（公母各30只），各项指标见表5-24。

表5-24 河南斗鸡的体尺、体重测定

性别	日龄	体重（克）	体斜长（厘米）	胸宽（厘米）	胸深（厘米）	龙骨长（厘米）	骨盆宽（厘米）	跖长（厘米）	胫围（厘米）
公	300	3 410±410	27.0±1.7	10.0±0.8	12.2±1.8	15.5±0.9	11.1±0.6	13.6±0.7	5.6±0.7
母	300	2 880±410	25.3±1.0	9.2±1.0	11.4±1.7	14.5±1.4	10.2±0.3	11.7±0.8	4.7±0.8

（2）生长速度。河南斗鸡早期生长速度快，肉味鲜美，能为杂交育成肉鸡提供极为优良的遗传基因。河南斗鸡生长期各阶段平均体重见表5-25，成年体尺见表5-26。

表5-25 河南斗鸡生长期各阶段平均体重（克）

性别	0天	30天	60天	90天	120天	150天	180天
公	39.5	197.8	515.8	951.5	1 802.8	2 269.4	2 252.8
母	39.5	197.8	515.8	951.5	1 713.3	1 990.0	2 106.6

表5-26 成年河南斗鸡的体尺发育

性别	日龄	体重（克）	体斜长（厘米）	胸宽（厘米）	胸深（厘米）	龙骨长（厘米）	骨盆宽（厘米）	跖长（厘米）	胫围（厘米）
公	300	3 410±410	27.0±1.7	10.0±0.8	12.2±1.8	15.5±0.9	11.1±0.6	13.6±0.7	5.6±0.7
母	300	2 880±410	25.3±1.0	9.2±1.0	11.4±1.7	14.5±1.4	10.2±0.3	11.7±0.8	4.7±0.8

（3）屠宰性能。2007年4月，河南省农业大学对河南斗鸡进行了屠宰测定，平均结果见表5-27。

表5-27 河南斗鸡的屠宰性能

性别	宰前活重（克）	屠体重（克）	屠宰率（%）	半净膛率（%）	全净膛率（%）	胸肌率（%）	腿肌率（%）	翅膀率（%）	腹脂率（%）
公	3 246±311	3 008±316	92.7±0.8	84.4±1.4	75.5±1.9	15.8±2.7	29.9±0.3	7.42±0.01	1.52±0.64
母	2 560±311	2 355±97	92.0±1.9	75.5±1.32	67.7±1.8	16.1±2.6	23.4±1.4	7.16±0.01	7.61±0.0.34

（4）蛋品质量。2007年4月，郑州牧业工程高等专科学校对河南斗鸡蛋的品质进行测定。2018年，河南牧业经济学院多次测定河南斗鸡蛋品质，结果见表5-28。结果表明，其哈氏单位和蛋黄比率较大，也为提高河南斗鸡的蛋品质提供了育种素材。

表5-28　河南斗鸡的蛋品质测定

蛋重（克）	蛋形指数	蛋壳强度（千克／厘米^2）	蛋壳厚度（毫米）	哈氏单位	蛋黄比率（%）	蛋白比率（%）	蛋壳比率（%）
50～60	1.31±0.05	5.14±0.87	0.35±0.02	81.90±7.20	35.38±2.74	53.63±2.77	10.99±0.58

（5）繁殖性能。斗鸡的性成熟较晚，公鸡180日龄才有交配行为。体成熟300～360日龄。种公鸡利用年限为2～3年，种母鸡利用年限为3～5年。母鸡240～270日龄开产。公母比为1：（5～6），自然交配种蛋受精率90%以上，受精蛋孵化率90%以上。年平均产蛋量在70枚左右，蛋重50～60克，蛋壳颜色为浅褐色。母鸡的就巢率约70%，每年就巢1～2次，每次就巢时间40～50天。每年7月、8月开始换毛，持续3～4个月。

四、饲养管理

1.后备鸡　雏鸡出壳后，要求精心饲养，20日龄前要特别注意保温，喂给优质高蛋白饲料，传统以大米、小米、杂面馍和蛋黄混合饲喂为主，并加0.5%～1%的钙粉、1%的酵母，每天喂4次，晚上一顿加喂蛋黄。要加强卫生防疫工作。

45日龄雏鸡体重在0.5千克左右时，经初步区分公母后，母鸡按一般鸡饲养，公鸡每天晚上另加喂蛋白质饲料，直至育成。斗性强的小公鸡45日龄后，要单独罩起来饲养，逐渐加喂粒料，增喂适量骨粉，每天早、中、晚放出来运动一会儿。公鸡经8～10个月，周身羽毛长齐后即可育成结束。

2.种用斗鸡的饲养管理

（1）种公鸡。在配种前一个月，应进行健康和膘情检查，增加运动量，绝对避免乱交配，以免消耗体力。每天早、中、晚饲喂3次，并保持不断有清洁饮水，尤其晚上一顿，一定要喂好，并补喂一定量的动物性蛋白饲料（如鱼粉、肉骨粉）。动物性蛋白饲料约占日粮的5%左右。配种结束后，转为普通喂法，减去动物性蛋白饲料，但到秋季换毛时，仍应给予3%左右的动物性蛋白饲料。种公鸡应避免过肥、过瘦，使用年限一般为3年，个别可达4年以上。

（2）种母鸡。在留用种蛋前一个月，必须严格与公鸡隔离饲养。根据母鸡的健康与膘情状况，给予不同的饲养方法。若母鸡膘满肉肥，产蛋前可不加动物性蛋白饲料，待需留种蛋时再适当添加动物性蛋白饲料，且由少到多（2%～5%）。若母鸡膘情不好或过瘦，需提前和多补充动物性蛋白饲料 。母鸡产蛋后进行交配，每产一个蛋与公鸡交配一次为宜。母鸡使用年限，一般为4年，个别的可用6年以上。

3.竞斗期的饲养管理

（1）试斗。小公鸡育成后，只要体格健壮、发育良好，待大镰羽（俗称膘尾）长成，即可试斗。一般选择本窝鸡个体进行试斗，因为个体大小差别不多。第一次试斗10分钟即可，目的在于观察其斗口、斗法，进行初步鉴定。试斗一次有时不一定能看出其优劣，还需要进行第二次试斗，时间可定为半小时，这样就可决定去留了。

（2）训练。训练的目的是提高斗鸡持久能力，打得好坏是自身的本领。人工训练方法归纳起来主要有撵、溜、转、跳、推、拉、打、抄、搓、掂、托、揉、绞、绕14种手法。以撵为基础，再根据鸡的特点和训练目的，选用三五种方法即可。俗话说："把到的鹌鹑，溜到的鸡"。一般说来，斗鸡斗前的训练是玩（即训练）七（天）歇八（天）。这是个大概，也有玩十歇六的，效果也很好，可视不同情况灵活掌握。

（3）休息。训练出来的斗鸡，俗称玩成的鸡，在斗前的几天休息期间，每天早上和中午放出来自由活动，但必须严禁其与母鸡交配或进行沙浴以免散力。

（4）打斗后处理。每次打斗后要休息一阵，用温水将鸡头、鸡脸和口腔内淤血洗净擦干，用碘酒涂一遍，再用橡皮管子往嗉囊灌淡盐水，喂点消炎药物，待晚上观察其精神状态。若打得太重出血过多、精神不振，可喂食用大枣温水泡过的发面馍，并喂食消炎药物。两三天后，待精神恢复过来再拉膘，俗称为刷膘。若是膘好，打得又不重，精神又好，打过之后接着就刷膘。具体方法是，3～7天内只喂青菜不喂粮食，体重下降10%为宜。随后是菜馍混喂，俗称三个菜食；喂过3天后，再用菜和煮高粱混喂，俗称三个花食；再3天喂煮高粱（越往后高粱煮得越轻），俗称三个小食。这时斗鸡按理应当伤愈，并恢复了健康。若不再打，可转为一般喂法；若继续打，应当计算好日期，照以下喂法喂18天左右：每天早晨七八点灌水（或让鸡自己饮一次水也行），中午十二点前后喂高粱（用开水一过晾干的高粱），晚上适量加喂优质蛋白饲料，冬季可加喂去水分的牛羊肉和鸡蛋清，春季以后只能喂蛋清。喂料的多少，应视斗鸡的大小和消化能力而定。总之，以每天早上嗉囊能消化完为宜。

五、品种保护与研究、利用情况

1. 保种场、保护区及基因库建设情况 河南省长兴农牧有限公司河南斗鸡原种繁育场建立于2016年，为河南斗鸡唯一原种繁育场。

2. 列入保种名录情况 2009年将河南斗鸡列入《河南省畜禽遗传资源保护名录》，2018年再次被收录入《河南省畜禽遗传资源保护名录》。

3. 开展的种质研究情况及取得的结论 20世纪80年代，武大椿等对河南斗鸡的品种资源分布、血液生理指标、染色体组型、行为学（交配行为、语言行为、群居行为、采食行为、饮水行为、排粪行为及产蛋行为）等进行了研究。李居仁、赖银生（1982）报道了河南斗鸡的种质特性。河南斗鸡杂交利用的研究主要集中在对肉用品系的开发上。武大椿最早报道了河南斗鸡与郑州红鸡杂交一代的发育情况。杨治田、韩占兵对河南斗鸡进行育肥性能研究。徐廷生等对河南斗鸡的生长发育、产肉性能和肉质特性进行了分析测定；对河南斗鸡、艾维茵肉鸡及其杂交一代鸡肌肉中的脂肪酸组成以及8周龄和12周龄胸腿肌肉品质进行了分析。

近年来，关于河南斗鸡的研究主要集中在群体的遗传多样性和基因多态性分析上。2016年，河南牧业经济学院与河南斗鸡保种场签订校企合作协议，开展了有关生长性状、蛋品质、繁殖性能等方面的科研工作，相关数据还在进一步整理分析中。

4. 品种开发利用情况 开封是河南斗鸡的发源地，因为斗鸡爱好者的帮派思想严重，一直没有形成规模化养殖。改革开放以后，虽然成立了开封市斗鸡协会，先由体育局管理，后由畜牧部门关心帮助，但限于文化知识的限制和斗鸡的特殊斗性，斗鸡爱好者只建有小型育种场，进行小规模的家庭饲养、管理、训练，绝不与外来血统杂交。因此，没有详细的档案登记资料和严格的选育制度。随着市场经济的发展，由于省外和国外斗鸡的引进，短短十几年，纯种河南斗鸡遭受了毁灭性打击，品种濒临灭绝。斗鸡爱好者通过对外销售纯种河南斗鸡、杂交斗鸡，以及打斗观赏来维持饲养繁殖。

近年来，河南斗鸡以其纯正的品种基因和开封斗鸡协会的广泛宣传，渐渐受到国内外关注，带动了河南斗鸡饲养量和存栏量的增长。但是，受繁殖性能和饲养成本的限制，拥有优质风味的河南斗鸡还没有摆上消费者的餐桌。2016年，河南长兴农牧有限公司河南斗鸡原种繁育分公司在开封市祥符区朱仙镇成立，为第一家河南斗鸡原种繁育场，承担河南斗鸡的种质资源保护工作。在河南省畜牧局和开封市畜牧局的大力支持下，公司与河南牧业经济学院深入合作，开展了有关河南斗鸡生长性状和蛋品质的科研工作，为河南斗鸡的深层次开发利用奠定了基础。

六、品种评价与展望

河南斗鸡历史悠久，遍布我国黄淮流域文化发达地区。几千年的斗鸡文化延续至今，在种质的选育、饲养训练等方面积累了丰富的经验。作为古老鸡种，这一纯种基因保存至今，成为我国家禽基因库中极其宝贵的遗传育种资源。河南斗鸡主要用于玩赏，繁殖性能较低，但斗鸡特有的性状基因，如前期生长速度快、肉质鲜美等特性具有很高的科研和利用价值。在运用现代育种手段后，后代生产性能有可能显著提高，利用斗鸡来培育特有性状的新品系前景广阔。

河南斗鸡这一古老、稀有品种被代代传承下来，曾有过曲折的历史，现已被列入开封市非物质文化遗产。展望未来，各级政府应重视斗鸡品种资源的保护，并被列入财政预算，发挥公共财政资金的引导作用，促进斗鸡资源的保护和开发利用。原种繁育分公司与河南牧业经济学院等大专院校和科研单位密切合作，加大对河南斗鸡生理生化、基因图谱、遗传力及遗传参数等课题的研究，利用斗鸡生长性能、肉用性能和繁殖性能进行开发探索，培育我国特有的肉用鸡种，改良我国蛋鸡品种的蛋品质，使河南斗鸡尽快走上产业化发展的道路。

斗鸡竞赛是长期保留下来的群众性娱乐活动，通过竞赛对河南斗鸡的斗性性状选育提纯也会起到一定的作用。建议今后畜牧部门、体育部门、旅游部门、斗鸡协会等联合制定出严格规范的比赛规则，在各大旅游景区建设标准化的斗鸡台，举办全国性的斗鸡比赛，以鼓励群众性的育种保种工作，并将斗鸡比赛引导到健康的轨道上来。

七、照片

河南斗鸡公鸡、母鸡照片见图5-13、图5-14。

图5-13 河南斗鸡公鸡

图5-14 河南斗鸡母鸡

调查及编写人员：
朱锐广 靳祥未 仇泽凯 黄继亮 胡秋文 吉进卿 牛 岩 杜 鹃 蔡尚海
昌兴海 徐同安 严玉柱

固 始 白 鹅

一、一般情况

固始白鹅因产于河南省固始县而得名，属肉绒兼用鹅。固始白鹅原产地为河南省固始县，中心产区为河南省固始、潢川、商城等县以及与固始相邻的安徽省霍邱、金寨等县。

固始县地处河南省东南端，豫皖两省交界处，南依大别山，北临淮河，属华东与中原交融地带。位于北纬31°46′～32°35′、东经115°21′～115°56′。地势南高北低，从西南向东北倾斜。海拔最高1 025.6米，最低23米，平均海拔80米。固始县地处江淮西部，淮河南岸，属北亚热带向暖温带过渡的季风性气候区，气候学上的0℃等温线压境而过，是我国的南北气候过渡地带。最低气温－11℃，最高41.5℃，平均为15.2℃；相对湿度70%～80%；年降水量900～1 300毫米；无霜期220～230天；全年日照时数平均2 139小时。固始县境内河流、库塘密布，水资源十分充足，有史河、灌河、泉河、白露河、春河、急流涧河、石槽河和羊行河等。土壤主要为黏土和红棕壤。农作物以水稻、小麦为主，其次为甘薯、玉米、豆类、高粱、棉花和花生等；饲料作物为粮食、油料类及其副产品。耕作制度主要为稻麦两熟。2017年，固始全县粮食总产量为107.8万吨，油料总产量为6.7万吨。可作为鹅饲料的农作物副产品达20万吨之多，饲料资源十分丰富，对养鹅业发展十分有利。河滩草地、林间草地达100多万亩，是固始白鹅良好的生态放牧场所。

固始白鹅喜水、耐旱、耐寒、耐粗饲、群居性强、抗病性强、适应性强，可圈养也可放牧饲养。在自然放牧情况下，依靠当地丰富的水草资源就能够正常生长发育。当地小规模养鹅户饲养条件比较粗放，一般很少防疫。

二、品种来源与变化

1.品种形成 固始白鹅历史悠久，依据当地历史记载，固始白鹅在当地有近千年的饲养历史。由于当地气候适宜、青绿饲料丰富、农副产品较多，为养鹅提供了优越的自然条件，经过劳动人民的长期选育，固始白鹅这一优良地方品种逐渐形成。《光山县志》中清代乾隆年间就有“固鹅光鸭”的记载，“固鹅”即指固始白鹅。当地群众素有养鹅和腌腊鹅的习惯，腌制的鹅肉色黄、味美，为当地人们喜爱的传统食品。1986年固始白鹅被列入《河南省地方优良畜禽品种志》。

2.2005—2016年消长形势

（1）数量规模变化。2005年固始白鹅总饲养量约805万只，固始县饲养量为492万只。固始县固始白鹅原种场现有保种群3万只（核心群5 000只），其中成年公鹅2 500只、成年母鹅7 500只、青年鹅2万只。2016年固始白鹅总饲养量约580万只，固始县饲养量约为350万只。固始县恒歌鹅业有限公司固始鹅原种场现有固始鹅原种5 000只，其中原种公鹅1 000只、原种母鹅4 000只，公司扩繁场现有基础群生产种鹅2万只。

（2）品质变化大观。固始白鹅以纯种繁育为主，很少与外来品种开展杂交，因此品质变化不大。

（3）濒危程度。根据2006年版《畜禽遗传资源调查技术手册》附录2“畜禽品种濒危程度的确定标准”，固始白鹅的濒危程度为无危险状态。

三、品种特征和性能

1.体型外貌 雏鹅绒毛为淡黄色。成年鹅体躯羽色为纯白色，少数个体副翼羽有几根灰羽，眼角或头后部有条形褐斑；体躯呈长方形，颈粗长呈弓形；胸深广而突出，背宽而较平；尾部上翘，腿短粗、强壮有力；全身各部分比例匀称，体质结实紧凑，步态稳健，体姿雄伟，体轴角比较大。公鹅体型高大雄壮，母鹅性情温顺；成年鹅头形方圆，前额有橘黄色光滑额瘤。公鹅额瘤大、颜色深，母鹅额瘤较小且颜色较淡。眼大有神，眼睑为淡黄色，虹彩灰色。公鹅喙较宽长；部分鹅的枕部有一撮突起的绒毛，俗称“凤头鹅”；部分个体颌下有咽袋，俗称“牛鹅”。固始白鹅在产蛋期间腹部有明显的袋状下垂，俗称“蛋包”，高产鹅的“蛋包”大而接近地面；成年鹅皮肤为粉白色，胫、蹼颜色为橘黄色；喙颜色为橘黄色、喙豆灰黄色；羽毛白色，绒朵比较大，遗传性能稳定。

2006年和2017年，对固始白鹅保种场的固始白鹅体尺等指标进行了两次测量，具体数据见表5-29。

表5-29 成年固始白鹅体尺、体重

项目	2006年		2017年	
	公	母	公	母
调查只数	30	30	30	30
日龄	300	300	240	240
体重（千克）	6.45±0.34	5.4±0.32	6.3±0.5	5.5±0.2
体斜长（厘米）	39.0±2.43	37.0±2.41	35.3±0.6	32.5±1.9
胸宽（厘米）	13.5±0.68	12.8±0.65	12.7±0.54	11.8±0.4
胸深（厘米）	13.0±0.66	11.9±0.61	11.7±0.3	11±0.5
龙骨长（厘米）	18.7±0.92	18.2±0.93	19.7±0.3	19±0.6
骨盆宽（厘米）	11.3±0.57	13.0±0.65	10.3±0.4	10±0.4
胫长（厘米）	11.9±0.61	10.5±0.52	10.9±0.6	10.7±0.5
胫围（厘米）	6.0±0.30	5.5±0.02	6.1±0.3	5.9±0.4
半潜水长（厘米）	71.0±3.52	60.5±2.98	87±1.3	76±3
颈长（厘米）	39.7±1.84	35.3±1.67	36±1.2	31±2

注：2006年数值由河南农业大学和信阳市畜牧工作站在固始县联合测定；2017年数值由固始县畜牧工作站与固始县恒歌鹅业有限公司共同测定。

2. 生产性能

（1）产肉性能。固始白鹅生长速度快，出壳重100克左右，30日龄体重1.4～1.6千克，60日龄3.0～3.5千克，90日龄公鹅4.8～5.5千克、母鹅3.8～5.5千克；成年公鹅体重6.0～7.0千克，母鹅体重5.0～6.0千克。固始鹅屠宰性能较好，300日龄固始白鹅的屠宰性能测定数据见表5-30，肉质性状数据见表5-31。

表5-30 屠宰性能测定数据

项目	1980年		2006年	
	公	母	公	母
日龄	成年鹅	成年鹅	300	300
数量（只）	3	3	30	30
活重（千克）	4.93	4.37	6.47±0.32	5.49±0.35
屠体重（千克）	4.27	3.83	5.57±0.47	4.68±0.29
半净膛重（千克）			5.25±0.26	4.34±0.32
全净膛重（千克）	3.29	2.99	4.83±0.24	3.81±0.25
腹脂重（千克）			0.31±0.02	0.15±0.03
腿肌重（千克）			0.36±0.02	0.25±0.02
胸肌重（千克）			0.32±0.05	0.19±0.03
肝重（千克）			0.10±0.02	0.08±0.02

注：2006年数值由河南农业大学和信阳市畜牧工作站在信阳市畜牧工作站化验室联合测定。

表5-31 肉质性状测定数据

性别	水分（%）	灰分（%）	肌内脂肪（%）	蛋白质（%）
公	73.13	1.34	2.87	22.70
母	73.13	1.34	2.87	22.70

注：表中数据由河南农业大学于2006年12月测定。

（2）蛋品质量。固始白鹅蛋品质测定数据见表5-32。

表5-32 蛋品质测定数据

项目	1980年	2006年
数量（枚）	17	28
蛋重（克）	145.4（130～160）	162.01±11.61
比重（克/厘米^3）		1.12±0.01
纵径长（厘米）	8.06（7.5～8.3）	8.63±0.31
横径长（厘米）	5.36（5.0～5.6）	5.78±0.16
钝端蛋壳厚度（毫米）	0.48±0.04	
中间蛋壳厚度（毫米）	0.53±0.04	
锐端蛋壳厚度（毫米）	0.53±0.07	

（续）

项目	1980年	2006年
蛋壳重量（克）		19.99±1.68
蛋黄重量（克）		61.97±7.30
蛋白高度（厘米）		1.10±0.08
哈氏单位		86.61±4.63

注：2006年数值由郑州牧业工程高等专科学校于2006年12月测定。

(3) 产绒性能。成年鹅一般一年拔毛3～4次，每次拔毛100～150克，纯绒重30～40克。

3. 繁殖性能 固始白鹅性成熟晚，繁殖性能较弱。在一般饲养条件下，公鹅150日龄左右即有性行为，210日龄左右达到性成熟。母鹅产蛋期为当年11月至翌年5月。固始白鹅的就巢性较强，产蛋性能较低，在一般饲养管理条件下，年产蛋约27枚。初产蛋重115克，第一年平均蛋重146克。种蛋受精率85%～92%，受精蛋孵化率80%～90%。产区一般采取自然抱孵，人工孵化使用较少。固始白鹅的繁殖性能见表5-33。

表5-33 固始白鹅繁殖性能

项目	1980年	2006年
种鹅数量（只）	不详	30
初产日龄	190～210	185.5±15.20
种蛋受精率（%）	90	90.2±2.35
种蛋合格率（%）		90±4.20
受精蛋孵化率（%）	80	82.5±4.35
入舍母鹅产蛋数（枚）		28.5±5.85
母鹅饲养日产蛋数（枚）		30.5±3.20
蛋重（克）	145.4（130～160）	146.01±11.61
就巢率（%）	约95	约95

注：入舍母鹅产蛋数统计时间为6个月，母鹅饲养日产蛋数统计时间为一年。

四、饲养管理

固始白鹅觅食力强、体质健壮、抗病力强、易饲养、管理简单，并具有抗寒和防御猫、狗、黄鼠狼等兽害的能力。农家养鹅无需另建鹅圈，夜间关在院内。雏鹅很少得病，除在育雏前期被踩死或发生鼠害伤亡之外，一般雏鹅育成率较高。公母比例一般为1∶3，群众把这种1只公鹅配3只母鹅的公母比例称为“一架鹅”。种公鹅大多利用2～3年，个别优秀的也留养至4年。近几年，公鹅仅养一个产蛋年就淘汰，母鹅大多留养3～5年。散户还以传统放牧饲养为主，专业户现在的饲养模式一般为“三八”饲养法，即成年鹅一年拔毛3次，生长育肥鹅8月龄上市。当地群众历来有采用“站鹅”方法对当年仔鹅进行育肥的习惯，即入秋后用米糠、甘薯或大米等富含碳水化合物的饲料煮熟放凉后饲喂，催肥30天左右，体重增加30%～40%，体重可达8～9千克，体脂迅速增加，肉质细嫩鲜美。

五、品种保护与研究、利用情况

1. 保种场、保护区及基因库建设情况 目前，建立固始鹅保种场，存栏5 000只，家系数50个，核心群成年公鹅200只、成年母鹅800只。保种场为固始鹅活体基因库。

2. 列入保种名录情况 1986年固始白鹅被列入《河南省地方优良畜禽品种志》，2018年被列入《河南省畜禽遗传资源保护名录》。

3. 制定的品种标准、饲养管理标准 2003年制定了品种标准《固始白鹅》，标准号为DB41/T 332—2003，并于2003年公布实施。

4. 开展的种质研究情况及取得的结论 河南牧业经济学院范佳英等人对固始白鹅体尺性状微卫星DNA标记进行了筛选，筛选出了体重、胸宽、龙骨长、骨盆宽、胫长、半潜水长和颈长的早期选择辅助标记基因；刘健等人开展了饲养管理因素对固始白鹅生产性能等方面的研究，发现用荧光灯作为补充光源，能显著提高固始白鹅种蛋受精率。

5. 品种开发利用情况 2008年开始建立品种登记制度，登记工作主要在固始县恒歌鹅业有限公司原种场内进行，登记标准为企业自定标准。主要是保种生产和品种杂交，固始鹅作为杂交父本。通过“公司＋农户”的产业化模式，固始白鹅的产业化开发进程进一步加快。

六、品种评价与展望

固始白鹅体型较大、外貌雄壮美观、觅食力强、适应性和抗病力强、体质健壮、生长快、肥育性能较好、雏鹅育成率高、遗传性能稳定，可作为生产大型商品仔鹅的杂交终端父本，提高生长速度和羽绒质量，改善外观性状。

由于固始白鹅产蛋较少和就巢性强，应开展本品种选育，进行科学的选择和繁育，提高种鹅的繁殖性能。同时，可考虑引进产蛋性能好的品种鹅与之杂交，培育高产系的同时不断提高固始白鹅的繁殖性能。

七、照片

固始白鹅公鹅、母鹅、群体照片见图5-15至图5-17。

图5-15 固始白鹅公鹅

图5-16 固始白鹅母鹅

图5-17 固始白鹅群体

调查及编写人员：

张 斌 胡建新 茹宝瑞 黄炎坤 赵 倩 李 平 晏辉宇 张璐璐 崔国庆
朱红卫 王清括 陈立新 魏 锟 付兆生 梁 莹 崔峰瑞 祝 伟 杨敬萍
陈 坤 陈 平 张玉前 贾铭奎 曾照军 戴文洲 刘启亚 台运山

淮南麻鸭

一、一般情况

淮南麻鸭属肉蛋兼用型地方鸭品种。淮南麻鸭原产于信阳市淮河以南和大别山以北地区。中心产区为光山县、商城县、罗山县、新县和信阳市的平桥区，其中光山、商城两县饲养量约占总饲养量的50%。

淮南麻鸭原产地信阳市位于河南省东南部，东接安徽，南连湖北，西与南阳地区为邻，北与驻马店接壤，西有桐柏山，南有大别山。位于北纬30° 23′ ～32° 27′、东经113° 45′ ～115° 55′，自西向东逐步下降，海拔最高为1 582米，最低为22米，平均海拔700米。原产地气候温暖湿润，四季分明，属亚热带季风气候。年平均气温15.2℃，历史记录最高气温42℃，最低气温－11℃；年平均湿度70%～80%；无霜期在3—11月，平均220～230天；全年日照时数1 940～2 180小时，平均2 068小时；降水量900～1 300毫米，平均1 100毫米。境内河流、水库、池塘密布，淮河自西向东流经信阳全境，水资源十分丰富，水源以地表水为主。土壤以黄棕壤及黏土较多。农作物以水稻、小麦为主，其次为豆类、甘薯、花生和芝麻等秋杂作物；饲料作物有玉米、紫云英、多年生白三叶草、多年生紫花苜蓿等。耕作制度实行稻麦两熟或水稻绿肥轮作。米糠、麸等农副产品较多，可用于养鸭的饲料资源十分丰富。稻、麦收后的茬地、水田、河湖、坑塘是良好的放鸭场所，水草、小鱼虾等都是鸭的好饲料。淮南麻鸭喜水耐旱、耐寒、群居性强，具有较强的适应性、抗病性和耐粗饲等特点。适于放牧也可圈养，在当地自然生态条件下，完全依靠放牧觅食就能基本满足其生长发育的需要；冬天水中结冰仍然能正常在水田中放牧觅食，一年四季很少生病。

二、品种来源与变化

1. 品种形成 淮南麻鸭历史悠久，是劳动人民积累了丰富的饲养管理经验，在当地适宜的自然生态环境条件下经长期驯化培育而逐渐形成的优良鸭种。农民素有养鸭习惯，麻鸭蛋久负盛名，养鸭历史的文字记载最早见于明嘉靖《光山县志》，志曰："自昔相传云，浮光多美鸭。"1786年，清乾隆《光山县志》云：鸭，名鹜，一名舒凫。邑多畜之，视他方畜为肥硕，俗称"固鹅光鸭"。另据1936年《光山县志约稿·物产志》记载："鸭，名鹜，一名舒凫。邑人多畜之，并有专以养鸭为业者。养菜鸭者，夏日购乳鸭数百头或数千头，近水筑场饲养，稍长则行棚逐食。深秋肥硕，则售以充食，故曰菜鸭，多获厚利。于菜鸭中提养雌鸭者，曰养母鸭，以售蛋为利。春夏之交送暖坊，利尤厚。"淮南麻鸭及麻鸭蛋因品种优良、肉香味美而得名，并享誉海内外。

2. 群体数量 2016年淮南麻鸭总饲养量约4万只，淮南麻鸭主要为纯种繁育，成年种公鸭和繁殖母鸭的比例为1 ：（20 ~ 25）。

3. 2006—2016年消长形势

（1）数量规模变化。21世纪初，由于人民生活水平的提高，市场对淮南麻鸭的需求量不断增大，大大提高了农户养鸭的积极性，淮南麻鸭的总体饲养量快速增长。2006年，信阳市淮南麻鸭饲养量达60万只。近年来，受鸭养殖市场行情低迷和大量农民工进城务工的影响，淮南麻鸭饲养量大幅下降。2016年，淮南麻鸭的总饲养量仅为4万只。

（2）品质变化大观。与大型肉鸭相比，淮南麻鸭生长较慢，养殖纯种淮南麻鸭效益相对较低。大多专业养鸭户为提高淮南麻鸭的产肉性能，开始引进大型樱桃谷鸭与淮南麻鸭进行杂交。近年来，主产区光山、商城等县规模养殖户饲养的麻鸭杂交比例已达80%以上，罗山县、平桥区、固始县、新县等地杂交程度稍轻。杂交后的鸭主要表现为生长速度快、成年体重大，但产蛋量下降；虽然蛋重变大，但肉质风味变差。一般农村散养户依然采用生态放养的模式，生长发育情况、产蛋量及肉质基本没有改变。

（3）濒危程度。受品种杂交和生存环境改变的影响，淮南麻鸭纯种的数量在持续减少。根据2006年版《畜禽遗传资源调查技术手册》附录2"畜禽品种濒危程度的确定标准"，淮南麻鸭濒危程度为无危险状态。

三、品种特征和性能

1. 体型外貌 淮南麻鸭体型中等，体躯呈狭长方形，尾上翘，虹彩灰色。成年鸭头部大小中等，眼睛突出，多数个体眼睛处有深褐色眉纹。雏鸭绒毛为浅黄、灰花、黑黄、淡黄和灰褐等多种类型，羽速为快羽；雏鸭头部清秀，颈部细长，胫部、蹼趾呈橘红色。

成年母鸭全身多为麻色，其中浅麻色较多，部分为褐麻色，颈部大部分有白颈圈。成年公鸭黑头白颈圈，褐白花背，颈和尾羽黑色，白胸腹，少数全身褐麻色，翅尖白色。成年公鸭镜羽墨绿色，有明显光泽，尾部有2～3根黑色上翘、卷曲的性羽。部分母鸭有镜羽，颜色稍浅。

成年淮南麻鸭胫、蹼为橘红色；绝大多数鸭的喙为橘黄色，少数个体喙为青色；喙豆多数为褐色；皮肤粉白色，肉呈红色。

2017年对主产区光山县的60只160日龄公、母鸭进行了体重和体尺测定。测定结果显示，整体情况与2006年相比变化不大，淮南麻鸭体重和体尺测定数据见表5-34。

表5-34 淮南麻鸭体重、体尺

项目	2006年		2017年	
	公	母	公	母
数量（只）	30	30	30	30
日龄	300	300	150	150
体重（千克）	2.04±0.101	1.5±0.64	1.59±0.1	1.52±0.05
体斜长（厘米）	24.00±1.06	22.65±1.05	22.9±0.91	23.5±0.72
胸宽（厘米）	7.03±0.16	6.37±0.28	7.68±0.15	6.98±0.16
胸深（厘米）	7.96±0.13	7.17±0.11	6.88±0.16	6.84±0.11
龙骨长（厘米）	12.12±0.65	11.7±0.78	12.63±0.21	11.86±0.48
骨盆宽（厘米）	6.69±0.25	6.29±0.29	7.34±0.21	6.18±0.1
胫长（厘米）	7.72±0.38	7.27±0.30	7.07±0.18	7±0.2
胫围（厘米）	4.22±0.17	4.07±0.18	3.89±0.09	3.98±0.17
半潜水长（厘米）	49.09±1.23	46.09±1.54	50.13±1.23	49.33±1.36

注：2017年数值由信阳市畜牧工作站测定。

2. 生产性能

（1）产肉性能。淮南麻鸭出壳重45克左右，30日龄平均体重380克，60日龄平均体重950克，90日龄平均体重1 500克，110日龄基本达成年体重。成年淮南麻鸭的屠宰性能测定数据见表5-35；肉质测定数据见表5-35。

表5-35 淮南麻鸭屠宰性能测定数据

项目	1980年		2006年	
	公	母	公	母
日龄	8～10月龄	成年	300	300
活重（千克）	1.40	1.57	2.31±0.26	2.16±0.23

（续）

项目	1980年		2006年	
	公	母	公	母
屠体重（千克）			2.07±0.25	1.93±0.24
半净膛重（千克）	1.16	1.38	1.98±0.23	1.81±0.23
全净膛重（千克）	1.02	1.13	1.84±0.23	1.66±0.18
腹脂重（千克）			0.03±0.001	0.04±0.002
腿肌重（千克）			0.12±0.007	0.11±0.006
胸肌重（千克）			0.11±0.004	0.09±0.003

注：2006年数值由信阳市畜牧工作站于2006年11月测定。

表5-36　淮南麻鸭肉质测定

性别	水分（%）	灰分（%）	肌内脂肪（%）	蛋白质（%）
公	72.49	1.38	2.74	23.39
母	72.49	1.38	2.74	23.39

注：表中数据由河南农业大学于2006年12月测定。

（2）产绒情况。淮南麻鸭一般在屠宰时拔毛取绒，一次拔毛量为100～150克，纯绒重15～20克。

（3）蛋品质量。淮南麻鸭蛋具有比重较大、蛋壳厚、蛋白浓稠、蛋黄比率大、蛋黄色泽好和血斑率低等特点。淮南麻鸭蛋品质测定数值见表5-37。

表5-37　淮南麻鸭蛋品质测定

数量（枚）	类别	蛋重（克）	比重	纵径（厘米）	横径（厘米）	蛋壳厚度（厘米）			蛋壳重量（克）	蛋黄重量（克）	蛋黄颜色（级）	蛋白重量（克）	哈氏单位
60	平均值	62.25	1.08	6.07	4.29	0.30	0.32	0.31	6.93	19.28	11.33	0.67	80.33
	偏差	5.14	0.18	0.26	0.12	0.04	0.03	0.01	0.71	2.12	1.33	0.08	6.36

注：表中数据由郑州牧业工程高等专科学校于2006年12月测定。

3.繁殖性能　淮南麻鸭在传统原粮、放牧饲养管理条件下，通常5月龄达性成熟，6月龄开始产蛋；每年春、秋两季为产蛋期，全年产蛋期7个月左右。全年产蛋135枚左右，其中春季产蛋量占全年产蛋量的60%～70%，平均蛋重61克。在配合饲料及专业饲养管理条件下，性成熟与开产日龄提前15～20天，母鸭开产日龄在150～170天，全年产蛋期也延长1个多月，全年产蛋170～190枚，平均蛋重63克。母鸭就巢性差，孵化以人工孵化或机器孵化为主。固始、光山、商城3县统计调查结果显示，淮南麻鸭在传统饲养管理条件下，种蛋平均受精率为88%；在专业饲养条件下，种蛋的受精率为90%～95%，受精蛋孵化率为90%～97%，健雏率达96%；初生雏鸭体重均匀，差异很小；专业养殖场育雏、育成成活率分别达到95%和98%以上。淮南麻鸭繁殖性能测定数值见表5-38。

表5-38 淮南麻鸭繁殖性能测定数据

数量（只）	类别	开产日龄	种蛋受精率（%）	种蛋合格率（%）	受精蛋孵化率（%）	入舍母鸭产蛋数（枚）	母鸭饲养日产蛋数（枚）	蛋重（克）
30	平均值	160.00	88.00	88.60	89.50	125	138	65.00
	偏差	±10.20	±2.86	±2.61	±2.75	±6.20	±6.70	±0.75

注：统计期为一个产蛋期180天，表中数据由信阳市畜牧工作站于2006年测定。

四、饲养管理

淮南麻鸭放养、圈养皆可，一般以自然放牧为主，根据放牧进行补饲，完全圈养的很少。母鸭产蛋期间一般需要补饲，每只每天补饲稻谷或小麦原粮80～100克，专业饲养场一般饲喂全价料125～150克。淮南麻鸭抗病力较强，疾病较少，育雏期重点预防鸭瘟和病毒性肝炎，成年鸭重点预防禽流感和禽霍乱。淮南麻鸭作为肉鸭饲养时，当地习惯放养100～120天，之后进行圈养育肥10～20天后上市。

五、品种保护与研究、利用情况

1. 保种场、保护区及基因库建设情况 1987年，信阳市在商城县建成了豫南水禽原种场。该场主要从事淮南麻鸭的纯种选育和提纯复壮工作。20世纪90年代以后，保种场每年优选12 000套以上的种鸭，向社会提供优质种鸭苗102万套、商品鸭苗近千万只。经过选育和提纯复壮的淮南麻鸭适应性、抗逆性强，耐粗饲，觅食力强，生长快，产蛋较多，肉质风味好，深受广大消费者欢迎。在有关部门的指导下，豫南水禽原种场制订了详细的保种计划，建立了保种区，在保持淮南麻鸭外貌特征的基础上，扩大核心群，采用本品种选育方法，以提高产蛋量和改善肉质风味为目标。

2. 列入保种名录情况 1986年淮南麻鸭被列入《河南省地方优良畜禽品种志》，于2009年被收录入《河南省畜禽遗传资源保护名录》，2018年再次被收录入《河南省畜禽遗传资源保护名录》。

3. 制定的品种标准、饲养管理标准 为加强和规范对淮南麻鸭品种的界定，实施标准化生产，信阳市畜牧局2003年开始申请立项，申报制定淮南麻鸭地方标准。经过多方努力，反复修订，地方品种标准《淮南麻鸭》最终由河南省质量技术监督局于2004年12月21日发布，2005年1月1日起实施，标准号为DB41/T 393—2004。

4. 开展的种质研究情况及取得的结论 2006年8月，河南农业大学对淮南麻鸭进行了血样采集和DNA分子测定。

5. 品种开发利用情况 由于淮南麻鸭的早期生长速度、产蛋量和育肥性能与大型蛋肉兼用鸭（如北京鸭）相差较远，商城县豫南水禽原种场引进北京鸭与淮南麻鸭进行杂交，培育淮南麻鸭新品系，在保持原有优良特性的基础上提高产蛋量和产肉量。杂交改良结果表明，杂交一代母鸭产蛋量和产肉量明显高于淮南麻鸭母本，肥育性增强，肌间脂肪含量增加，肉质变嫩，肉的风味与淮南麻鸭风味相比变化不大。20世纪90年代初引进樱桃谷肉鸭与淮南麻鸭杂交，用淮南麻鸭作母本、樱桃谷鸭作父本。结果显示，杂交公鸭生长速度明显变快，成年公、母鸭体型与普通淮南麻鸭相比明显变大，杂交一代成年公鸭体重平均在2.60千克以上；肉质变嫩，肌间脂肪含量少，肉的风味改变较大。与卡基-康贝尔鸭的杂交利用工作还在进行中。

六、品种评价与展望

淮南麻鸭属中小型蛋肉兼用鸭，具有喜水耐旱、适应性强、耐粗饲、抗病力强、生长较快、觅食力强、产蛋较多、肉质风味好、遗传性能稳定等特点。由于淮南麻鸭体型偏小，可考虑在保持原有肉质风味的前提下，引入体型稍大鸭品种血缘进行改良，在商城县豫南水禽原种场纯品种选育的基础上，进一步提高淮南麻鸭的产肉和产蛋性能。加快制订新品系培育方案，尽早培育适合豫南地区的麻鸭新品种（系）。

七、照片

淮南麻鸭公鸭、母鸭、群体照片见图5-18至图5-20。

图5-18　淮南麻鸭公鸭

图5-19　淮南麻鸭母鸭

图5-20　淮南麻鸭群体

调查及编写人员：

吴天领　张　斌　胡建新　宋元冬　黄炎坤　夏志明　李　波　李　平　方　梅
林　琳　雷宇鸣　张璐璐　张俊萍　张　军　张　振　王本乐　龙瑞忠　徐继钊
陈　坤　彭兴刚　张佰成　刘太记　张作华　金国亮

第六部分　兔

西平长毛兔

一、一般情况

西平长毛兔，曾用名“953”长毛兔，属大型粗毛型毛用家兔品种。主产区位于河南省驻马店市，中心产区在西平县，全县20个乡镇（街道）均有养殖，其中蔡寨、出山、嫘祖、芦庙、权寨、盆尧、柏城、重渠、人和9个乡镇存栏约占总存栏量的80%以上。此外，在主产区周边漯河市、平顶山市、周口市的部分县市也有分布。推广到河南省内的80多个县市，以及河北、安徽、山东、山西、江苏、陕西、内蒙古、新疆等16个省份。

西平县位于河南省中南部，隶属驻马店市，在驻马店市北部，介于东经113° 36′～114° 13′、北纬33° 10′～33° 32′。县境地势西高东低，伏牛山余脉自县境西南绵延入境，形成山区向平原过渡地带。西部浅山丘陵区属伏牛山余脉，面积96.4千米^2，占全县总面积的8.85%，有大小山峰10余座，最高海拔553米；中部、南部为缓岗，面积60千米^2，占全县总面积的5.5%；东部为平原及洼地，面积933.37千米^2，占全县总面积的85.65%。海拔最低53米，全境平均海拔59.5米。西平县处于亚热带向暖温带过渡地带，属大陆性季风型亚湿润气候。四季较为分明，冬冷夏热，春暖秋凉。年平均气温14.7℃，夏季平均气温26.8℃，最高气温38.9℃；冬季平均气温4.5℃，最低气温－9.4℃。年日照时数2 078小时，无霜期222天。春季多西北风，夏季多东南风，春秋两季风向风速多变。年平均降水量846毫米（800～1 000毫米），年内、年际降水分配不均，夏秋季节受热带天气系统影响，暴雨较多，经常出现水灾，冬春季节降水偏少。水资源总量4.44亿米^3，人畜饮水主要依靠地下水，地下水位平均6.5米。农业灌溉主要依靠地表水、地下水及过境的河水。境内较大的河流有洪河、柳堰河和淤泥河，另有中型水库1座、小型水库8座。

西平县的土壤类型有黄棕壤、砂姜黑土、潮土、粗骨土、石质土等，其中，砂姜黑土、黄棕壤面积最大。砂姜黑土主要分布在该县东部的平原、洼地和洪积扇洼地，黄棕壤主要分布在中南部的缓坡、阶地及低山丘陵的下部。潮土主要分布在洪河、柳堰河和淤泥河两岸及河流的故道上，呈带状延伸。粗骨土分布在西部的山丘区，少量的石质土分布在西部的石质山地。西平县土地总面积1 089.77千米^2，截至2006年，总人口87万，耕地7.86万公顷，园地543.66公顷、林地2 355.99公顷、其他农用地（含设施农用地、农村道路、坑塘水面、田坎、农田水利等）7 422.34公顷。耕地面积占土地面积的72.19%，人均耕地1.35亩。全县耕地大部分为旱地，水浇地9 092.66公顷（占耕地面积的10.31%），水田仅有1.23公顷。土壤pH在6.8 ~ 7.8，有机质含量偏低，肥力偏低，大部分土壤钾有余而磷、氮不足。京广铁路沿线平原区地势平坦，土层深厚，生产条件好，宜于机械作业，是西平县粮、棉、油的主要产区；老王坡、胡坡等地区（杨庄滞洪区）地势低洼，遇涝易积水成灾，砂姜黑土面积大，土质黏重，宜耕性较差。西部浅山丘陵区土壤瘠薄，地形复杂，人均耕地面积较少，林地面积较大。

西平县为全国优质小麦生产出口基地县、全国粮食生产先进县、全国粮食和肉类产品百强县，也是全国绿色农业试点县、全省畜牧强县。主要粮食作物有小麦、玉米、大豆、甘薯，经济作物有棉花、芝麻、油菜、花生等。2017年全县作物秸秆产量约100万吨。全县果树主要有桃、梨、杏、核桃、板栗等，蔬菜有14大类100多个品种，种植面积大，产量较高。农作物和蔬菜资源丰富，可为西平长毛兔提供充足的饲料来源。西平全县属暖温带落叶阔叶林地带，大部分地区为一年两熟的作物栽培区，西部山区为松栎树植被区，其他绝大部分植被分布在四旁隙地，主要有杨树、刺槐、泡桐、椿树、榆树、柳树等落叶阔叶树种，森林覆盖率约19%左右，农田林网、林粮间作和四旁植树的覆盖率约6%左右。西平县畜禽精饲料（粮食类）来源丰富，但由于土地垦殖率较高，天然饲草资源有限，饲养家兔所用青粗饲料主要来源于农作物秸秆、蔬菜及外来青干草制品。

西平长毛兔是在当地自然环境、社会和经济条件下，经过长期选择培育而形成的地方品种，自20世纪90年代育成以来，表现出了良好的地方适应性。抗病力强、耐粗饲、好饲养，遗传性能稳定，具有较强的抗寒和耐热性，易于管理，特别适合在农村较粗放的饲养条件下饲养。西平长毛兔由以往主要靠采食野草、树叶为主，逐步转化为以配合饲料为主，整体营养水平大幅度提高，提高了兔的产毛量、生长速度和繁殖效率。饲养方式发生了较大变化，养兔方式由原来以农户零星、半散养方式逐步转化为集约化、专业化的规模笼养方式。

二、品种来源与变化

1. 品种形成 西平县养兔历史悠久，广大群众素有养兔的习惯。1979年以后，随着农村经济和外贸事业的发展，兔毛出口量大幅度增长，促进了西平长毛兔的品种选育和数量发展。1984年，西平县养兔专业户在自家饲养的西德长毛兔与本地兔的杂交后代中选留体型大、产毛量高、适应性强的个体做种，并将高产群体在当地进行一定范围的推广，对外称“西平长毛兔”。1990年，由西平县畜牧局、河南省畜牧局、洛阳农业高等专科学校（现河南科技大学）和郑州牧业工程高等专科学校（现河南牧业经济学院）的教授组成课题组，从当地的5 000余只高产杂交兔后代中，按公母1 ∶ 8的比例选择360只个体进行横交固定，经过3年4个世代的选种选配、去杂汰劣、培育饲养，西平长毛兔核心群体成年兔平均体重超过5千克、年产毛量接近1.5千克、粗毛率达到11.74%、胎产活仔7.26只，料毛比达到43 ∶ 1，且外貌特征一致、遗传性能稳定，核心群种公兔数量达到1 200只、种母兔7 200只。其后3年，繁殖生产群种兔2.5万余只，向省内外推广28万只。1995年3月，该项目通过了河南省科学技术委员会组织的鉴定，西平长毛兔被认定为大型粗毛型长毛兔新品系，当地以鉴定时间为纪念，曾将该兔称为“953”巨型高产长毛兔。1997年11月，全国家兔育种委员会将其认定为长毛兔优良新品系。1998年，“953”巨型高产长毛兔培育成果获得河南省政府科技进步三等奖。2007年，西平长毛兔被国家畜禽遗传资源委员会审定为培育品种；2012年，被收入《中国畜禽遗传资源志　特种畜禽志》。

2. **群体数量**　2017年9月，中心产区存栏量为1.4万只。核心群1个，种公兔220只，种母兔1 100只。

3. **1997—2017年消长形势**

（1）数量规模变化。西平长毛兔自育成以来，受兔毛价格的影响，保种及饲养数量情况变化巨大。1997—2000年，兔毛行情较好，西平长毛兔年存栏量由50万只发展到80万只。2000—2003年，由于国际市场兔毛价格持续低迷，导致西平县养兔业也发展缓慢。到2003年底，西平县西平长毛兔存栏量仍保持在80万只左右。2004—2006年，兔毛价格回升并保持，养兔户的养殖热情得以提高，西平县长毛兔2006年底的存栏量120万只，达到养殖数量的最高值。2007—2017年，随着养殖成本的增加及人工成本的大幅上升，以及兔毛市场价格的起伏不定，加上西平长毛兔在养殖标准化技术方面仍存在一些难题，导致长毛兔养殖规模较小、效益较低，长毛兔存栏量明显减少。到2017年底，西平长毛兔存栏量仍保持在1.4万只左右（表6-1）。

表6-1　1997—2017年西平长毛兔存栏量（万只）

年份	1997	2000	2003	2006	2009	2012	2015	2017
存栏量（万只）	50	80	80	120	60	10	1.8	1.4

（2）品质变化大观。西平长毛兔在1997—2017年的发展过程中，通过养殖场户加强饲养管理，注重长毛兔的繁育，规模养殖户长毛兔的产毛量有所提高，体重有所增长。目前，成年长毛兔年产毛量在1 500克左右，体重在5 400克左右（表6-2、表6-3）。

表6-2　1997—2017年年产毛量（克）

年份	1997	2000	2003	2006	2009	2012	2015	2017
产毛量（克）	1 230	1 320	1 380	1 410	1 430	1 450	1 480	1 510

表6-3　1997—2017年体重变化（克）

年份	1997	2000	2003	2006	2009	2012	2015	2017
体重（克）	5 200	5 200	5 220	5 280	5 330	5 350	5 380	5 400

（3）濒危程度。目前全县西平长毛兔1.4万只，根据2006年版《畜禽遗传资源调查技术手册》附录2“畜禽品种濒危程度的确定标准”，西平长毛兔的濒危程度为无危险状态。

三、品种特征和性能

1. **体型外貌**　兔体结构紧凑，前后躯发育匀称，肌肉发达，背腰长宽，腹部有弹性，臀部丰满、宽而圆，四肢健壮有力，肢势端正。头大，为虎头型，无肉髯，前额扁平，两眼大、红亮有神，耳大直立、较宽厚，耳端钝圆，半耳毛或一撮毛。皮肤和鼻镜为粉色。全身被毛洁白，毛长而密，粗毛含量较高，足底毛发达。

2017年，对6个调查点随机抽样60只（公、母各半）实地测量体尺、体重，统计数据见表6-4、表6-5。

表6-4　12月龄西平长毛兔体尺、体重测量指标

项目	体长（厘米）	胸围（厘米）	体重（克）
平均值	51.2	37.7	5 386.0
标准差	0.61	0.61	225.44

表6-5　西平长毛兔不同生长阶段体重

项目	初生重（克）	1月龄体重（克）	3月龄体重（克）	6月龄体重（克）	8月龄体重（克）
平均值	55.00	717.00	2 449.00	4 105.00	5 068.00
标准差	2.49	36.87	113.87	61.47	82.39

2. 生产性能

（1）产毛性能。年产毛量平均1 487克，单次产毛量平均361克，产毛率7.66%，料毛比43 ∶ 1，粗毛率11.74%，结块率1.06%（表6-6）。

表6-6　西平长毛兔产毛性能

项目	平均值	标准差
日龄	350	
年产毛量(克)	1 487	92.89
单次产毛量（克）	361	18.2
产毛率（%）	7.66	0.3
料毛比	43 ∶ 1	—
毛长（厘米）	9.6	0.07
粗毛细度（微米）	44.8	1.16
细毛细度（微米）	14.7	1.59
毛密度（根/厘米^2）	12 173	514.48
粗毛率（%）	11.74	0.02
粗毛强度（克）	23.7	0.78
绒毛强度（克）	4.38	0.37
粗毛伸度	46.5	0.47
绒毛伸度	45.9	0.46
结块率（%）	1.06	0.01

（2）肉用性能。90日龄平均体重2 449克，全净膛屠宰率为44.2%，半净膛屠宰率为47.9%。断奶至90日龄平均日增重27.2克。

3. 繁殖性能　性成熟公兔150日龄左右、母兔130日龄左右，适配年龄公兔250日龄左右、母兔225日龄左右。母兔妊娠期为30～32天，初生窝重（417±142）克，21日龄窝重（3 164±592）克，断奶窝重（6 850±1 631）克。窝产仔数（7.7±3）只，窝产活仔数（7.3±2.4）只，断奶仔兔数（6.7±1.5）只，仔兔平均成活率87%。

四、饲养管理

西平长毛兔目前在当地主要以多层笼养为主。饲料以颗粒饲料为主，搭配青绿饲料。

西平长毛兔耐粗饲，好管理，可利用饲料广泛，应遵循以下原则。

1. 青料为主、精料为辅　饲料中青粗饲料的比例为50%～70%，每只成兔日供给青粗饲料500～800克、精料100～150克。

2. 合理配料　西平长毛兔的配料要营养全面，多种饲料科学搭配，达到营养价值和数量规定的指标。日粮养分趋于平衡、全面。

3. 定时定量　喂料时间要相对固定，不能忽早忽晚，以利于消化系统的吸收和排渣。

4. 保持安静，注意卫生　长毛兔胆小怕惊，要保持安静，并保持兔舍干燥、卫生。

五、品种保护与研究、利用情况

1. 保种场、保护区及基因库建设情况　为了做好西平长毛兔的品种保护工作，西平县于2002年建成核心群养殖场1个，占地近20亩，笼位6 000多个。尚未划定保护区，尚未进行过生化或分子遗传测定。

2. 列入保种名录情况　2018年3月，西平长毛兔被列入《河南省畜禽遗传资源保护名录》。

3. 开发利用情况　西平长毛兔于2002年9月在国家工商行政管理总局注册了“953”商标（第1958879号），并于2020年制定了地方标准《西平长毛兔》（DB4117/T 295—2020）。

六、品种评估与展望

西平长毛兔具有遗传性能稳定、产毛量高、适应性强、抗病力强、耐粗饲，抗寒和耐热性强等特性。但近年来，西平长毛兔存栏量出现较大幅度下降。为保护西平长毛兔这一品种，应根据现阶段西平长毛兔存栏分布状况、选育需要、市场需求，做好区域分布规划。首先，应抓好西平长毛兔保种场建设，在保种的基础上加快种兔选育步伐，增加核心群母兔数量。其次，要划定西平长毛兔保护区。再次，是建立“保种场+扩繁基地+示范户”的运行机制，开展保种核心场、扩繁场间的协作，扩大西平长毛兔群体数量。最后，是开展西平长毛兔种质特性、营养标准等研究及相关标准的制定。

七、照片

西平长毛兔公兔、母兔照片见图6-1、图6-2。

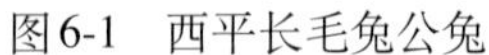
图6-1　西平长毛兔公兔

图6-2　西平长毛兔母兔

调查及编写人员：

李鹏飞　白跃宇　张恒业　李　莉　耿永献　耿忠堂　宋俊辽　李军平　韩崇江
沈鹏翔　于菊霞　侯亚丽　郜　超　赵书强　魏　政

豫丰黄兔

一、一般情况

豫丰黄兔，产地俗称“黄兔”，属中型肉皮兼用型家兔品种。豫丰黄兔的主产区在河南省濮阳市，中心产区在该市的清丰县。主要分布于古城乡的临河村、西王庄，纸房乡的乜庄村，固城乡的旧城村、黄焦村、南街村、西郭村、吕家村，巩营乡的丁家村，六塔乡的前杨楼村，大屯乡的刘庄村，高堡乡的孟卜村，韩村乡的张孟村8个乡镇的10多个行政村以及濮阳市的其他县区，中心产区存栏量约占60%，其他县区占40%。此外，在国内的云南、福建、内蒙古、新疆、湖南、湖北等14个省份也有大量分布和饲养。

濮阳市位于河南省东北部，黄河下游北岸，冀、鲁、豫三省交界，地处东经114° 52′ 0″ ~ 116° 5′ 4″、北纬35° 20′ 0″ ~ 36° 12′ 23″。地貌系中国第三级阶梯的中后部，属于黄河冲积平原的一部分，地面平均海拔为50米（48 ~ 58米）。地势整体较为平坦，自西南向东北略有倾斜，自然坡降南北为1/4 000 ~ 1/6 000，东西为1/6 000 ~ 1/9 000。由于历史上黄河水注海和黄河沉积、淤塞、决口、改道等变故作用，造就了濮阳境内平地、岗洼、沙丘、沟河相间的地貌特征。境内有临黄堤、金堤，还有一些故道残堤。平地约占全市面积的70%，洼地约占20%，沙丘约占7%，水域约占3%。主产区位于中纬度地带，常年受东南季风环流的控制和影响，属暖温带半湿润大陆性季风气候，四季分明，春季干旱多风沙，夏季炎热降水量大，秋季晴和日照长，冬季干旱少雨雪。年平均气温13.3℃，月平均气温最高的7月为27.6℃，年极端最高气温达43.1℃，年极端最低气温为−21℃。无霜期一般为205天。年平均日照时数为2 454.5小时，平均日照率为58%。年平均风速为2.7米/秒，常年主导风向是南风、北风，夏季多南风，冬季多北风，春秋两季风向风速多变。

主产区水源贫乏，年平均降水量仅为502.3 ～ 601.3毫米，属河南省比较干旱的地区之一。年内、年际降水分配不均，旱涝常交错出现。水资源不多，人畜饮水主要依靠地下水，农业灌溉主要依靠地表水、地下水及过境的黄河水。地表径流依靠天然降水补给，平均径流量为1.85亿米^3，径流深为432毫米。境内浅层地下水总量为6.73亿米^3，其中可供开采的为6.24亿米^3。濮阳境内有河流97条，多为中小河流，分属于黄河、海河两大水系。过境河主要有黄河、金堤河和卫河。另外，较大的河流还有天然文岩渠、马颊河、潴龙河、徒骇河等。主产区土质类型有潮土、风沙土和碱土3类，潮土为主要土壤，占土地面积的97.2%，分布在除西北部黄河故道区以外的大部分地区；风沙土主要是半固定风沙土和固定风沙土2个亚类，共占濮阳市土地总面积的2.6%，主要分布在西北部黄河故道，华龙区、清丰县和南乐县的西部；碱土只有草甸碱土一个亚类，占濮阳市土地面积的0.2%，主要分布在黄河背河洼地。濮阳市现有人口394.06万人，土地总面积4 188千米^2，土地垦殖率87.5%，其中绝大部分已开辟为农田。耕地面积约23.91万公顷，占土地总面积的57.09%，人均耕地面积0.91亩。境内主要土地土壤为潮土，表层呈灰黄色，土层深厚，熟化程度较高，土体疏松，沙黏适中，耕性良好，保水保肥，酸碱适度，肥力较高，适合栽种多种作物，是农业生产的理想土壤；境内另有少量的风沙土壤，养分含量少，理化性状差，漏水漏肥，不利于耕作，但适宜植树造林，发展园艺业；境内还有微量的碱土土壤，因碱性太强，一般农作物难以生长，需经改良后才可种植水稻。

濮阳市为全国商品粮基地之一，主要农作物和经济作物有小麦、玉米、水稻、油料作物（花生、油菜等）、甘薯等，其中小麦种植面积和产量在河南省均占有重要地位。2015年，全市各类农作物播种面积占耕地面积为：小麦占55.79%，玉米占29.41%，油料作物占9.48%。全年粮食产量271.81万吨（含油料产量16.70万吨），其中夏粮160.18万吨、秋粮111.63万吨。年产作物秸秆及各种藤秧280余万吨。蔬菜种类繁多，有12大类120多个品种，种植面积大，产量较高。2015年蔬菜种植面积约58.85万亩，约占耕地总面积16.41%。农作物和蔬菜资源可为养兔提供丰富的饲料资源。

濮阳市土地除生产建设和生活用地外，宜农而尚未开垦的荒地所剩无几，目前大面积自然野生草场很少。野生植物资源有118科381属1 200余种。植被组成中以禾本科、豆科、菊科、十字花科、苋科、蔷薇科、茄科、百合科、杨柳科和莎草科等为主，多属暖温带植被。天然林木甚少，基本为人造林，主要分布在黄河故道及背河洼地，优质用材林树种主要有毛白杨、速生杨、枫杨、榆树、柳树、泡桐、椿树和槐树等。经济林树种主要有红枣树、苹果树、桃树、杏树、梨树、葡萄树和花椒树等。濮阳市畜禽精饲料（粮食类）来源丰富，但由于土地垦殖率较高，天然饲草资源有限，饲养家兔所用青粗饲料主要来源于农作物秸秆、蔬菜及外来青干草制品。

豫丰黄兔自20世纪80年代立项开发选育以来，表现出了较强的适应性。一是耐炎热、抗寒冷，抗病力强，对环境适应性强；二是耐粗饲、好喂养、易管理，适宜于在广大农区粗放饲养；三是早期生长速度快、遗传性能稳定，在同样的环境中与其他皮肉兼用型家兔品种相比较，表现出较快的生长速度。该品种在河南的安阳县、林州市、济源市、新郑市等地广泛饲养。同时，在冬季较为寒冷的新疆、辽宁，在年平均气温较高、湿度较大的浙江、江苏、安徽、福建、广东等地区都表现出了良好的生产性能。

二、品种来源与变化

1.品种形成 1980年代，清丰县、南乐县一带的农户利用外来家兔品种杂交而成的“黄兔”，由于体形匀称、毛色美观、适应性强，深受当地饲养者喜爱。1986年，国家“七五”星火项目计划——“肉兔繁育及综合开发技术研究”在濮阳市实施，濮阳市、清丰县的有关科技人员，在河南省农业科学院、郑州畜牧兽医专科学校（现河南牧业经济学院）等科研教学单位专家的指导下，制订出了严格的育种及选育方案，在对原始个体进行遗传血缘分析研究后，依托清丰县畜牧开发总公司，以当地黄兔和太行山兔（又称“虎皮黄兔”）为母本，比利时兔为父本开展杂交育种。其后4年，经4～5个世代选种选配、去杂汰劣，群体的遗传性状趋于稳定。1992年11月，该项目通过濮阳市科学技术委员会组织的初审，1994年12月通过河南省科学技术委员会组织的鉴定，确定为中型肉皮兼用型家兔品种，并正式命名为“豫丰黄兔”。豫丰黄兔培育项目在1992年荣获濮阳市科技进步一等奖，同年获河南省科技新产品新技术交流交易会优秀奖，1994年在河南省农村科技博览会上获金奖，1996年在北京召开的“星火计划实施十周年”大会上荣获“八五”全国农业科技攻关成果博览会“优秀项目”称号，1999年全国兔业大会上评为“优胜奖”。2009年3月，通过国家畜禽遗传资源委员会新品种审定，2012年被收录入《中国畜禽遗传资源志　特种畜禽志》。

2.群体数量 据调查，2017年9月中心产区存栏量为5 800只。目前，在中心产区有核心种兔繁育场3个，存栏保种群公兔83只、种母兔800只，公母比例约1 ∶ 10。生产利用群种公兔约120只，种母兔80只。2017年，共向全国各地推广种兔6 000多只。

3.1992—2017年消长形势

（1）数量规模变化。豫丰黄兔自1992年育成以来，保种及饲养数量情况变化巨大。1996—2001年是豫丰黄兔迅速发展阶段，年平均饲养量由80万只（出栏53万只）发展到150万只（出栏97万只），饲养户遍布全县17个乡镇400个行政村。其中绝大多数的豫丰黄兔由中原冷冻厂收购屠宰后，依托河南省畜产品进出口公司销往欧洲，份额占到该厂兔肉出口的70%以上。2002年之后，一方面，受到外贸体制改革及经济形势变化影响，兔肉出口量减少，肉兔价格下跌、销路不畅；另一方面，当地农村出现打工热潮成年劳力外出，导致主产区养兔量急剧下滑。据2006年底统计，中心产区存栏量15万只，其中核心群种公兔700只、种母兔1 200只。

2007年至今，国内养兔形势出现转机，肉兔的生产和销售量连年提高，但一方面受国外引进品种（特别是高产高效的肉兔配套系）的冲击，豫丰黄兔因繁殖力相对较低，无生产竞争优势；另一方面，肉兔配套系的养殖与经营方式是集约化、工厂化、标准化模式，而豫丰黄兔以传统粗放饲养为主渠道，饲养量逐年下降。据2017年9月摸底调查，清丰县全县只有8个乡镇的17个养殖户在坚持养殖豫丰黄兔，总存栏量仅有5 800余只，种公兔200余只，繁殖母兔仅剩1 400余只。清丰县在此前扶持建设的3个核心群存栏种母兔仅800只。1992—2017年清丰县豫丰黄兔存栏量及饲养量变化情况见表6-7。

表6-7 1992—2017年清丰县豫丰黄兔存栏量及饲养量变化情况

项目	1992年	1995年	1998年	2001年	2004年	2006年	2017年
存栏量（万只）	25	30	39	53	21.7	15	0.58
饲养量（万只）	58	73	111	150	50	55	8

（2）品质变化大观。1992年以来，由于当地畜牧管理部门的扶持和部分养殖户坚持不懈的选育，豫丰黄兔的品质得以保留并不断提高，毛绒品质不断改善，体型增大，体重逐年提高。但受目前养殖业低迷的现实情况影响，豫丰黄兔出现了品质退化的现象。据2017年9月抽测，清丰县古城乡临河村王庆周豫丰黄兔养殖场，200日龄成年公兔体长平均值达58厘米、胸围达35厘米、体重达4.5千克；200日龄繁殖母兔体长平均值57.4厘米、胸围达35.3厘米、体重达4.65千克。按照河南省地方标准《豫丰黄兔》（DB41/T 1155—2015），各项生产指标均达到特级或一级标准。抽测的其他场户存在品系不清、品质退化等现象。1992—2017年清丰县豫丰黄兔成年兔平均体重一览见表6-8。

表6-8 1992—2017年清丰县豫丰黄兔成年兔平均体重（克）

年份	1992	1995	1998	2001	2004	2006	2016
体重（克）	4 216	4 318	4 412	4 522	4 648	4 756	4 396

（3）濒危程度。根据2017年豫丰黄兔遗传资源动态调查结果，濒危程度可以确定为无危险状态。

三、品种特征和性能

1. 体型外貌 全身被毛棕黄色，腹部漂白色，毛短平光亮，兔皮板薄厚适中，靠皮板有一层茂盛密实的短绒，不易脱落，毛细、短、密，毛绒品质优良。头大小适中，呈椭圆形，成年兔颈下有明显的肉髯。耳大直立，少数向一侧下垂，耳壳薄，耳端钝；眼圈白色，眼球黑色。背腰平直且长，臀部丰满，前肢有2～3道虎斑纹，四肢强健有力，腹部较平坦。

180日龄以上的成年兔平均体重4 396克，体长55.0厘米，胸围33.7厘米。

2. 生产性能

（1）产肉性能。断奶至90日龄平均日增重为33.9克，料重比为3.11 ∶ 1。缺少90日龄体重数据。半净膛屠宰率55.64%，全净膛屠宰率50.98%。

（2）毛皮品质。毛长平均20.1毫米，粗毛直径23.00微米、绒毛直径4.60微米，毛密度为15 429根/厘米^2，粗毛率23.09%。皮板面积平均2 003.58厘米^2，皮板厚度平均1.58毫米。被毛细、短、密，手感柔软，弹性好，富有光泽。

3. 繁殖性能 公兔性成熟平均为100日龄，母兔为90日龄，适配年龄为180日龄。母兔妊娠期平均为31天。平均窝产仔数为9.82只、窝产活仔数9.81只，平均初生窝重513克，21日龄窝重为3 009克，断奶窝重为5 806克。平均断奶仔兔数9.52只，仔兔断奶成活率平均为96.9%。

四、饲养管理

豫丰黄兔主产区的饲养方式主是室内笼养和室外笼养，一般采用“精饲料+青干草”饲养。精饲料一般就地取材，选用玉米、麸皮、小麦、稻谷、豆粕等作为主原料，适量添加微量元素和维生素等自行配制，或者购买成品颗粒饲料或预混饲料；粗饲料多来源于自行采集或收购的青草、树叶或农作物秸秆。粗饲料占30%～35%，精饲料占65%～70%。管理方式粗放，喂料量精饲料50～150克/天、青粗饲料0.5～1.5千克/天(按青干草折算)。粪便及卫生可定期清理，通风及采光良好，但因为是室外开放式的，隔离防疫条件差，环境温度、湿度等无法控制，冬季寒冷期无法繁殖。

近年来，豫丰黄兔的饲养管理模式有了很大改进，主要保种场及养殖规模比较大的场户，逐步实行了相对规范的室内笼养方式，兔的繁殖成活率得以提高，兔的品质逐步得以改良。这些场户一般选择专门的场地建兔舍，兔舍设有围墙、屋顶，门窗可以开闭，地面用水泥或砖石硬化，多建有排粪沟、通风及取暖设施。室内根据兔的生产类型选用不同规格的金属网笼，设置成两层阶梯形，笼具配有料槽、自动饮水器，繁殖母兔笼可配挂塑料产仔箱或设置专用产仔笼。使用成品配合（颗粒）饲料，或自行配制加工饲料，饲料供应不定量（每天100～200克/只），不再另行供应青绿多汁饲料。一般都配置有自动化饮水装置，定期清理和冲刷粪污，可人工定时通风、补光照明，冬季可生炉取暖。按程序防疫，管理相对规范，全年均可配种繁殖。但由于受养殖效益和资金制约，这些场户的兔舍、笼具精细化程度不够，饲养管理水平不高，大多以养其他肉兔品种为主，附带饲养一些豫丰黄兔。还有一些场户由于排污环保问题，面临着拆迁关停的困境。

五、品种保护与研究、利用情况

1.保种场、保护区及基因库建设情况 清丰县现建有3个豫丰黄兔核心群，但尚未建设豫丰黄兔品种保护区和基因库。

2.列入保种名录情况 2009年通过国家畜禽遗传资源委员会审定，2012年被列入《中国畜禽遗传资源志 特种畜禽志》，2018年被收录入《河南省畜禽遗传资源保护名录》。

3.制定的品种标准、饲养管理标准 2015年12月颁布了河南省地方标准《豫丰黄兔》(DB41/T 1155—2015)。饲养管理标准尚待制定。

4.开展的种质研究情况及取得的结论 2009年和2011年先后由郑州牧业工程高等专科学校、濮阳市畜禽改良站开展了该品种的提纯、复壮，系群的建立，遗传性能的保护，以及规范化饲养管理等研究，对豫丰黄兔的种质性能、品种性能进行研究，系统测定了该品种的肉用性能、毛皮性能等，为该品种的规范管理、验收、推广等奠定了基础。但目前尚未从分子水平、生化指标等方面对种质性能进一步深入研究。

5.品种开发利用情况 豫丰黄兔的主要商品价值是兔肉和兔皮（毛皮）。豫丰黄兔的商品兔目前在主产区主要由中间商收购、活兔出售，调运销售到东南沿海等省份，经农贸市场分销，在当地主要经兔肉加工企业屠宰、分割、出售；或初加工做成半成品配送到超市或宾馆、酒店；或做成熟肉制品销往市场。也有一些特色饭店、酒店对豫丰黄兔情有独钟，购买活兔后自行屠宰，加工成特色美食、菜肴，或褪毛后带皮加工，做成“全兔”“烤兔”等，在当地很受欢迎。

豫丰黄兔的兔皮毛色独特美观，品质优良，价格低廉，出口和深加工前景广阔，有很好的市场开发价值。但因河南省市场规模所限，没有大型的专门化屠宰加工厂，无法支撑豫丰黄兔兔皮的加工。

六、品种评价与展望

豫丰黄兔作为河南省地方培育品种，其优势：一是耐炎热、抗寒冷、耐粗饲、抗病力强、死亡率低；二是肉用性能好、母性强、仔兔育成率高、早期生长速度快、饲料报酬高；三是肉质细嫩、风味独特。

但存在一些问题：一是受外来家兔品种的冲击、兔肉市场的影响、环保压力的增加、劳动力成本的提高，养豫丰黄兔的效益在减少，而风险又较大，所以从事豫丰黄兔养殖的场户逐年在减少，主产区存栏量急剧下降，已达到濒危状况。二是品种保护措施有待加强，扶持力度不够，目前还没有建成一个有资质的保种场。三是系谱记录不完善，出现了品种退化现象。四是产品销售方式单一，没有形成品牌效应。

发展思路：一是建立保种场、保护区。以企业为主体、政府出资动态扶持的方式，建立豫丰黄兔“三级保种体系”。按照技术要求制定建设标准，在中心产区或主产区建立核心种兔群（场）、种兔繁育场等各级兔场都要按要求制定标准化的生产管理、繁殖育种等技术规程。保存完善的生产和技术资料，研究和建立专门的数据平台，推行现代信息化系统管理，定期进行评估验收或质量认证。要规范种兔销售和推广管理，建立商品兔销售体系，加强对商品兔生产企业（场）、养殖户的培训和监督，严防杂交乱配，严禁随意放种和商品兔回交，确保豫丰黄兔的种质和品牌。二是建立产业技术体系，为豫丰黄兔保种提供技术支持。组织省内外的兔业专家和兔业从业者，以项目驱动的方式，定目标、定任务，以奖代补，开展豫丰黄兔种质测定、规范化饲养管理、繁殖育种模式、防疫保健体系、产品开发、市场经营等专项应用技术研究，适时把研究成果向基层推广和转化，确保收到实效，同时也让研究人员和从业者能够得到利益。三是建立产业联盟平台。豫丰黄兔是河南为数不多的特色家兔地方品种，要多措并举、群策群力，做好保种工作。保护这个品种不仅仅是濮阳市的责任、也不仅仅是清丰县的责任，无论是政府部门、科技人员、行业从业者等，都有义务、有责任把这个资源保护下来、传承下去。在具体措施上，政府可以发挥提前规划、政策倾斜、资金扶植的方式，引导科技人员立项研究，鼓励有实力且热心保护该品种的兔业公司、相关企业牵头建立豫丰黄兔产业联盟，为豫丰黄兔的保种、饲养、开发等搭建平台。联盟的主阵地可以放在主产区，也可以放在其他地市。四是要加强市场运作，树立特色品牌。找准豫丰黄兔在兔产品消费市场中的定位，高起点、高水平研发出兔肉、兔皮产品。鉴于豫丰黄兔的养殖“绿色、原始、天然”等特色，用“高档品牌”“高档次保健肉食品”的理念开发市场，吸引中高层消费者。产业联盟做好生产经营策划和市场运作，用高附加值的下游产品保障上游的养殖和保种。要树立品牌意识，注册商标，发挥特色品牌效应。同时，地方政府要加强宣传力度，通过各种渠道让各界认识豫丰黄兔、接受豫丰黄兔的产品。只有这样，豫丰黄兔才能变被动保种为主动保种，摆脱尴尬局面，在市场竞争大潮中立于不败之地。

七、照片

豫丰黄兔公兔、母兔、群体照片见图6-3至图6-5。

图6-3 豫丰黄兔公兔

图6-4 豫丰黄兔母兔

图6-5 豫丰黄兔群体

调查及编写人员：

茹宝瑞 吉进卿 张恒业 孟昭君 过效民 白继武 郭廷军 赵永静 李 博
何显杰 李跃攀 张瑞廷 王宏伟 王卫东 杨永军 李彦岭 赵怀欣 王占周
杨永钦 付民生 冯业攀 史立鹏 张 丽 王武峰 李青淑 张胜引 岳 涛
高现奇 史晓霞

(屠宰实验及毛皮、血液成分测定由郑州牧业工程高等专科学校进行)

第七部分 蜜　　蜂

河南北方中蜂

一、一般情况

中华蜜蜂（*Apis cerana*）又称中华蜂、中蜂、土蜂，是东方蜜蜂的一个亚种，属中国独有蜜蜂品种，是以杂木树为主的森林群落及传统农业的主要传粉昆虫。在生物分类学上属东方蜜蜂的亚种。为了适应各地特殊的自然环境，中华蜜蜂也形成了9个不同的生态类型，分别为长白山中蜂、北方中蜂、华中中蜂、阿坝中蜂、华南中蜂、云贵高原中蜂、西藏中蜂、滇南中蜂和海南中蜂。中华蜜蜂是我国土生土长的优良蜂种，从东南沿海到青藏高原的30多个省份均有分布，北可至黑龙江省的小兴安岭，西北可至甘肃省武威市、青海省海东市乐都区和海南藏族自治州，西南可至西藏自治区林芝市墨脱县、日喀则市聂拉木县，南可至海南，东可至台湾。

河南北方中蜂指分布、饲养、生存在河南省内的北方中蜂，主要生活在河南省广大山区环境，成为山区植物及传统农业的主要传粉昆虫，也是山区农民为获得经济效益而养殖的传统经济动物，主要产品是蜂蜜和蜂蜡。由于其具有个体较小、能够有效利用零星蜜源、采蜜期长、抗蜂螨、消耗少等优点，故在河南省适应性非常广。2006年，中华蜜蜂被列入国家级畜禽遗传资源保护品种。

在河南省，北方中蜂主要分布在王屋山、熊耳山、崤山、伏牛山、桐柏山和大别山山区，其次是太行山区，以济源市，三门峡市陕州区、卢氏县、灵宝市、渑池县，南阳市西峡县、南召县、桐柏县，洛阳市栾川县、洛宁县、宜阳县、嵩县，信阳市新县、商城县为中心产区；三门峡市湖滨区，洛阳市的伊川县、新安县，信阳市的浉河区，新乡市的辉县市，驻马店市的泌阳县、确山县，南阳市的内乡县、镇平县，郑州市的登封市、新密市、巩义市等为副生产区，其分布区见表7-1。

表7-1　2017年河南北方中蜂分布一览

地区	主要县（市、区）	蜂群数（万群）			饲养方式	所属主要山（系）
		总数	野生	人工饲养		
安阳市	安阳县、林州市	1.50	0.05	1.45	无框饲养（包含树桶、板箱、窑养）占60%，活框箱养占40%	太行山

（续）

地区	主要县（市、区）	蜂群数（万群）			饲养方式	所属主要山（系）
		总数	野生	人工饲养		
鹤壁市	淇县、淇滨区					
新乡市	卫辉市、辉县市	1.50	0.05	1.45		太行山
焦作市	焦作市区、修武县					
济源市		0.35	0.05	0.30		王屋山（中条山）
三门峡市	陕州区、卢氏县、灵宝市、渑池县	1.25	0.25	1.00		崤山、熊耳山
洛阳市	栾川县、洛宁县、宜阳县、嵩县、伊川县、新安县	1.50	0.30	1.20	无框饲养（包含树桶、板箱、窑养）占60%，活框箱养占40%	熊耳山、伏牛山
郑州市	新密市、登封市、巩义市	0.40	0.05	0.35		
南阳市	西峡县、内乡县、镇平县、桐柏县、南召县	1.80	0.20	1.60		伏牛山、桐柏山
驻马店市	泌阳县、确山县	0.45	0.05	0.40		桐柏山
信阳市	新县和商城县等	0.75	0.20	0.55		大别山

三门峡市北方中蜂主要分布在陕州区、卢氏县、灵宝市、渑池县和湖滨区。无框饲养（包含树桶、板箱、窑养）的占60%，活框箱养的占40%。在山区和接近山区的平原地带、丘陵地区饲养，以山区最多，规模20 ~ 120群不等。以生产蜂蜜为主，生产蜂蜡为辅。活框饲养的北方中蜂每年取蜜3 ~ 10次，收蜜10 ~ 30千克；无框饲养的北方中蜂，每年在10月底取蜜1次，产量5千克左右。越过冬的北方中蜂，每年分蜂2 ~ 4群。野生北方中蜂在三门峡市比较多，总数估计在0.25万群左右；人工饲养的约1.00万群。

洛阳市北方中蜂主要分布在栾川县、洛宁县、宜阳县、嵩县、伊川县、新安县等山区县，人工饲养的约1.20万群，无框饲养和活框箱养都有。桶养北方中蜂每年取蜜1次，取蜜10千克左右，高的达25千克，获蜡0.5千克；活框箱养的北方中蜂，有花有蜜即取，次数时间不定，好年景取蜜10余次，单产20 ~ 50千克。野生北方中蜂约0.30万群。

济源市北方中蜂主要分布在邵原、王屋、思礼、永留、大峪等山区乡镇。图7-1为王屋山济源郭建林北方中蜂蜂场。人工饲养的有0.30万群左右，大多数无框桶养，少量活框箱养。桶养的北方中蜂在每年7月取蜜1次，每次取蜜10千克左右，箱养的北方中蜂和意大利蜂（意蜂）一样取蜜，每群每年取蜜25千克左右。越过冬的北方中蜂，每年每群蜂分蜂2 ~ 3群。野生中蜂估计有0.05万群。

南阳市北方中蜂主要分布在西峡县、内乡县、镇平县、桐柏县、南召县等县境。全市中蜂约1.80万群，其中人工饲养的约1.60万群，野生的约0.20万群。在山区、半山区、丘陵和河谷地带都有野生或人工饲养的北方中蜂，以山区最多。每群每年在5月中旬和10月中旬各取蜜1次，每次取蜜10千克左右。

图7-1 王屋山：济源市郭建林北方中蜂蜂场

信阳市北方中蜂主要分布在新县和商城县。人工饲养的北方中蜂约0.55万群，野生北方中蜂约0.20万群。在深山区野生和饲养为主，近山区有少量饲养。每群蜂年生产蜂蜜5～8千克，高的达25千克。

安阳市、新乡市、焦作市和鹤壁市等太行山区，北方中蜂主要分布在安阳县、林州市、卫辉市、辉县市、修武县、淇县等，总蜂数有1.50万群，其中人工饲养的1.45万群，野生的约0.05万群。每群蜂年产蜜量约5～8千克。

驻马店市的北方中蜂主要分布在泌阳县、确山县，属于桐柏山区，蜂群总数约0.45万群，多数活框箱养，少量野生。

郑州市的北方中蜂主要分布在新密市、登封市和巩义市，属于伏牛山山区，总群数约0.40万群，多数活框饲养，少量野生。

河南省位于北纬31°23′～36°22′、东经110°21′～116°39′，地势西高东低，北、西、南三面有太行山、王屋山、崤山、熊耳山、伏牛山、桐柏山、大别山脉环绕，中部和东部为辽阔的黄淮海冲积平原。豫西山地是秦岭的东延部分，由西向东呈扇状扩展；伏牛山是豫西山地的主体，山势雄伟；桐柏山、大别山环卫省境南部，为淮河、长江的分水岭；太行山位于河南西北部，与豫西山地之间有黄土丘陵；中岳嵩山位于河南中部，为伏牛山的一部分。全省北部为中温带，南部为暖温带，境内有黄河、淮河、长江、海河四大水系。北方中蜂主要分布于海拔2 000米以下的山区，河南山区生长着油菜、刺槐、枣树、荆条、野菊花、酸枣、泡桐、山葡萄、山茱萸、野皂荚、柿树、板栗、狼牙刺、盐肤木、臭椿、香椿、香薷、西瓜、玉米、棉花、烟叶、柳树、梨、苹果、辣椒、牛膝、葵花、栾树、山楂、椴树、栎树、割条、柴胡、冬凌草、杜仲、天麻、核桃、桔梗、槐树、银杏、紫穗槐、漆树、乌兰树、女贞、丹参、金银花（二花）、猕猴桃、君迁子、野玫瑰、苦参、沙参、血参、溥盘、荆芥（半个荆芥）、山韭菜、野薄荷、夏枯草、五味子、益母草、葎草、黄刺玫、毛（山）桃、野（山）杏、野藿香、瓦松、黄芩、艾蒿、黄蒿、紫藤、蒲公英等数百种蜜源植物，为北方中蜂提供了较为丰富的食物来源。

以野生蜜源为主，栽培蜜源为辅。这些蜜源对北方中蜂饲养和生产具有重要价值，是野生北方中蜂食物来源和得以生存的基础。图7-2为熊耳山区栾川县国家现代蜂产业技术体系新乡综合试验站薛文卿北方中蜂示范蜂场。

图7-2　熊耳山区栾川县：国家现代蜂产业技术体系新乡综合试验站薛文卿北方中蜂示范蜂场

二、品种来源与变化

1.品种形成　河南地处淮河流域和黄河中下游核心区，北方中蜂是在黄河中下游流域丘陵、山区生态条件下，经长期自然选择形成的中华蜜蜂的一个类型，是河南省本地固有的蜜蜂，当地群众称其为土蜂。公元前16世纪至公元前11世纪殷商甲骨文中有“蜜”字记载，表明河南养（中）蜂的历史已有3 000多年。早在春秋战国时代，楚国人（今河南内乡）范蠡（陶朱公）在其《致富全书》中就记述了收蜂、分蜂、取蜜、取蜡和预防蜜蜂敌害的养蜂方法。史料记载，殷末周初，武王伐纣路过淇县纣王店村，大旗上聚集了蜂群，认为是吉利的征兆，遂将这面旗命名为“蜂纛[dào]”。因此，这一地区的养蜂历史可追溯到西周时代。到唐代，家庭养蜂有了较大发展，宋代《永嘉地记》中有“雍、洛间有梨花蜜，色如凝脂”的记述。经过数千年的自然选择和发展，形成了具有地方特色的固有北方中蜂种群类型，现产区仍可见到自然蜂巢和土法饲养的蜜蜂。

2.群体数量　截至2017年，北方中蜂在河南王屋山、熊耳山、崤山、伏牛山、桐柏山、大别山、太行山山区存栏7.5万余群，约占北方中蜂总群数量的18%以上（2008年统计北方中蜂约有30万群），随着经济的发展和政策的支持，近年来河南北方中蜂数量有所上升，与河南省蜜源可承载的蜂群数量相比，北方中蜂饲养具有较大的发展潜力。河南北方中蜂群势较大，自然条件下每群蜂可达4万多只个体，人工饲养条件下生产季节在2.5万～3.5万只。

3.2000—2017年消长形势

（1）数量规模变化。在20世纪，河南北方中蜂种群总体逐渐减少，以至于在平原地区野生北方中蜂几近绝迹，人工饲养的也很少见到。到了21世纪初期，北方中蜂生活在山区，种群数量约7.5万余群，基本保持稳定；然而2010年前后，受北方中蜂病毒病的影响，其种群数量呈下降趋势，人工饲养的北方中蜂种群数量下降50%以上。随着经济发展和养蜂政策的变化，近年来，又基本恢复到21世纪初期的数量，并有所增长。人工饲养的北方中蜂，最多300群左右，少则3 ～ 5群，多数为20群左右规模。

（2）品质变化大观。北方中蜂在洛阳、南阳、信阳的种群，每群蜂个体数量（人工饲养）在生产季节约3万只。三门峡市、济源市、郑州市、新乡市等地的北方中蜂，多活框箱养，群势约2万只，少数达到3万只，抗病性较差，因病毒导致的死亡超过60%。

（3）濒危程度。北方中蜂耐寒、抗敌害能力超过意蜂，耐低温、出勤早、善于搜集零星蜜源，对生态环境尤其是广大山区意义重大。由于现代经济发展，规模生产、毁林造田、滥施农药化肥、环境污染和人为等因素，造成北方中蜂频发生存危机，而引入的意蜂亦是北方中蜂最大威胁之一。相比意蜂引进之前，分布区域缩小了75%以上，种群数量减少80%以上。在河南省仅一些山区保留少量北方中蜂，如大别山、桐柏山、伏牛山、崤山、熊耳山、王屋山等山区的腹地，在人烟稀少的深山区，多数为人工饲养取蜜，仅存少量野生种群。在经济利益的驱使下，野生种群在秋季往往遭遇猎人杀蜂取蜜，只有少量的自然种群能生存下来，在豫北和豫东平原地区已灭绝。“十三五”以来，河南省部分山区开展北方中蜂扶贫，引进外省北方中蜂，致使疾病频发。目前为止，北方中蜂资源较为纯正的地区有南阳市桐柏县、信阳市新县、济源市、洛阳市栾川县和三门峡市渑池县等。根据2006年版《畜禽遗传资源调查技术手册》附录2“畜禽品种濒危程度的确定标准”，北方中蜂的濒危程度为无危险状态。

（4）减少原因。

①食物减少。北方中蜂适合定地饲养，不宜长途转地追花采蜜，在其蜂巢周边1.5千米范围内必须采集到足够的食物才能生存下来。一是由于气候越来越干旱，植物开花泌蜜受到影响，蜜蜂在一定时间内采不到足够的蜂蜜等作为食物；二是在20世纪时期，农村沟河湖泊较多，地头伴着水渠，野花水草茂盛，而如今这种蜜蜂取水采蜜的宜居环境已不复存在，取而代之的是单一的农田，导致蜜源减少；三是现代农业发展，使种植结构发生变化，作物（植被）太过单一，导致多数以花为主昆虫因食物链断裂而饿死；四是化肥的使用使植物蜜源泌蜜量减少。

②毒害以及来自外来物种的竞争。农药、除草剂的施用毒害其施用范围内的蜜蜂。意蜂这一外来蜜蜂品种在全国的推广养殖，蜜源季节与北方中蜂争夺食物，干扰蜂王的交配，影响北方中蜂的后代繁衍。

③病害。北方中蜂囊状幼虫病是一种恶性病毒传染病。近年来，使河南省北方中蜂损失达60%以上。

④人为干预。引进蜜蜂适应性强，产品种类多、产量高。另外，在户外野生的北方中蜂常受到人类不分时节、不择手段地搜寻，一旦找到，便采取杀鸡取卵式的采蜜方式，杀死蜜蜂割其蜂蜜。

三、品种特征和性能

1.体型外貌　北方中蜂蜂王体色多呈黑色（图7-3），少数呈棕红色；雄蜂体色为黑色；工蜂体色以灰黄为主，冬季颜色较深，体长11.0 ～ 12.0毫米。吻长约4.85毫米，前翅长（8.90±0.14）毫米、翅宽（3.05±0.05）毫米，肘脉指数（3.91±0.35），3＋4腹节背板总长（3.84±1.58）毫米。图7-4为太行山区辉县市司栓宝北方中蜂自然蜂群。

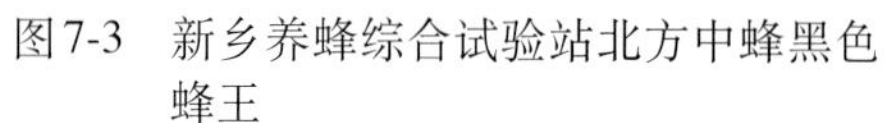

图7-3　新乡养蜂综合试验站北方中蜂黑色蜂王

图7-4　太行山区辉县市司栓宝北方中蜂自然蜂群

2. 生产性能　北方中蜂耐寒性强，分蜂性弱，温驯，防盗性强，可维持7框以上蜂量的群势；蜂群抗巢虫能力较差，易感染中蜂囊状幼虫病、欧洲幼虫腐臭病等，病群群势下降快。北方中蜂生存方式分无框饲养、有框饲养和野生3种，主要生产蜂蜜，其次生产蜂蜡。产蜜量因产地蜜源条件和饲养管理水平而异，活框饲养年均群产蜂蜜5 ～ 30千克，无框饲养年均群产蜂蜜10千克左右；每年每群蜂生产蜂蜡约0.4千克。活框养殖的北方中蜂，其蜂蜜浓度较稀薄，营养单一；无框养殖的北方中蜂，其蜂蜜浓度较高，营养复杂。

3. 繁殖性能　蜂王一般在2月初开始产卵繁殖，4月中旬达到高峰，每昼夜可有效产卵达900粒以上。4月下旬至5月中旬，蜂群达到鼎盛时期，个体数量达到30 000只以上，并进入自然分蜂期。另外，8月也是北方中蜂自然分蜂期。每群每年分蜂1 ～ 2次，即由1群蜂分成2 ～ 3群，在人为干预的情况下，1群蜂一年可分成5群蜂，并能安全越冬。

四、饲养管理

北方中蜂一般定地活框饲养，少数无框饲养。蜂群管理技术和采取的措施，一切都要围绕箱式进行。

活框饲养所用蜂箱，多数使用意蜂十框标准蜂箱，生产盛期，少数蜂群加上继箱，多数蜂群因群势达不到要求采用单箱养殖，生产管理方式类似意蜂。这种饲养方法，多数蜂群群势较弱，容易患病，产量较低。改进的蜂箱，譬如河南科技学院蜜蜂研究所研制的“豫蜂中蜂蜂箱”，增加了下蜂路，繁殖较好，不易患病，生产盛期向上叠加继箱，能够提高产量和蜂蜜浓度。

无框饲养多数用板箱或木桶作蜂巢，蜂巢大小、规格不一，蜜蜂筑巢于箱顶板下或桶壁上。蜂桶多为圆形，置于地表，起立，蜂桶内径20 ～ 35厘米、高60厘米左右；板箱蜂箱呈矩形，躺卧地面。无框饲养不易生病，产量较低。无框北方中蜂饲养比较粗放，自然繁殖，缺少人为措施，譬如人工育王、补充饲料等。平常管理蜂群，繁殖早晚、结束时间，顺其自然；蜂王更新利用自然王台；蜂群自然分蜂，时刻守护蜂场，见有蜂群飞出，随时收捕；利用刀具割取蜜脾，然后带蜂巢房简单包装销售，或榨出蜂蜜去掉蜂房再包装。

五、品种保护与研究、利用情况

1.保种场、保护区及基因库建设情况　目前在新乡市辉县、洛阳市栾川县已设立有省级北方中蜂保护区。

2.列入保种名录情况　2018年被列入《河南省畜禽品种资源保护名录》。

3.制定的品种标准、饲养管理标准　目前，尚未制定北方中蜂品种标准，亦没有饲养管理、疫病检疫防治等标准。

4.开展的种质研究情况及取得的结论　近年来，与北方中蜂有关的科研报告20余篇，据科研报告显示，北方中蜂具有温顺、群大、产蜜量高、容易饲养等特点，主产区对囊状幼虫病具有较好抗性，能够很好地适应中原核心区的生活环境和条件，是中华蜜蜂中具有特色和经济性能比较突出的一个地理类型，具有保护和开发潜力。

5.品种开发利用情况　近几年来，河南山区北方中蜂得到发展，主要原因：一是政策扶持；二是北方中蜂蜂蜜价格较高。由于山区北方中蜂饲养便利，利用当地自然资源，在三门峡市卢氏县、南阳市桐柏县、西峡县，济源市，洛阳市栾川县等都得到了较好开发利用，人工饲养的北方中蜂场，当前规模最大的达到300群左右，年产值30余万元。但在带来经济效益的同时，也带来了问题：一是蜂病严重；二是品种退化；三是从外地购进的蜂群基因混乱，使固有的优良特性逐渐丧失。

北方中蜂以生产蜂蜜为主，蜂蜡是生产蜂蜜的副产品。因管理技术、蜜源多寡不同，人工饲养的北方中蜂每年生产蜂蜜5 ～ 50千克。北方中蜂蜂蜜蜜酸味比较大，冬季结晶，颗粒较粗。

六、品种评价与展望

1.品种评价　北方中蜂个体较大，分蜂性弱，能维持8框以上的群势，最大群势可达15框。耐寒能力较强，飞行敏捷，嗅觉灵敏，出巢早、归巢迟，每日外出采集的时间比意蜂多2 ～ 3小时，善于利用零星蜜源。造脾能力强，喜欢新脾，爱啃旧脾，抗蜂螨和美洲幼虫腐臭病能力强，核心区北方中蜂对囊状幼虫病、欧洲幼虫腐臭病、蜡螟有较强的抵御能力。性情较温驯，适合北方地区饲养，也可作为其他生态型北方中蜂的育种素材。

2.存在问题　认识不足，缺乏管理调控。表现在对饲养北方中蜂的经济效益和生态平衡的巨大价值没有得到足够的认识和充分肯定；没有北方中蜂养殖规划、目的、目标等管理调控政策和措施。

(1) 生存问题。种间竞争，影响北方中蜂生存。引进蜜蜂的干扰是北方中蜂生存最主要的问题之一，包括食物竞争和生殖干扰。在食物上，北方中蜂竞争不过引进蜜蜂(被盗)；在生殖上，北方中蜂处女蜂王的交配又受到西方蜜蜂雄蜂的干扰。至今，在河南省平原地区已难觅北方中蜂踪迹，同时，意蜂顺着公路向北方中蜂自然生存区跟进，公路修到哪里，意蜂就跟进到哪里，北方中蜂在山区的生存区域已变得越来越小，浅山区的北方中蜂正在逐渐消失，人工饲养的北方中蜂在向更深的山里退居。

因人类喜好，减少北方中蜂种群。相比北方中蜂，意蜂能够突击利用主要蜜源，产品种类多、产量高，能够短期取得较大利益，就有意使意蜂取代北方中蜂；还有一部分人，每年秋天寻找野生蜂巢，形成了杀死自然北方中蜂割取蜂蜜的恶习。

北方中蜂在这场生存竞争中处于劣势，有自然的选择问题，有人为干预的原因。目前，虽然北方中蜂还据守着深山老林，长此下去，终有一天会失去最后一片生存空间。一个物种的消失造成的不利影响是不可估量的，更何况饲养北方中蜂会产生直接的经济效益，同时对于社会和生态平衡具有深远影响。

（2）养殖问题。研究不够，养殖技术落后。当前，20%～30%的北方中蜂在桶中饲养（无框饲养）。活框饲养的北方中蜂产量低、蜂病多，未进行北方中蜂生产潜力的挖掘，难以达到科学养蜂的目的，距离人们期望的经济效益甚远，这些都说明，北方中蜂的饲养技术普遍落后，进而说明对北方中蜂生物学特性和科学饲养缺乏经验。

北方中蜂养殖多作为副业，技术高低、收成好坏多由自然，加上山区较为封闭，养殖人员没有学习技术、交流信息的观念和需求，养殖全凭经验，年复一年，产量低、质量差、卫生差等问题得不到解决。

3. 在河南省发展、保护北方中蜂的建议 建立健全养蜂组织。在重点市县，建立健全养蜂管理机构、群众组织和养蜂业规章制度，对养蜂行业进行积极、有效的管理和调控。

建立北方中蜂种质资源保护区。在合适的地区建立北方中蜂饲养（保护）区，河南省至少建5个左右，在保护区内建立北方中蜂育王场和保种场，以保护北方中蜂种质资源。同时解决北方中蜂王交配困难的问题，对养蜂户提供优良蜂王。

成立北方中蜂科研平台，研究北方中蜂生活习性。推广活框饲养、格子蜂箱饲养等科学养中蜂技术。采用适合北方中蜂生活和生产的养蜂用具，将桶养、窑养改成活框蜂箱饲养。科学养蜂，提高效益。

排除引进蜜蜂的过分干扰，在蜜源缺欠季节，将西方蜜蜂蜂场及时迁出北方中蜂饲养区。生产成熟蜂蜜、巢蜜，不能见蜜就取，是对北方中蜂的保护和现代养蜂对蜂蜜质量的基本要求，这也是养好北方中蜂的关键措施之一。

4. 利用方向 发展北方中蜂具有潜力，符合国家物种保护政策。人工饲养的北方中蜂，每年取蜜约35千克，分蜂之后蜂蜜产量可提高3～4倍，净收入增长1 000元左右。北方中蜂基数大，蜜源丰富，气候适宜，开发北方中蜂资源，经济效益明显，社会和生态效益更是巨大，发展前景广阔。建立北方中蜂育王场，一可保种，保护本地北方中蜂基因完整，二可向北方中蜂蜂场提供优质生产蜂王。生产优质巢蜜，提高北方中蜂利用价值。开展北方中蜂授粉工作，保护山区生态多样性。

调查及编写人员：
张中印　李鹏飞　吉进卿　杨　萌　李志明　杜开书

主要参考文献

拜廷阳,普志平,刘海华,等,2003. 河南斗鸡的特征[J]. 畜牧兽医杂志,22(6): 32-33.

毕树,1999. 中意肉牛合作试验报告会在京举行[J]. 黄牛杂志,25(4): 64-65.

陈伟生,2005. 畜禽遗传资源调查技术手册[M]. 北京: 中国农业出版社.

程会昌,霍军,宋予震,2005. 河南省畜禽地方品种保护利用现状、问题及对策[J]. 河南农业科学,34(5): 77-78.

崔友俊,2004. 淮南麻鸭秋孵冬养技术[J]. 河南畜牧兽医,25(11): 51-52.

邓立新,康相涛,张书松,等,2003. 固始鸡腿肌重活体估测方法的研究[J]. 河南畜牧兽医,11(24): 5-6.

段军,戚守登,邢书军,2002. 小尾寒羊改良豫西脂尾羊试验报告[J]. 河南畜牧兽医,23(6): 2.

范佳英,杨朋坤,黄炎坤,等,2018. 河南斗鸡蛋品质分析[J]. 家畜生态学报,39(12): 60-63,73.

国家畜禽遗传资源委员会,2010. 中国畜禽遗传资源志 马驴驼志[M]. 北京: 中国农业出版社.

国家畜禽遗传资源委员会,2011. 中国畜禽遗传资源志 家禽志[M]. 北京: 中国农业出版社.

韩成凤,2005. 淮南麻鸭产蛋期饲料的控制[J]. 中国家禽,26(10): 23-25.

韩占兵,陈理盾,2005. 如何进行固始白鹅种鹅的选留 [J] . 河南畜牧兽医(9): 20.

河南省畜牧业综合区划编委会,1988. 河南省畜牧业综合区划[M]. 郑州: 河南科学技术出版社.

河南省家畜家禽品种志编辑委员会,1986. 河南省地方优良畜禽品种志[M]. 郑州: 河南科学技术出版社.

胡德桂,2002. 淮南麻鸭曲霉苗菌病的诊断与防治[J]. 信阳农业高等专科学校学报,12(3): 94.

黄炎坤,韩占兵,王鑫磊,等,2016. 淅川乌骨鸡品种资源保护与开发利用现状及存在问题[J]. 黑龙江畜牧兽医(16): 195-197.

黄炎坤,刘健,范佳英,等,2008. 河南省地方良种鸡蛋壳质量性状的对比[J]. 家畜生态学报,29(4): 21-24.

黄炎坤,刘健,杨朋坤,等,2016. 河南斗鸡保种现状与发展对策[J]. 家畜生态学报,37(10): 4.

黄炎坤,杨朋坤,王鑫磊,等,2018. 正阳三黄鸡保种现状与发展探索[J]. 家畜生态学报,39(5): 4.

吉进卿,胡永献,2005. 最新小尾寒羊饲养与繁殖[M]. 郑州: 中原农民出版社.

贾相真,王天增,白继武,等,1997. 小尾寒羊规模化全日制舍饲配套技术研究[J]. 河南畜牧兽医: 综合版(2): 4.

康相涛,田亚东,竹学军,2002. 5～8周龄固始鸡能量和蛋白质需要量的研究[J]. 中国畜牧杂志,38(5): 3-6.

康湘涛,2001. 河南省地方禽种的保护及发展[J]. 中国家禽,23(21): 2.

李红梅,郭传甲,2005. 以血清蛋白多态性分析六个驴品种的遗传结构和种间相互关系. [J]. 当代畜牧,2: 32-34.

李敬铎,王冠立,郑应志,1998. 南阳黄牛品种选育研究报告[J]. 黄牛杂志 (3): 13-18.

李雷,闻浩,李龙,2006. 河南斗鸡与艾维茵肉鸡杂交一代的产肉性能测定[J]. 河南畜牧兽医: 综合版,27(5): 7.

刘宏斌,代兴中,马学文,等,1992. 河南省猪育种研究论文集[M]. 郑州: 河南科学技术出版社.

刘家欣,刘保国,杨滋,2016. 淅川乌骨鸡遗传资源保护综述[J]. 河南畜牧兽医(市场版),37(2): 3.

刘建斌，杨博辉，郎侠，等，2010. 中国9个家驴品种mtDNA-D-loop部分序列分析与系统进化研究[J]. 中国畜牧杂志，46(3): 1-5.
刘廉正，张锡标，1996. 三门峡土壤[M]. 河南：河南省科学技术出版社.
刘振湘，王晓楠，2015. 养禽与禽病防治[M]. 北京：中国农业大学出版社.
卢长吉，谢长美，苏锐，等，2008. 中国家驴的非洲起源研究[J]. 遗传，30(3): 324-328.
鲁克已，1992. 淮南猪的现状及今后选育意见[M]// 河南省猪育种研究论文集. 郑州：河南科学技术出版社.
南阳畜牧志编写组，1992. 南阳畜牧志[M]. 南阳：中州古籍出版社.
庞有志，武大椿，李顺成，等，1991. 河南斗鸡的染色体组型[J]. 河南科技大学学报：农学版 (2): 17-20.
戚守登，杨存厚，薛亚琴，等，2006. 陕县山绵羊产肉性能调查报告[J]河南畜牧兽医，27(3): 1.
三门峡市统计局，2006. 三门峡市统计年鉴[M]. 北京：中国统计出版社.
宋素芳，康相涛，李效发，等，2003. 固始鸡快羽系胫色、羽色与羽毛生长变化规律的研究[J]. 中国畜牧杂志，39(5): 27-28.
田亚东，康相涛，2007. 河南省家禽种质资源的保护、开发与利用[J]. 河南农业科学 (7): 5.
王冠立，任士杰，1999. 中英肉牛育肥试验报告[J]. 黄牛杂志，25(4): 3.
王建钦，2006. 南阳牛的品种介绍和育种方向[J]. 中国牛业科学，32(5): 2.
王立克，金光明，2001. 固始鸡肌纤维生长发育规律研究[J]. 安徽科技学院学报，15(4): 45-47.
王清义，朱深义，1989. 正阳三黄鸡早期肉用性能研究[J]. 河南农业科学 (11): 2.
王清义，刘宏斌，1992. 河南省猪育种研究论文集[M]. 郑州：河南科学技术出版社.
王赛赛，韩帅斌，陈其新，等，2015. 东寒和杜寒杂交一代羔羊生产性能比较[J]. 中国草食动物科学，2015(5): 2.
王天增，白继武，1996. 河南小尾寒羊种质特性研究[J]. 中国畜牧杂志，32(4): 3.
王天增，李普宾，付全民，等，1997. 河南省台前县小尾寒羊形成与生态环境条件关系探讨[J]. 家畜生态，18(1): 7.
王天增，徐泽君，1998. 怎样养好小尾寒羊[M]. 郑州：河南科学技术出版社.
王之保，祁兴磊，冯建华，等，2008. 夏南牛与南阳牛的杂交后代牛同南阳牛的体重对比研究[J]. 中国牛业科学，34(5): 3.
淅川县宛西八眉猪研究所，1981. 宛西八眉猪选育工作报告[J]. 南阳畜牧兽医，1981(5): 7-13.
谢善修，李国朴，1993. 信阳水牛品种选育试验报告[J]. 河南农业科学 (3): 2.
徐桂芳，陈宽维，2003. 中国家禽地方品种资源图谱[M]. 北京：中国农业出版社.
徐廷生，雷雪芹，袁志发，2001. 河南斗鸡肉用性能与肉质特性研究[J]. 西北农业学报，10(2): 25-27.
殷海成，2006. 固始白鹅生长期饲料能量蛋白水平研究 [J]. 当代畜牧 (12): 24.
张花菊，2007. 平顶山市肉牛三元轮回杂交生产模式研究与应用[J]. 中国牛业科学，33(1): 5.
张花菊，蒋遂安，2001. 郏县红牛育种工作中存在的问题及建议[J]. 中国牛业科学，27(2): 48-49.
张花菊，毛朝阳，马桂变，2005. 郏县红牛品种资源保护进展[J]. 黄牛杂志，31(3): 71-73.
张花菊，张少学，任霖惠，等，2006. 郏县红牛的保种与开发利用[J]. 中国牛业科学，32(2): 56-59.
张开洲，张瑞璋，张凌洪，2005. 南阳牛若干独特经济性状评价与育种[J]. 黄牛杂志，31(5): 2.
张云生，王小斌，雷初朝，等，2009. 中国5个家驴品种 mtDNA Cytb 基因遗传多样性及起源[J]. 西北农业学报，18(6): 9-11, 38.
赵云焕，2006. 淮南麻鸭产业化开发研究[J]. 安徽农业科学，16(3): 111-113.

朱士仁，黄炎坤，1984. 河南省养鸡情况的调查报告[J]. 郑州牧业工程高等专科学校学报 (1): 34-42.

朱文进，张美俊，葛慕湘，等，2006. 中国8个地方驴种遗传多样性和系统发生关系的微卫星分析[J]. 中国农业科学，39(2): 398-405.

LIU D H, HAN H Y , ZHANG X, et al, 2017. The genetic diversity analysis inthe donkey myostatin gene[J]. Journal of Integrative Agriculture, 16(3): 656-663.

HAN H, CHEN N, JORDANA J, et al, 2017. Genetic diversity and paternal origin of domestic donkeys[J]. Animal Genetics, 48: 708–711.

HAN H Y, ZHAO X C, XIA X T, et al, 2017. Copy number variations of five Y chromosome genes in donkeys[J]. Archives Animal Breeding, 60(4): 391-397.